AN INTRODUCTION TO URBAN DESIGN

都市設計概論

조나단 바넷 原著

朱 鍾 元
朴 贊 圭 共譯

東 明 社

차 례

(Contents)

제 3 부 :

설계 및 개발 전략의 요소
(THE ELEMENTS OF A DESIGN AND DEVELOPMENT STRATEGY)

著者序文
(Author's Note)

나와 내 동료들이 뉴욕 시 정부에서 도시 설계 실무를 할 때 경험했던 일들을 담아서 1974년에 출판했던 "공공정책으로서의 도시 설계"(Urban Design as Public Policy)라는 책을 수정한다는 취지 아래 나는 이 책을 쓰기 시작했다. 도시 설계의 발전 속도로 보아 1974년은 매우 오래 전의 일이고 더구나 그 때 기술했던 사례들은 그보다 더 오래된 일이라는 사실을 나는 곧 알아차리게 되었다. 도시 설계 사업에서 얻은 국가의 경험들이 지금은 훨씬 더 광범위해졌고 나 자신이 쌓은 경험도 더 넓어졌다. 내가 진정으로 원했던 바는 도시 설계의 내용을 좀 더 일반적인 용어로 기술하는 것이었고 그것을 뉴욕 시에 국한시키지 않겠다는 것이었다. 그래서 나는 그 책을 단순히 수정하는 것만으로는 흡족하지 않았고 완전히 새로운 책을 써야겠다는 필요성을 느끼게 되었다.

나의 옛 책을 읽어 본 독자들은 이 책의 제5장과 제6장에 담긴 내용의 일부를 이미 알고 있겠지만 그것들도 그 후의 경험들이 추가되어 상당히 달라졌다는 사실을 말하고 싶다. 나머지 내용들은 옛 책에서 간간히 한두 구절 빌어오긴 했지만 완전히 새로운 것들이다. 이 책은 옛 책의 내용 중에서 아직도 사용하기에 적절하고 보편성 있는 부분들을 살려서 그 때보다 훨씬 더 광범위해진 도시 설계의 전망에 융합시킨 것이며, 또한 그것이 급속히 발전하는 오늘날의 도시 설계 기술을 설명하고 있다고 이 책을 읽는 독자들에게 이해되기를 바란다.

1981년 8월 18일

뉴욕에서

제 1 부

변화하는 도시 설계의 맥락 (THE CHANGING CONTEXT FOR URBAN DESIGN)

1
도시는 설계될 수 있다
(Cities Can Be Designed)

우리가 도시는 설계될 수 있다는 믿음을 갖고 있을 때, 우리에게 가장 큰 실망을 안겨 주는 것은 도시의 재건설과 전원 개발에 소요되는 막대한 자금이 끊임없이 남용되고 있다는 사실이다.

전원 개발이라는 말을 들었을 때, 아마 대부분의 사람들은 무질서하게 확산되어 있는 교외의 토지구획정리 사업, 고속도로 연변 개발 사업, 인스턴트 식품 상점, 자동 판매점, 광고란, 쓰레기장, 흩어져 있는 이동주택의 주차지역, 그리고 광대하고 황량한 주차장 가운데에 서 있는 쇼핑 센터 등을 연상하고서 가슴이 움찔해짐을 느낄 것이다.

우리들은 대부분 이러한 일들이 편리하고 유용하기는 하지만 경관을 훼손한다는 사실을 곧잘 생각해내곤 한다. 그러나 거기에 얼마나 많은 자금이 소비되고 있는가에 대해서는 무심히 지나쳐 버리기 쉽다.

고속도로 연변 개발에 관하여 생각해 보자. 피터 브레이크(Peter Blake)가 저술한 **하나님의 쓰레기장**(*God's Own Junkyard*)*과 그 후에 저술된 기타 서적 및 논문들에서 그 공포와 가증스러움이 기술되고 있는데, 물론 그것은 우리가 일상 생활에서 흔히 볼 수 있는 일들이다. 주유소, 슈퍼마켓, 인스턴트 식품 판매점 등이 우리 생활에 없어서는 안 될 한 부분이 되어 버렸지만, 우리는 그들이 지켜야 할 미관적인 책임을 소홀히 한 채로 지나쳐 버린다. 더 실망스러운 일은 그 책임들을 대부분 불필요하다고 여기는 것이다. 고속 도로 연변 개발 사업의 대부분은 비교적 최근에 매우 신망 있는 은행과 보험 회사들로부터 자금을 얻어 상당히 짧은 기간에 건설되었다. 그 사업들에 대하여 조

* Peter Blake, *God's Own Junkyard*, New York : Holt, Rinehart & Winston, 1964.

금만 더 앞을 내다보고 조금만 더 조정하고, 조금만 더 자금을 지원했더라면(많이도 필요하지 않다), 결과는 달라질 수 있었을 것이다.

간선 도로의 인터체인지에 관하여 생각해 보자. 당신이 다른 도시에 있는 회사의 대표자라고 가정해 보자. 당신은 밤늦게 목적지에 도착하여 이 고속도로의 인터체인지 근처의 모텔에 머물고 있다. 모텔에 도착하기 위하여 공항에서 자동차를 빌린 것은 물론이다. 모텔에서 인터체인지 건너편으로 당신이 상담(商談)하러 가고자 하는 사무실이 보인다. 당신이 모텔을 출발하여 약속 장소인 그 사무실에 당도하기 위해서는, 자동차를 타고 서비스 도로를 지나서 목적지와는 반대 방향으로 고속도로를 달리다가, 다시 서비스 도로에 진입하여 목적지에 도달하기까지 수 마일을 우회해야 할 것이다. 아마 고속도로에 철책(鐵柵)만 없었더라도 걸어가는 것이 빨랐을 것이고, 그러자면 고속 도로를 횡단하다가 자동차에 치어 죽기 십상이었을 것이다.

점심때가 지나서야 회의가 끝나고 모두가 식사하러 가기로 한다. 그 중 누가 캡틴 아하브(Captain Ahab) 생선 전문 식당으로 가자고 제의하는데, 그 식당은 예의 고속도로 인터체인지에서 보면 또 다른 4분면에 있는 쇼핑 센터의 주차장 내에 있어서, 당신들 모두는 다시 자동차를 타고 서비스 도로를 지나 우회해야 겨우 점심을 먹을 수 있을 것이다.

당신에게는 그 모텔, 사무실, 쇼핑 센터, 식당 등이 도심부 전체를 대변해 주고 있다. 고속도로 인터체인지에서 보면 그 위치들은 아주 합리적이고 찾기 쉽게 되어 있다. 아쉬운 것은 어느 누군가가 그 건물들 상호간의 관계, 그리고 고속도로와의 관계를 합리적인 방법으로 설계했어야 했다는 점이다. 그랬다면 아마 주차장, 도로, 지반 조성 등에 소요되는 경비가 상당히 절감되었을 것이다.

신개발 사업에서 발생하는 이와 유사한 낭비가 구도시의 중심가에서도 나타나고 있다. 네댓 개의 신축 사무실이 2~3년 사이에 하나의 도로변에 세워질 것이다. 그 건물들 사이에는 아무런 연결성이 없으며, 함께 사용하는 공공 스페이스도 없을 뿐더러 서로의 일조권이 방해되지 않도록 보호해 줄 아무런 규정도 없다.

그 도시의 어설픈 주거 지역에는 학교, 소방서, 보건소, 그리고 주택들이 교차로를 사이에 두고 네 모퉁이에 지어져 있다. 만약 우리가 그 중의 한 모퉁이에서 주위를 둘러본다면, 모든 건물들이 새롭고 사치스러워 보이긴 하지만, 그들은 기능적으로나 미관적으로 전혀 연결되어 있지 않다는 사실을 알 수 있을 것이다. 이 건물들은 각기 다른 행정기관들에 의하여 지어진 것으로 선견성(先見性)과 계획성이 결여되어 있는 것은 민간 투자가들에 의하여 개별적으로 건설된 경우와 크게 다를 바가 없다.

마지막 예로서 관례적인 도로 재정비 사업에 관하여 생각해 보자. 모든 도시는 도로를 재정비해야 한다. 도시 행정이 잘 운영되는 곳에서는 10～15년마다 도시를 재정비한다. 포장을 걷어낸 후 도로의 바탕층을 다시 깔고 정지(整地)하며 유틸리티 점검구를 올리거나 내려서 설치한다. 가로등, 교통, 신호등, 배수구와 기타 가로 시설들을 새로 설치하는 일도 종종 볼 수 있다. 그리고 도로를 다시 포장한다. 그러나 이들 모든 사업들은 전에 했던 방법들을 거의 그대로 답습하는데 그치고 마는 것이다.

막대한 액수의 자금이 소비되었지만 도시설계 측면에서의 가치는 전무(全無)에 가깝다고 할 수 있다.

우리는 자주 도시 문제의 원인을 자금 부족이라고 변명하지만, 그 중 많은 문제들이 자금을 유효하게 사용하지 못하는 데에 기인한다.

고속도로 인터체인지는 행정 기관의 감독하에 계획되고 설계된다. 사무소 건물, 모텔, 식당 등도 모두 그 지방의 법을 준수해야 한다. 바꾸어 말하면, 우리의 사회는 우리가 바라던 대로 이룩되어 가고 있는가? 왜 우리는 좀 더 나은 것을 요구할 수 없는가? 그렇게 한다 하더라도, 아마 비용은 더 추가되지 않을 것이며, 오히려 가끔은 상당한 비용이 절약되기도 할 것이다.

도로 재정비 사업을 상투적인 방법이 아니라 설계에 의한 방법으로 시행한다 할지라도 대단히 많은 자금을 추가하여 투자할 필요는 없을 것이다. 많은 가로 패턴들이 시대에 뒤떨어져 있다. 주거 지역에서는 도로의 폭이 필요 이상으로 넓은 경우도 있다. 포장할 지역을 재배치하기만 해도, 수목과 놀이터에 더 많은 공간을 할애하면서 같은 대수의 주차 공간을 확보할 수도 있을 것이다. 도심 지역 내에서도 어떤 도로는 몰(mall)이나 보행로로 바꿀 수 있으며, 어떤 도로에서는 가로등을 개선하거나 도로 표식의 체계를 정비할 수 있다. 만약 한 세대 정도의 장기 계획을 세워 도시 전체의 도로를 재정비한다면, 별로 큰 비용을 들이지 않고도 도시의 전반적인 공공 환경을 개선할 수 있을 것이다.

그와 같은 원리가 도시의 물리적 환경에 관한 공공 정책과 같이 좀 더 큰 문제에도 적용된다. 휴 스트레톤(Hugh Stretton)이 관찰한 바에 의하면, 미국에서 유태인 거리의 거주자와 이동 주택의 거주자는 "교외 지역의 주택 소유자보다 가계비에 대한 주택비의 비율이 높아져서 결국 주택의 재산 가치가 떨어진다."* 는 것이다.

* Hugh Stretton, *Urban Rich and Poor Countries*, New York : Oxford University Press, 1978, p.150.

우리 사회에는 심각한 결함과 불평 등이 내재되어 있으며, 우리가 토지 개발과 공공 환경에 투여하는 자원을 보다 잘 이용할 수 있게 된다 하더라도, 그 결함과 불평 등이 완전히 사라지지는 않을 것이다. 그러나 우리가 현재 쓸 수 있는 수단만으로도 몇 가지 중요한 개선은 이룰 수 있을 것이다.

여기서 말하고자 하는 바는, 우리가 일생 동안 가속되는 변화에 대처해 나갈 수 있는 방법론이 필요하다는 것이다. 우리는 급속한 변화에 뒤떨어지지 않을 만큼 충분한 제도적 장치를 가지고 있지도 않고, 심지어 그에 대한 이해까지도 부족하다. 낭비적이고 비논리적이라고 판정된 방법으로 우리의 자원이 분배되는 일은 종식되어야 할 것이다.

신문 기사의 표제들을 보면, 도시의 위기는 이미 한물간 문제인 것처럼 보도되고 있다. 환경 문제도 마찬가지로 공공의 주요 관심사인 에너지와 인플레이션 문제에 의하여 뒷전으로 밀려났다. 그러나 도시, 전원, 그리고 환경의 문제는 아직 사라지지 않았다. 왜냐하면 그러한 문제들은 이미 텔레비전의 다큐멘터리나 신문과 잡지의 기사에서 다루어지는 인기 종목이 아니고, 바로 현실의 문제로 되어 버렸기 때문이다.

농촌 벽지에 가서 자족적인 생활을 하려고 했던 사람들은 이미 깨닫고 있겠지만, 이러한 문제로부터 도망칠 도피처는 아무 곳에도 없다. 도시와 근교 또는 전원 지역과 도시화 지역의 전통적인 차이는 최근 20～30년 동안의 성장과 변화로 인하여 사라지게 되었다.

할 방도만 있다면, 도시 및 환경 문제에 대처해야 한다는 필요성이 널리 인식되고 있다. 또한 생태학 — 환경에 영향을 미치는 행위들 간의 관계 — 에 대한 대중의 이해도 새로와지고 있다. 우리는 자연과 건물에 대하여 다시 보수적인 태도를 가지게 되었고, 환경을 개선하고자 하는 많은 제안들에 의혹을 품게 되었으며, 대단위 계획들에 대하여 반감을 느끼게 되었다. 사람들이 전에는 변화가 필요하고 바람직하다고 생각했던 경우일지라도, 지금은 새로운 것이면 무엇이든지 재난을 초래할 것이라고 스스럼없이 생각하기도 한다. 그 결과 정책에 대한 주민 참여와 심의의 중요성이 새로이 부각되고 있으며, 사적 보존에 대한 인식이 점차 일반화되고 있는 것이다.

설계란 공공 정책에 적용함으로써 잘못 배분된 자원, 잘못 이용되고 있는 토지, 그리고 역사적 건물을 불필요하게 파괴하는 행위 등의 문제들을 다소라도 해결하는 데 도움이 될 수 있는 하나의 방법론이다. 주택을 설계하는 과정도 마찬가지로 자원을 분배하고 갈등을 해소하는 방법이라 할 수 있다. 우리가 식당에서 부엌으로 건너갈 때, 침실을 통하여 갈 필요는 없을 것이다. 주택의 전체 형태는 경제적이어야 한다. 구조와 기계 설비의 시스템도 합리적이어야 한다. 그러나 그것이 방의 기능보다 우선되어서는 안된다. 정원으로 나가는 문 앞에 난방 파이프를 노출시키는 것은 좋을 리 없다. 병원의 경우, 일부 병원에서 이와 같은 모순들이 다소 발견되고 있다는 점을 인정하긴 하지만, X-선과를 응급실 또는 외과 병실에 연결시키기 위하여 별도의 도로와 주차장을 두고, 병원의 각 전문 부서마다 독자적인 건물을 가져야 한다고 생각하지는 않을 것이다.

도시는 아주 복잡한 건물보다도 훨씬 더 복잡하다. 그러나 도시를 어느 정도 일관성 있고 아름답게 가꾸어 갈 수 있는 방법들이 있는데, 그것은 바로 도시 설계에 의한 방법들이다. 이 책에서 다루고 있는 그 방법들은 매우 상세하고 현실에도 적용시킬 수 있는 것들이다. 또한 그들 방법마다 예를 들어 설명하고 있기 때문에, 그것들의 개선 방안으로서 좋은 것인가 아닌가는 독자 스스로도 판단할 수 있을 것이다.

우리는 기존의 도시 조직에 투여한 사회적·경제적·문화적인 상당한 투자를 폐기 처분할 수 없다는 가정으로부터 출발한다. 아마 이 가정은 뉴욕이나 클리브랜드(Cleveland)의 앞날에 대한 재정적인 논쟁이나 **프로스트 벨트대 선 벨트**(the Sun Belt versus the Frost Belt)의 논쟁*[1]에 있어서는 당연한 것으로 받아들일 수 없다고 하더라도, 일반적으로 볼 때는 자명하고 논의할 필요도 없는 주장이라고 생각된다. 그러나 널리 알려진 도시 설계의 많은 개념들이 그 반대의 전제로부터 출발하고 있다.

건축에 있어서 이른 바 근대화운동(Modern Movement)의 경향은 기존 도시를 쓸어 없애 버리고 그 곳에 보다 합리적이고 위생적인 도시를 다시 건설해야 한다고 주장하는 것이었다. 스위스계 불란서의 건축가 르 코르비제(Le Corbusier)는 파리의 철거를 전제로 구상한 유명한 보아상 플랜(Voisin Plan)*[2]에서 아마 가장 널리 기억되고 있는 근대 도시 계획의 이미지를 보여 주었다. 그 계획이 실현되었다면, 오직 노틀담 사원과 몇 개의 역사적 건물만이 살아 남아 있었을 것이다. 근대 건축 국제 회의(the Congrès International de l Architecture Moderne : CIAM)의 연구도 거의 이와 유사한 의도를 내포하고 있었다.

기존 도시를 부정적으로 보는 이러한 논법은 그 제창자들이 예상했던 것보다도 훨씬 더 큰 영향을 미쳤다. 근대

*[1] (역자 註) 연방 정부의 재정이 불평등하게 배분되고 있다는 쟁점을 놓고, 북부(Frost Belt : Snow Belt라고도 함)의 주들과 남부(Sun Belt)의 주들이 1976년에 각각 연맹을 결성하여 의회에서 논쟁을 시작했음.
Sun Belt States : Alabama, Arkansas, Florida, Georgia, Louisiana, Texas, Mississippi, North Carolina, Oklahoma, South Carolina, Tennessee.
Frost Belt States : Connecticut, New York, Illinois, New Jersey, Massachusetts, Ohio.

*[2] (역자 註) 1925년에 르 코르비제가 그의 현대 도시 개념을 파리의 중심부에 적용한 도시 재개발 계획. 기존의 밀집된 건물들을 헐어내고 18동의 60층 건물을 세움으로써 넓은 오픈 스페이스를 마련하고 교통을 입체적으로 처리하였다.

르 코르비제의 파리 보아상 플랜(Voisin Plan). 기존 도시를 폐기하고 처음부터 다시 시작하는 수법

기술이 전통이라는 굴레로부터 개인을 해방시켜 주리라는 환상적인 관점은 사려 없이 반복만을 일삼는 관료적인 사고 방식과 또한 이윤만을 추구하는 기업가의 경비 절감적인 사고 방식에 찬탄할 만큼 일치되고 있음을 알 수 있다. 제이콥스*(Jane Jacobs)와 같은 비평가들이 비판했듯이, 일반적인 도시 재개발 사업에서 나타나는 비인간적인 환경과 상투적인 설계는 바로 이 근대주의자(modernist)들의 도시관(都市觀)에서 야기된 결과이다.

*(역자 註) 도시 및 건축 비평가. "The Death and Life of Great American Cities(1961)"의 저자. Architectural Forum지의 편집 차장을 지냄. (1952~1962).

현대의 도시와 그 도시를 구성하고 있는 사회 조직은 60년 전에 혁신적인 관점을 가지고 있었던 사람들이 알고 있었던 것보다 훨씬 더 미묘하고 복잡하다는 것은 자명한 사실이다.

불행하게도 건축가와 도시계획가들은 도시에 대한 그들의 이론이 실패한 것으로 밝혀졌을 때, 그들의 이론을 수정하기보다는 오히려 사회를 비난하고 현실 도피적인 환상에 빠져 버리는 반응을 자주 보여 왔다. 놀랍게도 많은 도시 설계 교과서들은 18세기의 도시설계가들이 다루었던 문제에서 벗어나지 못하고 있다. 광장과 가로의 폐쇄성(enclosure), 축(axis), 비스타(vista), 점진(progression) 등이 바로 그것이다. 그러한 문제들은 중요하며, 근대주의자(modernist)들이 어리석게도 그것들을 소홀히 했던 것도 사실이다. 그러나 오늘날의 도시들에는, 이러한 전통적 개념으로는 큰 도움이 되지 않는 도시 설계의 문제들이 무수히 많이 있다.

도피주의의 또 다른 형태는, 미래에는 모든 것이 기계화되고 커뮤니케이션은 순식간에 이루어지며 일체화되리라는 기대를 무분별하게 받아들이는 것이다. 설계가들은 도시를, 걸어가는 누에고치, 둥그런 벌집, 또는 끝없이 펼쳐진 스페이스 후레임(space frame) 등의 형상으로 묘사하는 데에 많은 시간을 낭비하였다. 그와 같은 제안들이 현재 도시가 가지고 있는 우리의 자산들을 무시하고 있다는 사실은 그만 두고라도, 이러한 미래주의적 환상이 실현된다면 그 사회 구조는 상상할 수 없을 정도로 퇴보되어 버리고 말 것이다.

계획가들은 너무나 추상적인 도식(diagram)에 의존하

요나 후리드만(Yona Friedman)이 설계한 공중 도시. 거대하게 펼쳐진 스페이스 후레임(space frame)은 전통적인 도시를 대신하여 모든 도시 활동을 수용할 것이다. 이러한 변화를 수용하기 위해서는 어떤 종류의 사회 구조가 필요할 것인가?

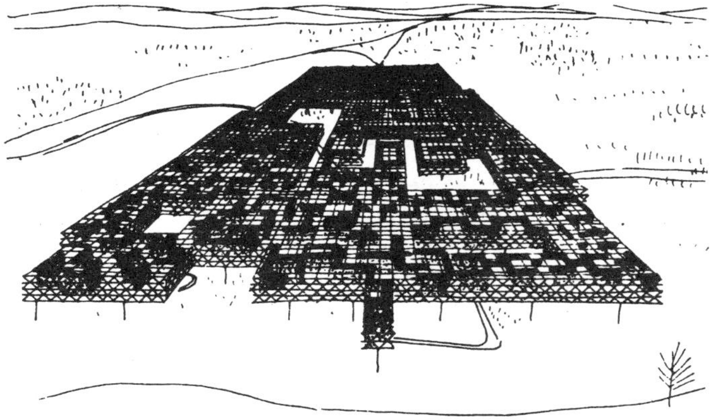

고 있기 때문에, 그들이 그리는 합리적인 미래는 부동산의 시가(時價)나 매일매일의 의사 결정과는 아주 동떨어진 것이 되어 버리고 있다. 또 다른 일부 계획가들은 변화라면 무엇이든 거부하고, 산업화 이전의 시대와 꼭 같은 생활을 추구함으로써, 도시 개선의 문제를 회피하고 있다. 그보다 훨씬 더 교묘한 도피주의는 "도시란 그 사회의 표현이다. 그러므로 사회가 개조되지 않는 한, 도시에 아무런 희망도 걸 수 없다."라고 말하는 형태로 나타난다.

도시의 빈민가에서 살아 본 적이 있거나 혹은 그 곳에서 살고 있는 사람들과 대화하고 함께 일했던 사람이라면, 누구나 현사회의 모습을 결코 흡족히 생각하지 않으리라는 것은 분명하다. 설계가나 도시계획가들은 각자 이러한 상황에 어떻게 대처해야 할 것인가를 판단해야 한다. 도시에 있어서 물리적 개선 사업의 과정은 사회 구조 및 권력 구조와 밀접한 관계가 있으며, 설계가로서 훈련받은 사람이 공헌할 수 있는 가장 쉬운 길은 바로 이러한 물리적 보존이나 개혁의 범주 내에 있을 것이다.

오늘날의 도시는 우연한 것이 아니다. 그 형태는 보편적으로 의도적인 것은 아니지만, 그렇다고 해서 우연히 이루어진 것도 아니다. 그런데 그 형태는 각기 개별적인 목표들에 의하여 결정되었으며, 그 목표들의 상호관계와 주변에 미치는 파급 효과가 충분히 검토되지 못한 채 이루어졌다. 도시 설계는 엔지니어, 측량사, 법률가, 투자가 등에 의하여 좌우되어 왔는데, 그들은 다만 각자의 합리성에 충실

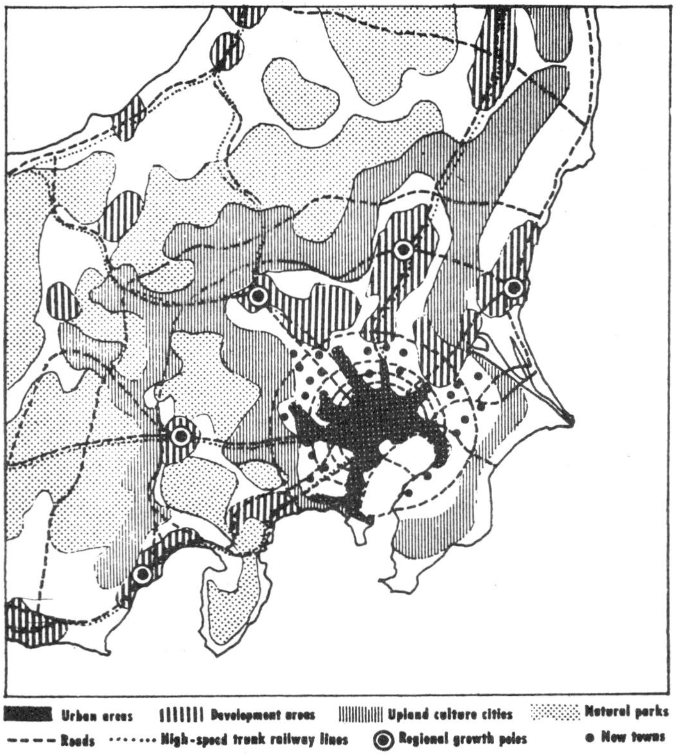

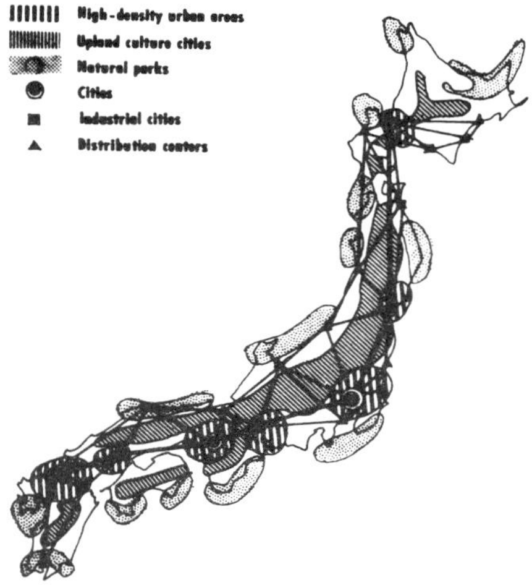

상 : 일본의 2000년대 마스터 플랜. 이와 같이 개념적인 수준에서는 도시 문제의 해결이 실제보다 단순한 것처럼 보인다.

좌 : 도쿄 지역의 마스터 플랜

할 따름이었다. 그들은 도시 설계에 대하여 다소 관심이 있었다 할지라도, 도시 설계란 나중에 생각해도 된다는 식으로 방치해 왔다.

도시는 앞으로 20년 후에 어떤 모습이 되어야 할 것인가를 마음 속에 상상하는 것만으로는 설계되지 않는다. 도시는 날마다 끊임없이 계속되는 의사 결정(decision-making)의 과정을 통하여 만들어져 가는 것이다. 설계가로 훈련받을 사람들이 도시의 형태에 영향을 미치게 된다면, 중요한 의사 결정이 내려질 때, 그들에게는 도시에 대한 확고한 통찰력이 필요하며, 자신의 의견을 피력할 수 있는 기회가 주어져야 한다.

정부와 부동산업계의 요직에 있는 사람들은 곧잘 **설계**를 과자 위에 입혀 놓는 아이싱*(icing) 정도로밖에 생각하지 않는다. 그리고, 그들은 종종 자기가 잘 알지도 못하는 설계 개념들에 강한 영향을 받고, 그 개념들을 왜곡(歪曲)되게 받아들이기도 한다. 설계 전문가들은 최소한

*(**역자 註**) 과자 위에 입히는 설탕, 달걀 흰자위 따위.

도시 설계에 대한 그들의 소임을 다하지 못하고 있다는 사실에 대하여 비난을 받아야 마땅하다.

건축가와 계획가들의 마음 속에는 자기들이 성스러운 불꽃을 지키는 파수군이며, 사회의 양심을 지키는 수호자라는 약간 엉뚱한 생각이 대대로 이어져 내려오고 있다. 진정한 예술가는 물론이고 진정한 전문가는 현재의 정부, 정치, 그리고 부동산 개발의 과정에 긴밀하게 간여하지 않아야 한다는 생각이 지금까지 전통처럼 내려왔다. 그 대신, 건축가와 계획가들은 성명서나 환상적인 그림을 통해서 정책입안자들에게 자기의 의사를 알리어 왔다. 그러나 정책 입안자들의 입장에서 보면, 건축가나 계획가들의 아이디어가 너무나 이상적이고 당면한 문제에 적합하지 않다고 생각하는 것도 무리는 아니다. 더불어, 공원 안의 고층도시와 같은 아이디어나 창도적(唱道的)인 계획들은 그 개념이 매우 강하기 때문에 결국 의사 결정 과정에 반영되기는 하겠지만 작가가 원래 의도했던 형태로는 거의 실현되지 않

하 : 도꾜 지역 마스터 플랜 내의 한 지구 상세. 현실 문제는 계획을 어떻게 시행하고, 그 계획 내에서 어떻게 인간적인 환경을 조성시킬까 하는 것이다.

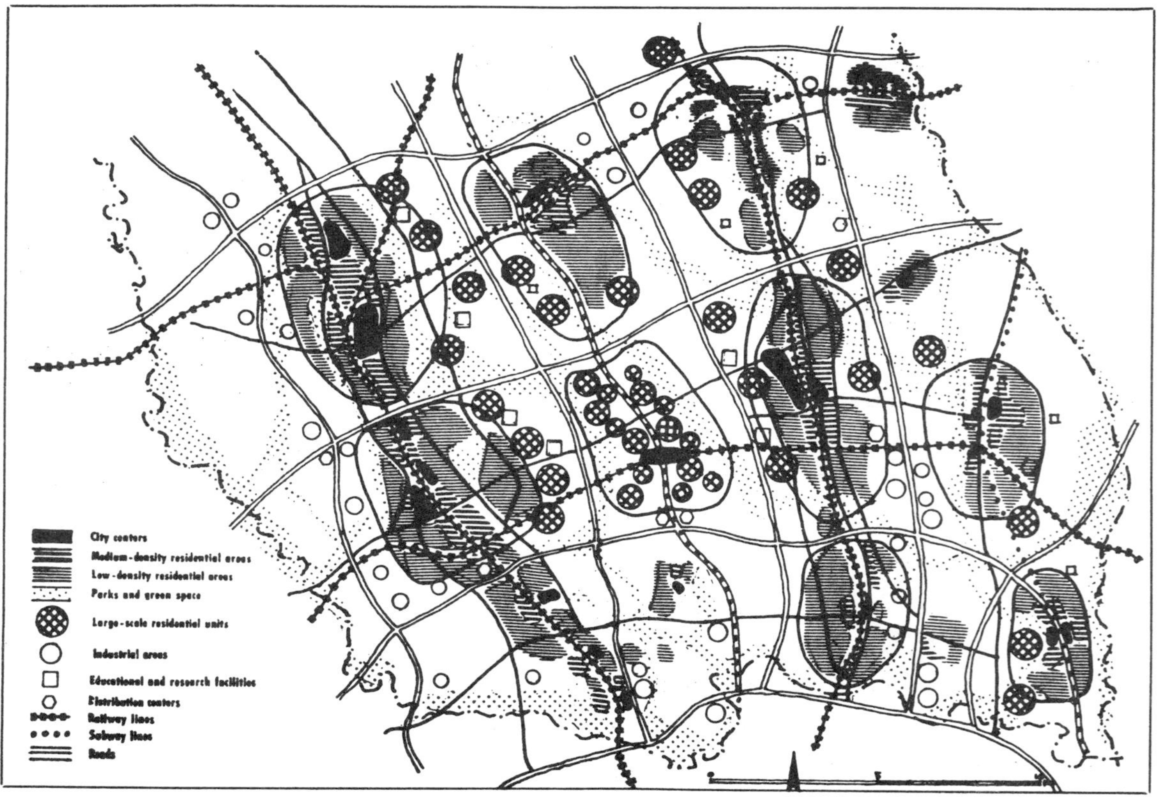

는다.

다행히 건축가와 계획가들은 순수하게 자문적인 역할을 하는 것보다는 좀 더 적극적인 자세를 가져야 한다는 사실을 깨닫게 되었다. 상충하는 요구와 여러 가지 정치적 이해에 따라 정부의 예산을 배분하는 일상적 의사 결정이나 부동산 투자에 대한 경제성은 도시 설계의 실질적인 매개체이며, 마치 화가와 물감과의 관계처럼, 이들은 도시 설계에 있어서 필수적인 요소인 것이다. 예술성 뿐만 아니라 실용적인 관점에 있어서도 큰 성과를 거두기 위해서는, 도시설계가들이 정치나 부동산 결정 과정을 이해하는 것 마저도 그들의 성업(聖業)을 더럽히지나 않을까 하는 관념을 떨쳐 버려야 한다. 정치나 부동산의 결정 과정을 항상 인정하여 따를 필요는 없다. 그러나 그것의 이해는 절대 필요하다.

도시 설계 개념을 정치적으로도 살아 남을 수 있고 경제적으로도 타당성이 있게 이끌어가다 보면, 예기치 못한 귀중한 도움을 받을 기회가 생기기도 한다. 도시 설계 개념은 설계 목표의 성격까지도 변경시킬지 모른다. 옛날 커나드(Cunard)*의 슬로건에도 "그 곳에 가는 목적이 반은 재미를 보자는 것이다." (Getting there is half the fun)라는 말이 있듯이 누가 15년이나 20년 후의 목표를 확언할 수 있겠는가?

도시설계가들은 일단 수립된 도시 설계나 도시 정책을 완결된(변경 불가능한) 결과물로 단정하여 넘겨 버려서는 안되고, 사회의 제도들이 시대의 요구와 변화에 따라 어떻게 달라지며, 그리고 그 제도적인 틀 안에서 도시의 형태가 어떻게 결정되어 나가는가 하는 법칙을 찾아내야 한다. 여기서 말하는 제도적인 틀 안에는 설계가들도 포함되며, 효율적인 제도가 되기 위해서는 설계가들이 의사 결정 과정에 참여되어야 한다.

도시 설계는 일반적으로 도시의 성장과 보존 및 변경에 대하여 물리적인 설계 방향을 제시하는 과정을 일컫는 말이다. 도시 설계의 대상으로는 조경 및 건물, 보존 및 신축 그리고 도시 지역 및 농촌 지역, 이들 모두가 포함된다고 생각한다. 많은 사람들이 이렇게 포괄적인 말보다 좀

*(역자 註) 사무엘 커나드 경(1787~1865)이 창건한 영국의 선박 회사

더 엄밀하게 표현할 수 있는 새로운 용어를 찾아보려고 노력해 왔다. 그러나 새로운 용어를 찾아서 모든 사람들이 그것을 사용할 수 있도록 교육시키는 것보다는 현재 쓰고 있는 용어를 그대로 사용하는 것이 더 쉽고 생산적일 것이다. 마치 뷰-익(Buick)이라는 말이 자동차를 나타내는 결코 좋은 이름은 아니지만, 널리 사용함으로 해서 자동차라는 의미를 가지게 되듯이 말이다.

도시 설계가 독립된 전문 기술 분야로 발전한 것은 비교적 최근의 일이었지만, 그 발전 속도는 매우 빨랐다. 이것이 미국 대학의 교과 과정에 맨 처음 도입된 것은 1957년에 개설된 펜실바니아 대학의 도심 설계 프로그램(the University of Pennsylvania's Civic Design Program)이었고, 곧이어 1960년 하바드 대학의 도시 설계 프로그램(Harvard's Urban Design Program)이 개설되었다. 현재는 수십 개의 대학에서 학위 과정으로 혹은 건축이나 도시 계획의 중요한 분야로 도시 설계 과목이 개설되어 있다.

나 자신도 뉴욕 시립 대학(the City College of New York)의 대학원 과정에서 도시 설계를 강의하고 있다. 1971년 우리가 그 과정을 시작한 이래, 결코 2년 이상 계속해서 똑 같은 방식으로 하나의 과정을 강의했다고는 생각하지 않는다. 해마다 새로운 책들이 출판되어 나오고, 새로운 사례들이 적용될 수 있으며, 새로운 기법들이 개발되어 나온다.

나와 내 동료들이 1967년 뉴욕 시 도시 계획국(the New York City Planning Department)에서 일하고 있었을 당시, "도시 설계 그룹입니다."라고 전화를 받는 일은 그 자체가 파격적인 행위였다고 생각한다. 그러나 지금은 도시 설계 학위를 가진 사람들이 시나 군의 도시 계획국과 도시 개발국에서 근무하고 있는 모습은 흔히 볼 수 있는 일이다. 민간 부문에서의 도시 설계 업무는 처음에는 소수의 전문가들로도 충분히 감당할 수 있었으나, 점차 그 분량이 늘어나서, 오늘날에는 정부의 도시 설계 업무와 맞먹을 정도로 많아졌다.

1967년 당시에 성공적인 도시 설계의 사례는 거의 찾아볼 수 없었다. 그러나 오늘날에는 도시의 모든 요소들이 잘 설계되어 하나로 결합되어 있다고 볼 수는 없다 하더라도, 거의 모든 요소들이 어느 정도는 성공적으로 설계되어졌다고 할 수 있을 것이다. 설계된 도시는 가정이 아니라 현실로 나타나고 있다는 확고한 증거가 있는 것이다.

이 책의 제 1 부는 도시 설계에 대한 정치적 맥락 즉, 환경 보호, 주민 참여, 사적의 보존 등에 관하여 다루고 있다.

도시설계의 최근사(最近史) 가운데 많은 부분들이 건물의 설계 없이 도시를 설계하고 있다는 문제에 관심을 두고 있다. 이 책의 제 2 부에서는 이러한 문제를 주제로 삼고 있다. 만일 개발 규제가 건축적으로 지나치게 명확하고 세밀하게 규정되어 있다면, 그 규제는 준수될 수 없어서 결국 실패하고 말 것이다. 반대로 개발 규제가 지나치게 일반적인 것이라면, 그 역시 실패할 것이다. 제 5 장은 지역제, 도면화(mapping), 도시 재개발 계획을 통하여 도시 설계를 통제하는 전통적인 규제 방법을 요약하고 있다. 그 다음 두 개의 장들은 특별 지역제 조치 (special measures)를 통하여 이러한 전통적인 방법을 개선하고자 했던 뉴욕 시의 노력에 관하여 설명한다. 그 다음 장은 샌프란시스코(San Francisco) 시에서 시도했던 뉴욕 시와 유사한 개선 방법에 관하여 논의하고, 제 9 장에서는 계획 커뮤니티(planned communities)에 관한 설계 방법을 설명함으로써 제 2 부를 끝맺고 있다.

이 책의 제 3 부는 도시 설계 방법론을 다루고 있다. 보존, 성장, 그리고 변화에 대한 토지 이용 전략은 필수적인 것이다. 외부 공간과 일반 대중에 개방되어 있는 옥내 공간을 결합해 주는 공공 오픈스페이스 계획 (public open-space plan)이 있어야 한다. 그 속에 포함되는 도로는 다른 부분을 설계한 후 저절로 남는 잔존 지역으로 생각해서는 안 되고, 도시의 많은 구성 요소를 설계하기 위한 밑바탕으로 삼아야 한다. 도로를 설계하기 위해서는 가로 조명(street lighting), 가로 그래픽(street graphics), 가로 시설(street furniture) 등에 대한 기준이 필요하다. 또한 수송 계획을 도시 설계 개념의 일부로 포함시키기 위한 메카니즘(mechanism)도 있어야 한다. 제 2 부에서 설명되었던 개발 규제가 중요한 도시 설계의 시행 메카니즘인 것과 같이, 제 2 부의 마지막 장에서 주제로 다루고 있는 공공 투자의 전략적 이용도 그에 버금가는 중요한 시행 메카니즘이다.

마지막으로 이 책의 후기에서는 전문직으로서의 도시 설계라는 주제가 논의되고 있다.

다시 한번 말해 두건대, 도시 설계가 만병 통치약이라는 주장은 결코 있을 수 없다. 그렇지 않은 경우도 다소 있긴 하지만, 분명하게 밝혀 두고자 하는 것은 도시란 주택, 고용, 복지, 교육 등 국가의 정책적인 지원이 없이는 스스로의 문제를 해결할 수 없다는 사실이다. 이러한 생각이, 연방정부가 상당히 많은 일을 하고 있는 것처럼 보이는 요즈음에 와서, 일시적으로 유행하는 추세는 결코 아니다. 지방의 규제를 좀 더 강화시키면, 정부가 정책을 수행하는 데에 많은 도움이 된다는 것은 의심할 여지가 없다. 그러나, 국가 정책의 맥락 없이는 비록 한 도시가 비교적 성공을 거두었다 할지라도 그 도시는 단순히 미개발 지역으로부터의 인구 유입 요소로 전락할 뿐이고, 거기서 얻는 이점(利點)도 새로 발생되는 도시 문제로 인해 상쇄되고 말 것이다.

그럼에도 불구하고, 올바른 방침이란 우리가 당장 할 수 있는 일만이라도 해 나가는 것이다. 많은 도시의 어려운 상황을 해결하는 일은 굽이굽이 뻗어 있는 길의 맨 끝에 있는 목적지에 도달하는 것과 같다. 우리가 가고자 하는 곳이 항상 분명하지는 않다. 그러나 출발하지 않는다면 결코 도달할 수 없을 것이다.

2
환경 설계와 환경 보존
(Environmental Design and Environmental Conservation)

"의회는 사람의 활동이 자연 환경의 모든 구성 요소 간의 상호 관계에 미치는 심각한 영향을 인식하고 ………"
1969년의 **국가 환경 정책법**(National Environmental Policy Act)은 제 1 장을 이렇게 시작하는데, 그것은 우리 정부의 정책 방향에 매우 중대한 변화가 있었음을 공표하는 것이었다.

1962년에 처음 출판되어 널리 알려진 레이첼 카슨(Rachel Carson)*의 **조용한 봄**(Silent Spring)이야말로, 우리 인간도 자연 질서의 한 자리를 차지하고 있다는 사실을 대중에게 인식시킬 수 있었던 매우 귀중한 계기이었음과 동시에, 우리에게 가장 중요한 의미를 던져 주었던 것이었다고 해도 좋을 것이다. 우리는 지금까지 우리 자신이 환경의 일부라는 사실을 망각한 채 환경에 대하여 막강한 힘을 행사해야 한다고 주장할 수 있었다. 자연은 항상 그 스스로 평형을 이루고 있을 것이다. 그러나 문제는 우리가 그 자연에 인간 자신을 포함시키지 않고, 그것이 평형을 이룰 수 있다고 생각해 왔던 점에 있다.

* (역자 註) Rachel Louise Carson (1907~1964): 미국의 생물학자이며 작가. Springdale에서 출생. 저서로 "Under the Sea Wind (1941)", "Edge of the Sea(1955)", "Silent Spring(1962)" 등이 있다.

1960년대의 10 년 사이에 "누가 몇 마리의 새들을 돌봐 줄 것인가?" 하는 것으로부터 "너무 늦기 전에 우리도 무엇인가를 하는 것이 좋겠지" 라는 말에 이르기까지 대중의 여론에 큰 변화가 있었다. NEPA로 우리에게 친근하게 알려져 있는 1969년의 국가 환경 정책법(National Environmental Policy Act)은 과할 정도로 강력한 어휘들을 쓰고 있는데, 그 법의 효력은 이제 우리의 피부에까지도 충분히 와 닿아 느껴지게 되었다.

도시 설계는 환경 영향 분석에 의하여 이루어져야 한다

이 법에 의하면, 연방정부와 모든 기관들은 "다른 전문 분야들과 서로 체계있는 협조를 이루어, 인간 환경에 영향을 미칠 수 있는 계획과 의사 결정에 자연 과학, 사회 과학 및 환경 설계 기술이 종합적으로 이용될 수 있도록 해야 한다"는 것이다. **환경 설계 기술**이라는 말을 주의해 보자. 이 말은 **도시 설계**에 대하여 연방정부가 요구하고 있는 새로운 국면인 것이다.

NEPA의 실제적인 효력으로서 중요한 것은, 인간 환경의 질(質)에 중대한 영향을 미치는 입법 행위나 기타 연방정부의 행위들이 제안되면, 그에 관한 모든 권고안이나 보고서가 **책임 있는 관리**(官吏)들에 의하여 상세하게 기술되어야 한다는 것이다. 이 보고서는 다음과 같은 사항들을 기술해야 한다.

(i) 제안된 행위가 유발하는 환경 영향

(ii) 제안된 행위가 시행된다면, 피할 수 없는 환경의 불리한 영향

(iii) 제안된 행위에 대한 대안

(iv) 인간 환경의 국부적이고 단기적인 이용과, 장기적인 생산성 유지 및 증대와의 상호 관계

(v) 제안된 행위가 시행된다면, 그 행위와 연관된 원상 회복 및 재이용이 불가능한 자원의 침해

NEPA가 요구하는 이 조치는 **환경 영향 보고서**(Environmental Impact Statement)라고 불리어지게 되었다. 그러나 이 법에는 환경 영향에 대한 허용 기준이 아무 것도 정해져 있지 않았다. 우리가 알고 있는 바와 같이, 우리는 환경 영향 보고서를 통하여 제안된 행위가 과연 지구상의 생명을 말살시키는 결과를 초래할 것인가 아닌가를 기술적으로 판단할 수 있게 되었고, 관련 기관들도 계속해서 환경 문제들을 그런 식으로 대처해 나갈 수 있을 것이다. 그러나 이 법은 그 보고서의 내용이 타당한가를 판단할 수 있는 기준도 역시 정해 놓지 않았다. 행정적 기준은 **책임 있는 관리**, 즉 일반적으로 연방정부의 장관 혹은 관련 기관의 우두머리가 임의로 정하게 되어 있다. 한편, 많은 사람들이 그 기준을 부당하다고 생각한다면, 그들은 언제든지 소송을 제기할 수 있고, 환경 영향 보고서가 NEPA에

충분히 근거한 것인지를 심판해 주도록 법원에 요구할 수도 있다. 이 법을 집행하는 데 있어서 두 가지 중요한 문제를 가상적인 무대에 올려놓을 수 있는데, 그것을 우리는 환경 영향 노이로제(the Environmental Impact Neurosis)와 환경적 인질(the Environmental Hostage)이라고 부르고 있다.

국가 환경 정책법과 기타 관련 법안의 의도는 전반적으로 바람직한 것이었지만, 그것들이 정하고 있는 자연 과학 및 사회 과학, 그리고 설계 및 공공 정책에 대한 기준들은 당시의 지식과 실무 수준보다 훨씬 앞선 것이었다. 환경 문제를 다루고 있는 기타 많은 연방 법들에서도, 이와 유사한 규정들을 정해 놓고 있다. 그 중 어떤 것들은 습지, 해안 지역, 농업 지역, 산림 지역 등과 같은 자원 보호에 관한 것이고, 또 어떤 것들은 공기, 수질, 위험 폐기물 등을 취급하는 공해원을 규제하고 있다. 연방 고속 도로법은 환경 영향 보고서의 제출을 의무화하고 있을 뿐 아니라, 토지 이용과 도시 설계의 문제들도 고속 도로 계획의 초기 단계에서 고려되어야 한다고 규정하고 있다.

생태학과 환경 과학은 큰 발전을 보았지만, 우리의 자연 환경이 어떻게 작용하고 있는가를 체계적으로 충분히 이해하기에는 아직도 요원하기만 하다. 사회 과학은 방대한 학문 분야를 이루고 있으나, 사회의 상호작용은 거의 아무 것도 이해되지 못하고 있다. 법의 요구에 따라, 우리가 자연체계(natural system)와 사회체계(social system) 간의 상호작용의 효과를 계산해야만 할 경우, 우리는 단지 경험에 의하여 추정할 수 있을 따름이다.

환경 영향 노이로제는 이렇게 시작된다. 만일 당신이 잠자리에서 일어나서 "내가 현관문을 걸었던가?"하고 자문(自問)한 경우가 있었다면, 당신은 내가 설명하고자 하는 환경 영향 절차와 유사한 노이로제적인 심리를 경험한 것이다. 당신은 일어나서 현관문을 점검해 보지만 사실 현관문은 잠겨져 있다. 그리고 잠시 후 다시 잠자리에 돌아왔을 때, 당신은 "내가 현관을 점검할 때 현관 홀에 전등을 켜 놓지는 않았던가?"하고 의심하기 시작한다. 당신은 전등이 켜 있는지를 확인한 후에도 "내가 문을 걸었을 때 고양이가 집 안에 있었던가? 밖에 있었던가?" 하고 의심하며, 그 생각은 다시 문을 열게 한다.…… 환경 영향 보고서는 그 과정에 제도화된 노이로제 증상이 다분히 포함되어 있기 때문에 완결짓기가 매우 어렵다. 조사해 보아야 할 듯한 의심의 여지는 한없이 많다.

환경적 인질 (the Environmental Hostage)

시어(矢魚)는 최근 몇 년 전에 유명해진 작은 물고기이다. 왜냐하면 그것은 환경적 인질의 하나가 되었기 때문이다. 문제의 시어(矢魚)가 하나의 독립된 생물의 종(種)인가? 그렇다면 그 종이 댐의 건설로 멸종의 위기에 놓이게 될 것인가? 또 그것이 위기에 처하게 된다면, 그 위험이 과연 중요한 문제인가? 등에 대하여 일대 논쟁이 있었다. 댐 건설의 반대자들이 특별히 시어에 관심을 가진 것은 아니었으나, 그것은 댐 건설을 저지하기 위한 편리한 꼬투리가 되었다. NEPA의 법규 내에는 이러한 문제들이 발생될 소지가 무한히 내재되어 있다.*[1] 그렇다고 해서 환경보호주의가 올바른 정책이 아니라는 것은 아니다. 오히려 환경보호주의가 정부의 정책 결정 방식에 커다란 변화를 가져다 주었다. 그러나 이러한 환경에 대한 많은 논쟁들 가운데에, 겉으로는 그럴싸 하지만 사실은 상식 밖의 요인들이 큰 영향을 미치고 있다. 왜냐하면 우리의 지식이 법에 의하여 정해진 기준에까지 활용되지는 못하기 때문이다.

현재 미국의 많은 주들에는 각기 독자적인 환경 영향 규제들이 있으며, 아마 나머지 모든 주들도 조만간 그렇게 될 것이다.*[2] 이들 규제는 주정부의 행위뿐 아니라, 가끔은 민간 자본에 의한 것이라 할지라도 법적 기준 아래 통제되어야 할 만큼 대규모의 사업도 대상으로 하고 있다. 예를 들면, 플로리다(Florida) 주에서 1972년에 제정된 토지 및 수자원에 관한 환경 관리법(the Environmental Land and Water Management Act)은 주변 지역에 영향을 미치는 모든 개발에 대하여 심의와 승인 절차를 요구하고 있다.

이 법에서 정의한 개발이란 "그 사업의 성격, 규모, 입지로 인하여 2개 군 이상의 시민들의 건강과 안전 및 복지에 중대한 영향을 미치는" 개발을 말한다. 그 후 플로

*[1] 시어 문제를 야기시킨 것은 NEPA이었지만, 의회가 그 법을 개정하기 전에 댐 건설에 장애가 되었던 것은 멸종 어족 보호법(the Endangered Species Act)이었다.

*[2] 몇 개의 선구적인 주의 환경 규제에 대해서는 *The Quiet Revolution in Land Use Control* by Fred Bosselman and David Callies, Washington, D.C. : Council on Environmental Quality, 1971을 참고하기 바란다.

리다 주는 지역에 영향을 미치는 개발(Developments of Regional Impact : DR Is)을 평가하는 행정적 기준을 법으로 제정하였는데, 그 법의 적용 대상은 공항, 관광지, 위락 시설, 발전 시설, 송전선, 종합 병원, 공장, 공업지역의 공원, 광산, 업무지역의 공원(office parks), 석유 저장 시설, 항만 시설, 주거 단지 개발 지역, 학교, 쇼핑 센터 등이다.

어떤 사업이 주변 지역에 영향을 미치는 것으로 확인되면, 개발업자나 개발기관은 어떤 경우라도 사법권을 가질 수 있는 지방 정부나 그 법을 집행하도록 지정된 7개 지역의 계획 기구 중의 하나에 신청서를 제출하거나, 혹은 주의 계획국(the Division of State Planning)에 신청서를 제출해야 한다. 지역 계획 기구(the Regional Planning Agency)가 자문 보고서를 작성하지만, 실제로 사업의 가부를 결정하는 것은 지방 계획 기구(the Local Planning Agency)이다. 개발 업자나 개발 기관은 사실상 주 지사와 내각으로 구성되어 있는 플로리다의 토지 및 수자원 평결위원회(the Florida Land and Water Adjudicatory Commission)에 탄원할 가능성도 있다. 그러므로 주정부가 지방 행정부의 결정을 무효화시킬 수 있는 기회도 있다. 물론 법원에 탄원할 가능성도 언제나 있는 것이다.*

연방 및 주의 환경 규제 아래서는, 우리가 날마다 볼 수 있는 많은 개발 사업들이 당장 제안된다 하더라도, 그것들이 모두 시행될 가능성은 없을 것이다. 고속 도로와 인접한 고층 아파트 단지, 흔히 볼 수 있는 습지의 배수로 작업 및 구릉 경사면의 불도저식 절토, 모래 언덕 위에 있는 호텔 등은 벌써 환경 기준에 미치지 못한 것일지도 모른다. 이와 같이 환경 규제는 개발의 시행 방법을 개선시켜 왔으나, 그 이면에는 부정적인 측면도 있다.

이 새로운 요구들을 충족시키기 위하여 만들어진 환경 영향 보고서는 장문(長文)의 복잡한 문서이다. 먼저 개발 사업은 객관적인 용어로 매우 상세하게 서술되어야 하고, 개발에 관한 기존의 여건도 역시 상세하게 설명되어야 한다. 환경 영향의 범위는 공공 시설, 토지 이용, 주차, 그리고 수송과 같은 통상적인 계획의 고려 사항들뿐만 아니

* See Robert M. Rhodes "DRIs and Florida's Land Development policies," *in Florida Environmental and Urban Issues*. Vol. II, no. 3, pp. 5 ff.

라, 자연 환경과 사업의 경제적·사회적 맥락에 미치는 영향들을 모두 포함한다. 자연 환경도 역시 대기 및 수질 문제, 동식물 및 그 서식지의 보호, 지질학적 문제, 자연의 전체적 평형 등으로 세분할 수 있다. 사회적·경제적 문제를 분류하자면 끝이 없고, 공론(空論)인 저자의 보고서나 가공적인 내용도 거기에 포함될 수 있다. 노선 상가 교통의 일부를 성격상 주거용으로 전환시키는 사업이 있을 때, 그 경제적 영향은 어떠한가? 노선 상가에서 상업 활동은 원활히 일어나고 있는가? 주거 지역 가로변의 토지 가격이 떨어져 가고 있지는 않는가? 그렇다면 그 변화가 중요한 것인가? 교통을 다른 곳으로 돌림으로써 다소 경제적으로 불리한 영향을 초래한다 하더라도, 그것이 기존 주거지를 보존한다는 이점과 균형을 이루는가? 어떤 경우에서든 불가피한 환경적 악영향은 그것이 아무리 불확실한 것이라 할지라도 보고서에 수록되어야 한다.

제안된 행위에 대하여 대안을 고려해야 한다는 규정은 합리적인 것처럼 보이긴 하지만, 때로는 엄청난 문제를 발생시킬 수 있다. 그 대안을 얼마나 심각하게 고려해야 할 것인가? 모든 대안들을 실제 제안된 계획안만큼 상세하게 작성할 필요가 있을까? 그렇게 하자면 그 계획 비용은 아마 3배 내지 4배로 증가할 것이다. 오직 심각하다고 생각되는 현실적인 대안들만을 논의해야 할 것인가? 아니면 가능성이 있는 행위라면 모두 보고서에서 다루어야 할 것인가? 법에 의하여 고려되어야 하는 단기적인 사항들과 장기적인 사항들 간의 반대급부란 무엇인가? 개발한다고 할 때, 원상 회복 및 재이용이 불가능한 자원의 침해란 무엇인가? 우리는 건설 사업에 대하여 논의하고 있는가 아니면 장기적인 운영 관리에 대하여 논의하고 있는가? 대강은 그런 것들이다. 그 과정은 문제들을 끝없이 야기시키고, 사실 그것을 읽을 사람은 거의 없으리라고 생각될 정도로 장황한 문서를 만들어 놓고 만다.

환경 영향을 법에 준거하여 분석할 경우, 가장 어려운 점은 지역적인 문제를 국부적이고 사례별로 다루어야 한다는 것이다. 병원을 계획하려면 환경 영향 분석을 거쳐야 할 것이다. 고속도로 맞은 편의 쇼핑 센터나, 그 뒷편의 언

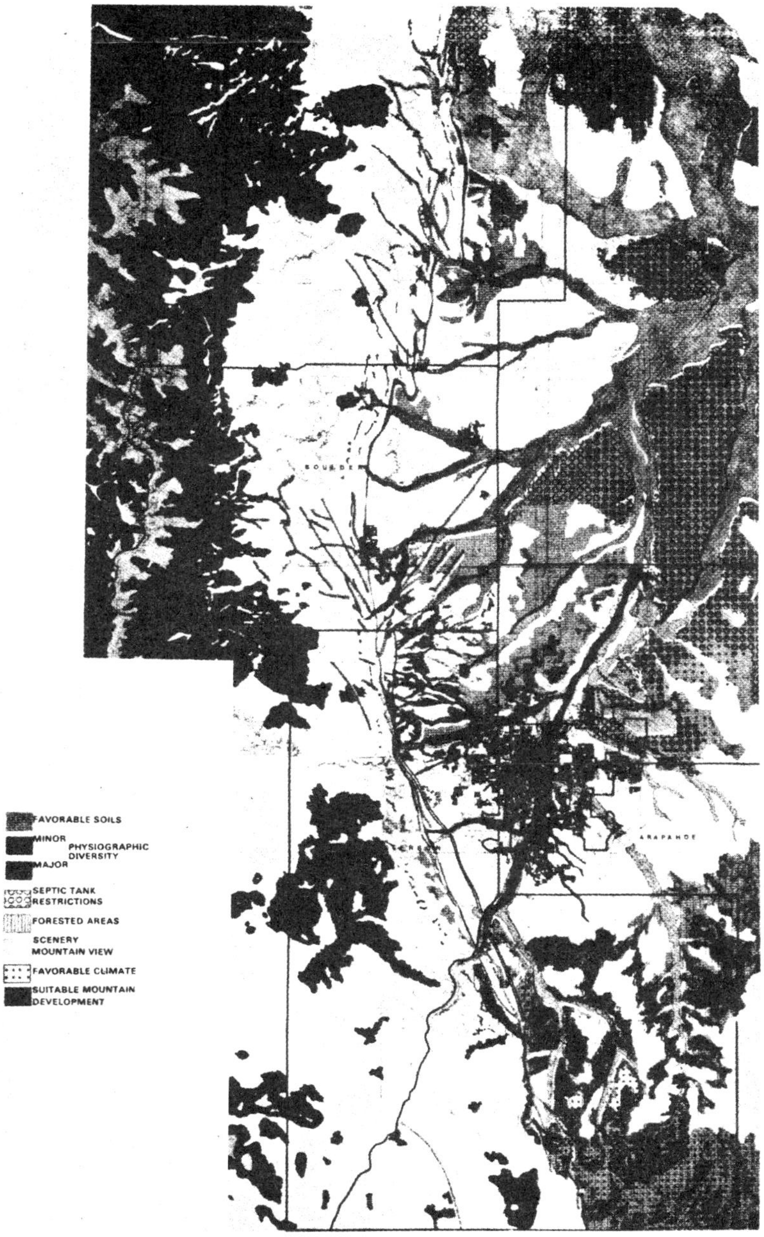

월래스, 매카그, 로버츠, 토드(Wallace, McHarg, Roberts, & Todd)가 작성한 콜로라도 주 덴버(Denver) 시의 북부와 남부, 그리고 록키 산맥의 동부에 인접한 지역의 지도. 유해 요인이 없이 모두 양호한 요인들만 나타나서 도시 토지 이용에 매우 적합한 조건을 이루고 있는 지역을 보여 주고 있다.

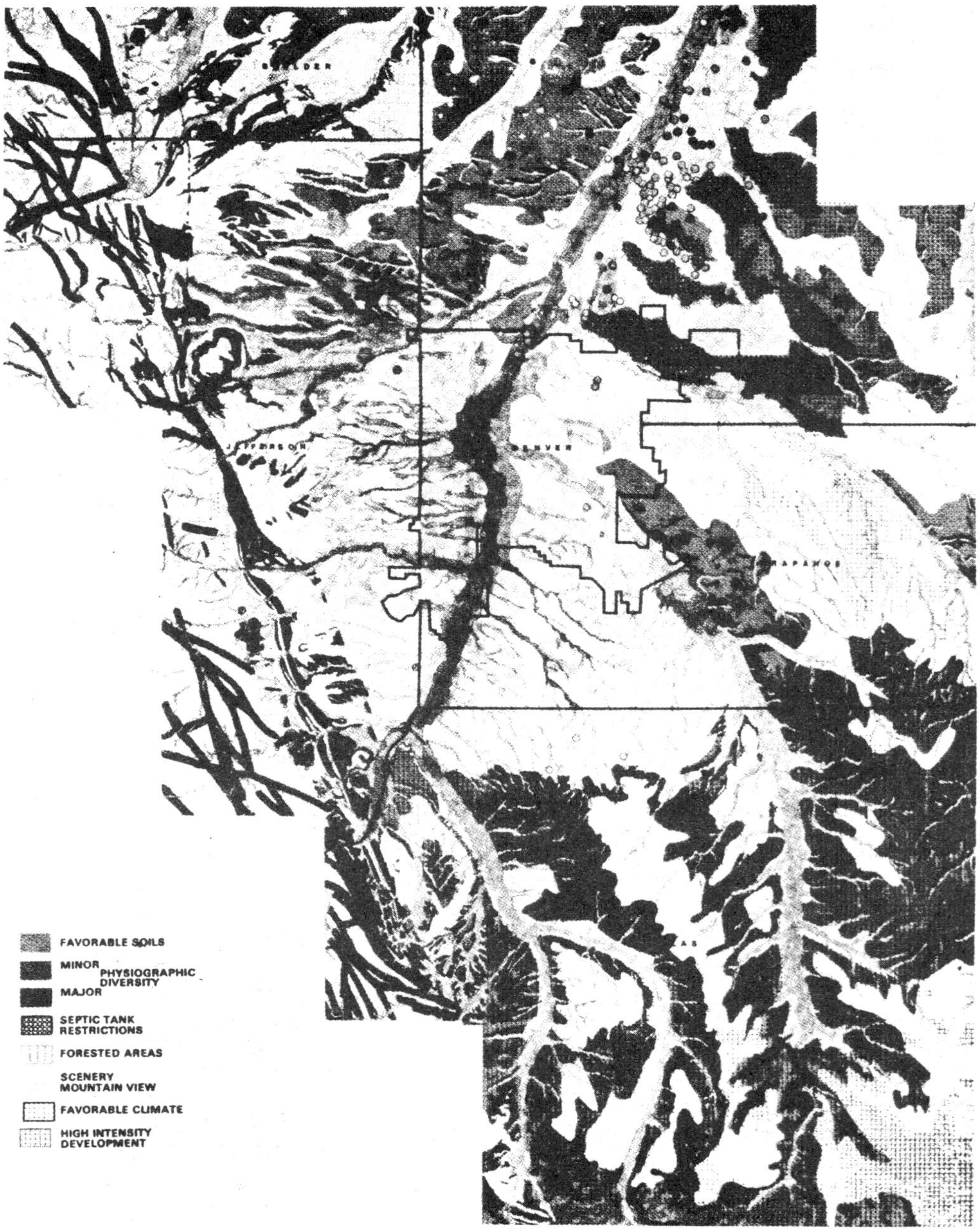

앞 페이지의 지도를 좀 더 상세하게 확대시킨 덴버 대도시 지역의 지도. 이들 두 장의 지도는 덴버 지역 고속 교통 계획을 위한 연구의 일부로 작성된 것이다.

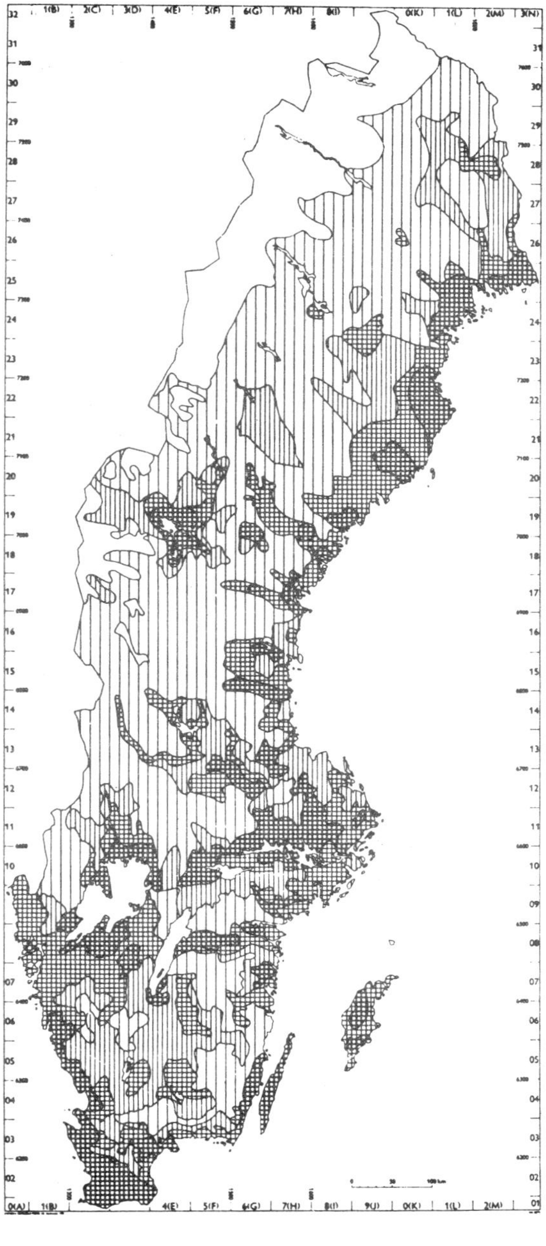

스웨덴의 국토 계획 연구에서 발췌한 지도, 이 지도는 삼림 지역과 농경 지역을 분리하기 위한 생태학적 근거를 보여 주고 있다.

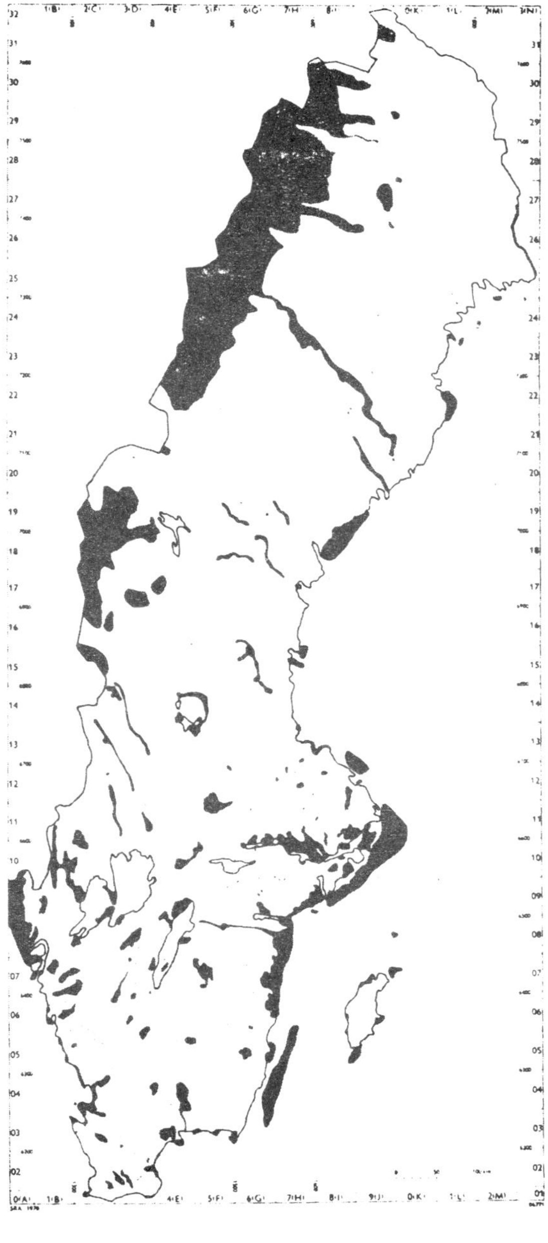

앞의 연구에서 발췌한 또 하나의 지도. 이 지도는 야외 위락 지역으로 국가적 관심 대상이 되고 있는 주요한 지역을 보여 주고 있다.

덕 위에 건설될 업무 지역의 공원(office park)도 마찬가지이다. 이 3가지 사업들이 모두 종합적인 과정을 통하여 분석된다면, 어려움은 상당히 덜어질 것이며, 환경을 보호하거나 환경에 순응하는 데 유리할 것은 분명하다. 환경 영향 분석은 대규모의 사업보다는 소규모의 사업에 많이 적용되어 왔던 기존의 토지 이용 규제의 역할을 대신해 주는 방안의 하나이다. 어떤 토지는 강도 높은 개발 지역으로 지정된 후에 환경 영향을 분석한 결과, 그 곳이 개발해서는 안 되는 습지로 밝혀지는 경우도 있을 것이다.

논리적인 대안은 지역에 관한 **환경 지역제**(regional environmental zoning)의 일종이라 할 수 있을 것이다. 당국은 어떤 개발 사업을 허가할 것인가를 결정해야 하는 부담을 지고 있고, 환경 조사의 비용은 꼭 개개의 사업에서 염출할 필요는 없을 것이다. 이러한 논리에는 오직 하나의 작은 문제가 있을 뿐이다. 즉 계획가들은 연방 기구나 혹은 주 지사와 의회에 "우리는 다만 금후 20년 후에 일어날지 모르는 모든 환경의 논쟁을 파악하여 미리 대처하는 방법을 생각하고 있을 뿐이다"라고 주장하는 것이다. 그러나 대부분의 공직자들은 이같은 태도를 달가와하지 않을 것이다.

환경 영향 분석의 중복적인 불합리한 점을 극복하려는 정치적인 의도가 있긴 하지만, 그래도 이러한 환경 문제들을 평가하고 기록으로 작성하는 좀 더 체계적인 방법이 필요하다.

아이언 매카그(Ian McHarg)*는 **자연과 설계**(Design with Nature)라는 저서에서 (매카그의 이론에 대하여 좀 더 상세하게 알고 싶다면, 이 책의 140페이지를 참고하시오) 사람과 환경의 관계에 대하여 보다 체계적인 기초를 세우고 있다. 즉 일련의 **환경 분석도**(environmental maps)를 중첩하여 올려 놓고 개발에 훼손되기 쉬운 생태계의 민감한 부분들을 제외시키면, 지역에 대한 환경 지역제의 올바르고 객관적인 근거를 얻을 수 있는데, 아직까지 거의 개발되지 않은 미개발 지역에서는 특히 유용하다.

환경 문제를 보다 객관적으로 고려하는 또 하나의 유망한 방법은 1971년에 처음 출판된 하워드 티 오덤(Howard

*(**역자 註**) Ian Lennox McHarg (1920 ~): 미국의 저명한 조경건축가이며 지역계획가. Scotland의 Clydebank에서 출생. 저서로 "Design with Nature(1969)", "Man : A Planetary Disease (1971)" 등이 있다.

T. Odum)의 **환경, 힘, 그리고 사회**(Environment, Power and Society)라는 책에서 찾아볼 수 있다. 오덤은 공장 생산 방법의 설계와 기계 공학 및 전기 공학에서 사용되는 체계 분석 기법(systems analysis techniques)을 빌어, 그것을 자연체계(natural system)는 물론이고 심지어 사회체계(social system)에까지 적용하고 있다. 오덤의 책이 가져다 준 부산물의 하나는 그가 자연체계와 그것이 우리 사회에 미치는 경제적 가치를 연관시켜 주었다는 점이다. 그는 하나의 예로서, 노드 캐롤라이나(North Carolina)에서 공원의 산림 지대를 관통했던 공로(公路)로 인하여 발생했던 분쟁에 그의 이론을 적용하고 있다. 주의 관리들은 공공에 미치는 피해를 벌목된 나무 값에 해당하는 에이커당 64달러로 계산하였다. 그러나 오덤은 그 계산에 다른 근거를 대었다. 다시 말하면, 벌목된 삼림을 원상 복구시키는 데에 필요한 100년 동안의 비용을 계산했던 것이다. 산림을 키워 내는 데 필요한 광합성 에너지를 계산하고, 그것을 석유 에너지로 환산한 값을 계산해 내었다. 오덤은 OPEC 이전의 화폐 가치로 산림의 값을 에이커당

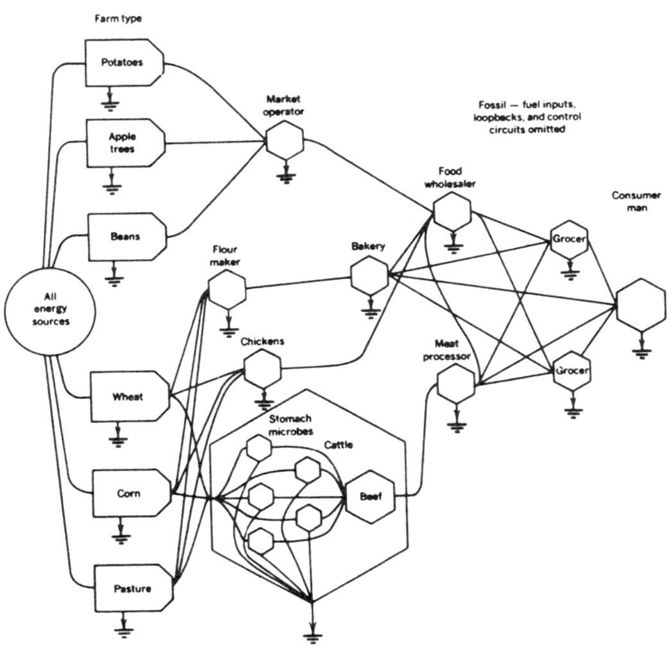

하워드 티. 오덤(Howard T. Odum)의 저서, **환경, 힘, 그리고 사회**에 수록되어 있는 다이어그램. 영양분의 질을 개발시키는 데 필요한 수렴적인 먹이사슬(food chain)을 거치는 과정에서 힘(power)이 손실되고 있음을 보여 주고 있다.

590,000 달러, 성숙한 나무 한 그루당 대략 3,000 달러로 산정하였다.

오덤은 유추 계산에 의하여 습지 1에이커당 생산되는 에너지량은 얼마이고, 그것에 맞먹는 경제적 가치는 얼마인가를 밝혀 주고 있다. 이와 같은 에너지 계산은 여러 가지 환경 영향들이 사회적으로 허용할 만한 것인가, 또는 그렇지 못한 것인가를 계산으로 밝혀 내는.유용한 방법이 될 것이다.

나는 현재의 환경 영향 연구의 결함들을 보완하기 위하여 매카그와 오덤의 이론이 직접적으로 적용될 수 있는가 하는 데에 초점을 두었기 때문에, 그 두 사람의 책의 개요를 설명하지는 않았다. 이 두 권의 책들은 모두 저자의 필생적 작업들을 대부분 수록하고 있으며, 철학적 요소도 다분히 포함하고 있는가 하면 다른 많은 사람들의 과학적 연구들도 참작하여 이론을 세우고 있다. 나의 의견으로는 매카그와 오덤의 이론이 물리적으로 또는 환경적으로 암시하고 있는 바는 어떤 일반적인 사회학적 사고보다도 설득력이 있다고 생각된다.

환경 지역제의 구성, 환경의 가치에 대한 객관적인 계산방식, 그리고 이 책의 제 2 부와 제 15 장에서 설명될 법을 통하여 설계의 질을 객관화하는 방법들에 힘입어, 연방의회와 주 의회가 이미 제정한 환경 규제는 최대로 활용될 수 있게 되었다.

한계가치의 긍정적 효과
(the Positive Value of Limits)

환경적 관점에서 볼 때, 성장에도 한계가 있고 자연 자원이 점차 고갈되어 가고 있다는 사실은 분명히 새겨 볼 만한 가치가 있다. 화석 연료(석유, 석탄 등)를 좀 더 절약하여 쓰고, 변두리 교외 지역의 개발을 줄여가며, 또한 기존 자원들을 재사용함으로써, 우리가 환경에 대한 책임 있는 개발 방법들을 창안해 나갈 수 있다고 확신을 갖게 된 것은, 에너지 위기가 가져다 준 긍정적인 효과라 할 수 있을 것이다.

경제적 필요성은 정치적 의지를 더욱 확고하게 해 주므로 전문가들이 좀 더 실용적인 환경 규제를 고안해 낸다면 그 규제가 법으로 채택되는 것은 보다 용이해질 것이다.

뉴욕 시의 게이트웨이(Gateway) 국립 위락 지역에 대한 환경 영향 보고서에서 발췌한 자연 자원 분석도

3

도시 설계의 결정과 주민 참여

(Community Participation in Urban Design Decisions)

미국 지방 정부의 이상적인 패턴은 **시민회의**(town meeting)이다. 중요한 의사는 여기에서 모두 공개적으로 결정되고, 시민들의 모든 여론도 여기에서 듣는다.

시민회의가 아직 여러 지방에 남아 있기는 하지만, 대도시는 이러한 직접 민주정치를 감당하기에는 너무 성장해 버렸다. 시민들은 비록 그것이 자신에게 직접 관계되는 일이라 할지라도, 중요한 의사가 언제, 어떻게 결정되었고 자신들에게 어떤 영향을 미칠 것인가를 거의 알지 못하고 있다. 지방의 많은 주민들이 자신들에게 지대한 영향을 미치는 고속도로 건설이나 주택 사업에 대하여 맨 처음 알게 되는 것은, 측량기사가 현지에 도착하거나 퇴거 명령을 받은 후이었던 것이 보통이다.

당국이 아주 독단적으로 무슨 일을 처리하고자 할 때, 시민들의 동의를 얻었다는 구실을 만들기 위하여 잘 알려지지 않은 정기 간행물에 공고하거나, 공청회의 절차와 일정을 일부러 복잡하게 하는 수법을 쓰는데, 특히 선거구민들에게 거의 책임을 지지 않는 독립된 행정관서나 외부의 압력을 이겨낼 만큼 확고한 정부기관의 경우는 더욱 그러한 경향이 있다.

그 결과, 흥분된 시민들과 이미 굳어져 버려 큰 수정을 가할 수 없는 계획안과의 대립이 너무도 자주 일어났었다. 만일 그 계획이 그대로 강행된다면 시민들에게 크나큰 원망과 소외감을 안겨 줄 것이고, 반대로 계획이 중지된다면

앞으로 몇 년 동안은 그러한 계획이 어떤 것도 기안되지 않을지 모르며, 정부는 무력하고 무능한 존재로 전락해 버릴 것이다.

계획에서의 주민 참여(community participation)는 공공에 이익을 가져다 주었다 하는 탁월한 전문 지식을 근거로 대면서 정치적 과정을 외부에서 조종했던 참으로 무능한 도시계획가들에게 돌파구로서의 대안을 제시해 준다. 그럼에도 불구하고, 이러한 일방적인 계획들은 특히 도시 재개발(urban renewal)이나 고속도로 사업에서 수행되어 왔으며, 그로 인하여 시민들은 도시계획가에 대하여 심각한 — 그래도 결코 부당하다 할 수 없는 — 불신감을 갖게 되었고, 그 계획을 중단시키기 위하여 어떻게 조직적으로 반대 시위를 할 것인가를 알게 되었다.

도시계획가이며 변호사이기도 한 폴 데이비더프*[1](Paul Davidoff)는 1965년에 발표한 논문*[2]에서 계획은 법체제 위에서 수립되어야 한다고 제안했다. 커뮤니티의 모든 사업에는 자체의 계획가와 계획이 있어야 하고, 진실은 법정에서와 마찬가지로 상반된 논리의 개진 과정을 통하여 나타나게 될 것이다.

변호적 계획(advocacy planning)이라 하는 이 같은 생각은 누가 재판관이고 누가 배심원의 역할을 하는 것인지 확실하지 않았지만, 1960년대 후반에 상당히 유행되었다. 공식적인 지방 정부가 커뮤니티의 여론에 전혀 반응이 없을 경우, 변호적 계획은 필요하고 또한 효과적인 의사 교환의 수단이 되기도 한다. 그러나 장래에 대한 일반적인 계획 수법으로서 변호적 계획은 어떤 결실보다는 오히려 논쟁만 불러 일으킬 가능성이 높다.

앞서의 방법과 거의 같은 시기에 개발된 주민 참여의 또 다른 방법은 계획에 관계 있는 모든 이익 단체의 대표자들을 소집하여 운영 위원회(working committee)를 구성하는 것이다. 거기서 전문가는 당면 문제에 대한 합리적인 틀을 만들고, 운영 위원(working group)들의 여론을 수렴하며, 합의점으로 이끌어 계획에 반영한다.

운영 위원회의 개념과 "도시 설계 개념의 팀"(urban design concept teams)이라는 개념을 복음이라도 전도

*[1] (역자 註) 변호사이며, 도시계획가. 1960년 초부터 미국 도시 계획의 지도적 인물 중의 한 사람. 프린스턴 대학교와 뉴욕 시립 대학교 한터 칼리지의 교수를 역임했음.

*[2] "Advocacy and Pluralism in Planning." *Journal of the American Institute of Planners* (November 1965). pp.331 ff.

하듯 열렬히 추진시킨 볼티모어(Baltimore)의 건축가 아키볼드 로져스 *1) (Archibald Rogers)의 말에 따르면, 이 방법은 복음이라고 불러도 좋다는 것이다.

로져스(Rogers)는 신시나티(Cincinnati) 시의 도심부를 계획하는 과정에서 그의 이론을 발전시켰다. 1961년과 1963년 사이에 신시나티 시는 3가지 전통적인 방법들을 사용하여 도심부 재개발 계획을 시도하였으나 모두 실패하고 말았다. 신시나티 시 자체의 도시 계획국에서 내놓은 제안은 지하 주차장과 교통체계가 문제가 되어 시의회에서 보류되었다. 신시나티 도심부 계획의 두 번째 연구는 도심부 사업과 그 재정적 이권을 대변하는 민간 단체가 빅터 그루엔*2)사무소 (Victor Gruen Associates)에 의뢰하여 도시의 핵에 관한 연구를 수행하였으나, 그 계획은 많은 도로들을 폐쇄하도록 한 것이 문제가 되어 역시 채택되지 못하였다. 세 번째의 연구는 개발업자로 선정된 부동산 회사에 위임되어 바톤-아쉬만 사무소(Barton-Ashman Associates)가 수행하게 되었는데, 이것 역시 승인받지 못하였다. 이로 인하여 신시나티 시가 신청한 대부 및 정부 보조금이 워싱턴에서 보류되었다. 왜냐하면 재개발의 사업자가 선정되고 재원도 확보되었으나, 그에 뒤따라야 할 설계안이 합의되지 못 했기 때문이었다.

그 난국을 타개하기 위한 방안이 시의 도시 계획국장인 허버트 스티븐스(Herbert W. Stevens)에 의하여 제시되었다. 1963년 3월, 그는 시장에게 다음과 같은 편지를 보냈다.

> 계획안이 결실을 맺을 때까지 계획에 대한 견해차를 하나씩 해결해 나가는 과정을 거치지 않고, 새로운 계획을 세우는 것은 시간만 낭비시킬 것입니다.
>
> 도시 계획 위원회와 시의회가 만족할 만한 계획을 얻을 때까지, 서로 협력하여 계획 결정 과정이라는 사다리를 타고 새로운 계획을 한 단계 한 단계 세워 나가는 과정이 수립되어야 할 것입니다. 계획 결정 과정이라는 사다리는 의사 결정 과정일 뿐만 아니라 교육 과정이 될 것입니다.

그 편지는 계속해서 제안하기를 운영 위원회는 시의회와 도시계획 위원회 그리고 도심부 개발 위원회의 대표자들로

*1) (역자 註) 1917년생 볼티모어 시에 있는 건축 및 도시 계획 사무소인 RTKL 합동 사무소 소장. 미국 건축가 협회 회장(1973 ~ 1974)을 역임했음. 저서로서 "Design Concept Teams for Urban Freeways(1966년)"가 있음.

*2) (역자 註) Victor Gruen : (1903 ~ 1980) 미국의 건축가. 1938년에 오스트리아에서 미국으로 이민하여 Norman Bel Geddes 사무소에서 일하였으며 1951년에 빅터 그루엔 사무소를 설립하여 활동했다. 특히 Northland Center(1954), Southdale Center (1956) 등 많은 쇼핑 센터들을 설계하였고, 저서로는 "Shopping Towns U.S.A. (1960)", "Centers for Urban Environment (1973)" 등이 있다.

Cross Reference		Decision	Explanatory Comments
	G.	Block H	
p. 4, I. A. 2. p. 10, I. A. 11	1.	Predominant Use: Predominant parking use with possibility for retail at grade. Expansion of block to include northwest corner.	The original boundary for Block H only included the northeast corner The planners recommended an expansion of the block west along Sixth Street in order to provide an adequate site for an efficient self-park garage. The Working Review Committee accepted this expansion during the April 9, 1964 meeting.
pp. 10-13, I. A. 12	2.	Program of Space and Use	
		a. 1) Low-rate parking - 800 cars. 2) Retail - up to 50,000 square feet.	III. G. 2. a. was recommended 4/9/64 as the design assumption for the development of Block H in relation to the remainder of the CBD.
		b. Parking — '64-'69: ; '70-'75: 600 sp.; '76-'85: ; Total: 600 sp.	III. G. 2. b. is the revised program of space and use recommended 7/29/64 reflecting the design and market analysis made during the period between 4/9/64 and 7/29/64. This supersedes III. G. 2. a. and should therefore be used, since it expressed the most definite program goal.
	3.	Basic Organization:	
p. 104, IV. A. 3.		a. The opportunity for retailing if exploited, shall be oriented toward Walnut Street and toward the pedestrian traffic movement mentioned in III. G. 6. a.	The Walnut Street orientation faces Block A and the Sixth Street orientation would recognize the east-west pedestrian movement along Sixth Street.
		b. Efforts shall be made to provide retail space on the ground level of the parking facility facing Sixth Street.	
p. 19, I. C. 4. p. 26, II. A. 9.	7.	Off-street truck service shall be provided for the facilities in the block.	
	8.	Approximate size of the block shall be: North-South 350' East-West 390' 136,000 square feet for private development.	

신시나티 시 도심부 계획의 일부로 작성된 결정 사항의 원본.

크로스-레퍼런스(cross-references)는 이 계획의 다른 부분에 있는 관련 결정 사항을 가리킨다. 결정된 형식은 계획 과정 중에 도시 계획 위원회와 시의회에서 채택될 것으로 승인되었다.

구성되어야 한다고 하였다.

아키볼드 로저스(Archibald Rogers)와 그의 회사인 RTKL은 계획을 위임받아, 수송 및 경제 자문단과 협력하면서 새로운 출발에 발을 내딛었다. 운영 심의 위원회에는 한 사람의 강력한 의장을 두었고, 자문단과 심의 위원회는 2주일에 한 번씩 회의를 가졌다. 계획 과정의 각 단계는 의사 결정을 통하여 진행되며, 그 의사는 운영 심의 위원회의 투표에 의하여 결정된다는 절차도 합의를 보았다. 그 결정 사항은 다음 운영 심의 위원회가 열리기 전까지 시의회와 도시 계획 위원회의 비준을 받기로 하였다. 시의원과 도시 계획 위원회의 다수가 운영 심의 위원회에 참여하고 있었으므로 그 비준은 약속된 것이나 다름 없었다. 만일 그 결정이 비준되지 않았을 경우에 그 사항은 운영 심의 위원회에 재회부된다. 한 차례의 회의는 이틀이 걸리는데, 첫 날에는 자문단이 회의 자료를 준비하고, 이튿날에

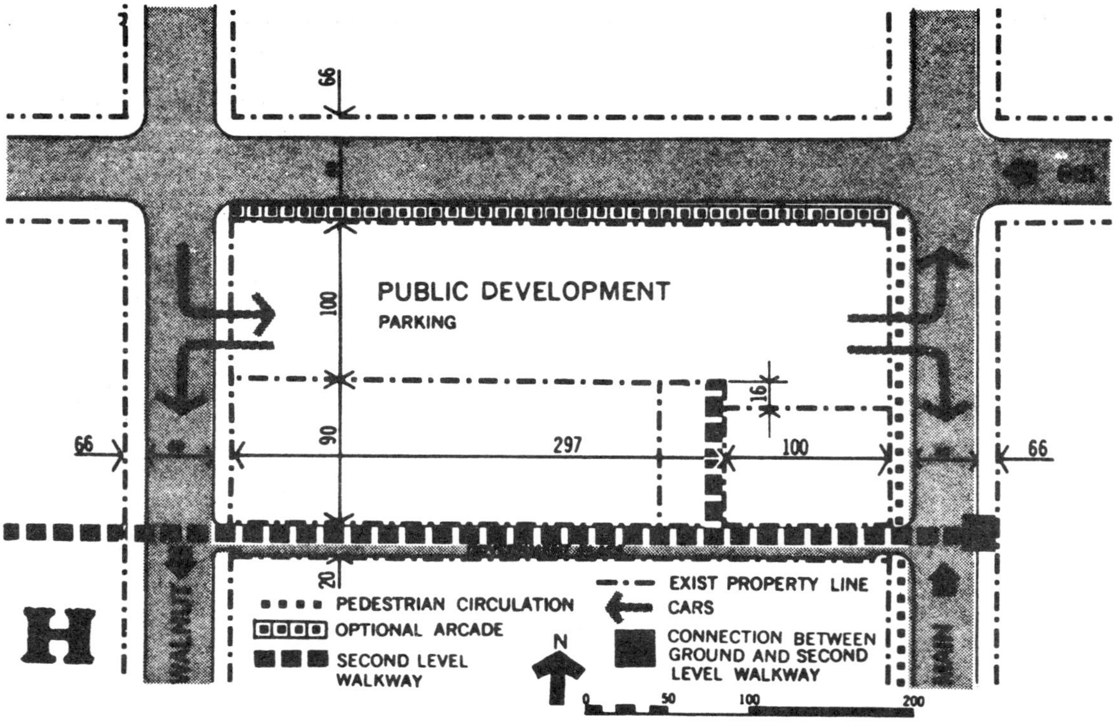

이 지도는 신시나티 시 도심부의 H블럭으로서 앞 페이지에서 결정된 윤곽을 도식으로 나타낸 것이다.

는 토론하고 결정을 내린다.

최종 계획은 약 250항목에 달하는 시의 조례로 정해지게 되었는데, 그 내용은 철학적인 의도의 표현으로부터 도로의 폭을 규정하는 상세한 조문에 이르기까지 매우 다양하다. 이런 식으로 하나의 계획 과정이 정치적 뒷받침과 시행 절차의 바탕 위에서 만들어졌다.

아키볼드 로저스는 군사 용어를 사용하여 도시 설계 및 계획 과정을 다음과 같은 단계로 나누었다.

1단계 : 정찰, 즉 현황의 일반적인 조사

2단계 : 일련의 전략 목표 선택

3단계 : 목표를 달성하기 위한 전략의 대안을 검토한 후 선택

4단계 : 전술, 즉 설계 과정 자체

로저스는 이와 같은 절차를 다른 곳에서도 계속 적용하였고, 다른 계획가와 설계가들도 그의 경험으로부터 많은 것을 배웠다. 그리하여 신시나티 방식, 운영 심의 위원회,

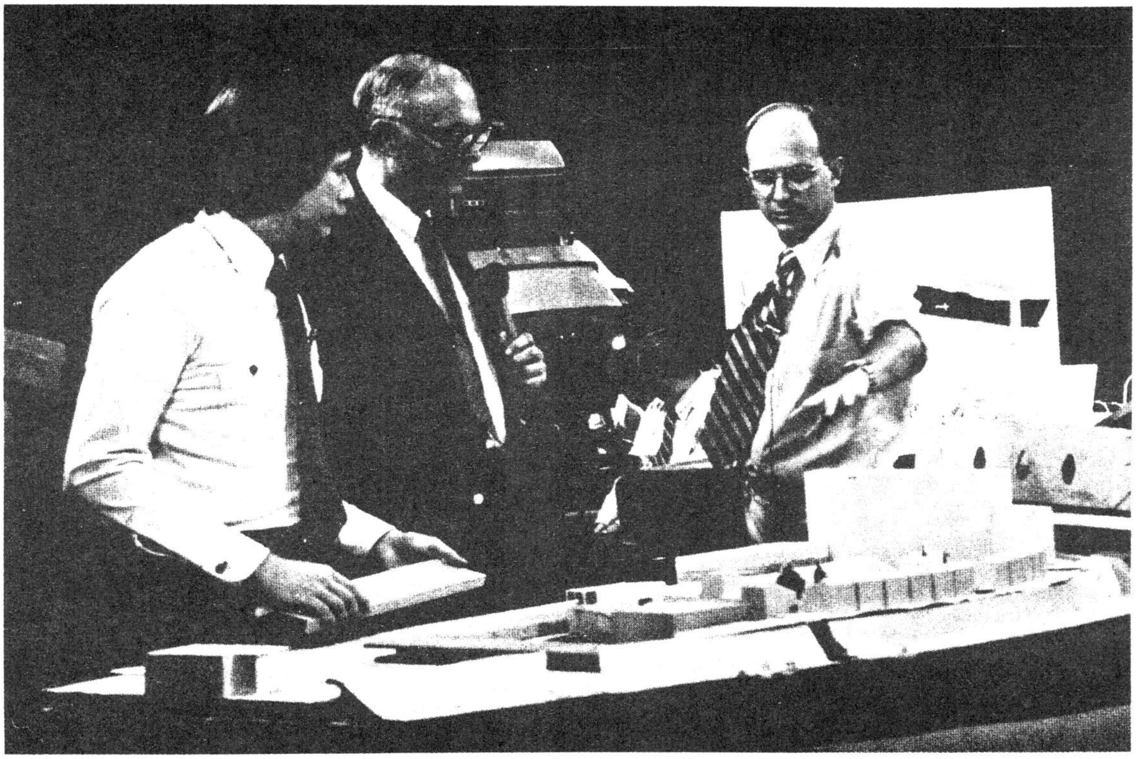

4단계의 의사 결정 과정 등과 같은 것은 오늘날에도 계획 실무의 모범이 되고 있다.

이러한 계획 과정을 텔레비전에 방영하는 사례도 몇 번 있었다. 시민들은 텔레비전 프로그램을 통하여 그 계획에 접할 수 있으며, 계획이 어떻게 변경되는가를 곧 바로 알 수 있다. 방대한 지역을 다루는 계획에 주민들이 참여하는 과정에서, 텔레비전 방영 방식은 분명히 큰 의미를 던져 주고 있다.

그러나, 대부분의 계획은 작은 선거구이거나 지리적으로 제한된 지역에 관한 것이다. 이 경우에 주민 참여의 성공 여부를 가름하는 중요한 열쇠는 운영 위원회이다.

신시나티의 사례가 다소 오도되어, 상황이 다른 여건에 그 방식을 적용하려고 했던 사람들도 있었다는 것은 익히 알려져 있는 사실이다. 신시나티의 경우, 위원회의 의장은 프록터(Proctor)와 갬블(Gamble)에서 수석집행관으로 있

1976년 오하이오(Ohio) 주의 강변 지대 데이톤(Dayton)에 대한 계획 과정의 일부로서 텔레비전에 방영된 실황 사진. 좌로부터 로렌츠-윌리암스(Lorenz & Williams) 회사 데이톤 지점의 스티븐 카터(Steven Carter), 무어-그로우버-하퍼(Moore, Grover, Harper), 도시 설계 및 건축 설계 사무소의 찰스 무어(Charles Moore), 그리고 채드 플로이드(Chad Floyd). 텔레비전 시청자의 의견을 전화로 듣고 그에 따라 도시설계가들이 강변 도심부의 단지 모형 내에서 있을 수 있는 여러 가지 건물 배치의 대안을 보여 주고 있다.

다가 은퇴한 마크 업슨(Mark Upson)이라는 사람이었는데, 그는 그 계획에 대한 논쟁에서 개인적으로 직접적인 역할은 하지 않았지만 명망이 높고 모든 사람에게 존경을 받고 있는 사람이었다. 그러나 업슨도 역시 회의 진행에 경험이 많았고, 의견을 달리하는 여러 집단들을 합의점으로 이끌어가는 방법을 잘 알고 있었다.

업슨과 같은 인물은 운영 심의 위원회를 활용하는 계획과정이면 어디서나 꼭 필요하지만, 항상 영입하여 쓸 수 있는 것은 아니다. 계획 및 설계 자문단은 항상 의사 결정권이 없는 외부인(outsider)으로 여겨지고 있으므로, 그들이 의장의 역할을 대신할 수는 없다.

신시나티 시 운영 위원회는 합법성에 있어서 의심스러운 점이 있다. 왜냐하면 위원회는 시의원 및 도시 계획 위원과 그 계획에 영향을 많이 받기 쉬운 부동산을 소유하고 있는 사업가 대표들로 구성되어 있기 때문이다.

우리들 중에 몇 사람이 신시나티 방식을 뉴욕의 근린 계획에 적용하려고 했을 때, 합법적인 운영 위원회를 구성하기가 매우 어려울 뿐더러 위원회를 바람직한 방향으로 질서 있게 이끌어 나갈 수 있는 지도자를 찾는 데에도 오랜 시간이 걸린다는 것을 알게 되었다.

가끔은 단일의 운영 위원회를 구성하기가 불가능한 것으로 판정되기도 한다. 이와 같은 경우에, 계획가와 설계가들은 몇 개의 상이한 지역 기구들 사이를 오가며 일을 보아야 하는 불편이 따르게 된다.

하나의 지역 사회 단체가 그 선거구 전체의 의사를 올바르게 대변한다고 과연 누가 단언할 수 있을 것인가? 아마 매우 어려울 것이다.

운영 위원회가 선거에 의하여 구성될 수도 있으나, 대다수의 선거구민들은 이와 같은 비공식적인 선거를 대수롭지 않게 생각하는 것이 보통이다. 정부 관리들은 위원회의 구성원을 지명할 때 신중을 기해야 한다. 왜냐하면 위원회가 모든 이해 집단들을 대변하는 것이라 할지라도, 어떤 사람들에게는 그것이 미리 꾸며 놓은 조작극에 지나지 않는다고 인식될 우려가 있기 때문이다. 가장 성공적이라 할 수 있는 몇몇 위원회들은, 이상하게 들리겠지만, 자체적

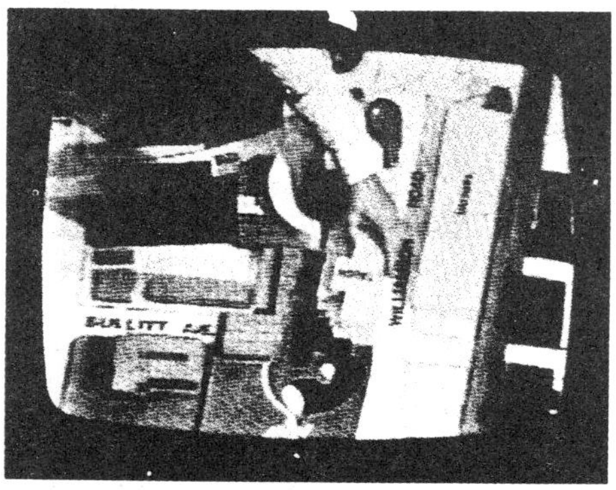

이 사진은 1979년 버지니아(Virginia) 주 로우노크(Roanoke)의 도심부 계획에 대한 대안 설명을 텔레비전에 방영한 것을 시청자가 본 화면이다.

상 : 전화로 질문을 받고 있는 모습. 화면의 숫자는 시청자들이 걸어야 할 전화번호.

하 : 시청자들의 의견에 따라 대안을 변경하고 있는 모습. 화면에 보이는 손의 주인공은 무어-그로버-하퍼 회사의 채드 플로이드.

으로 구성된 것이다. 위원회에 어쩌다가 누락되어 버리는 사람도 있을 수 있고 그다지 노력을 기울이지 않는 사람도 있을 수 있는 데, 그것은 어쩔 수 없는 일이다. 관례적인 공청회를 개최하기 전에, 미리 커뮤니티에서 누락된 사람들을 뽑아 그들이 운영진의 결정을 비준할 수 있도록 국부적인 공청회를 가지는 것도 의미 있는 일이다. 만일 운영 위원회가 제대로 된 것이라면, 위원들은 계획에 대한 지역 주민의 지지를 얻어내는 데에 도움을 줄 수 있을 것이다.

가능하다면, 위원회가 열릴 때마다 계획의 집행과 관계있는 정부 관리가 위원회에 참석되어야 한다. 왜냐하면 지역 주민의 의사가 합치된다 하더라도, 정부가 그것을 따라가지 않는다면 별 소용이 없기 때문이다.

운영 위원회의 계획 과정은 대상이 되는 근린주구의 현황 설명에 합의함으로써 시작되어야 한다. 때로는 주민들이 오랫동안 주로 다니는 길만 따라서 다니기 때문에, 자신들의 집 주변 지역의 상태를 알지 못하고 지내는 경우도 있을 것이다. 한편 외부 사람인 도시계획가들이나 설계 전문가들은 주관적인 관찰에 의하여 그릇된 결론을 내리고 지나쳐 버릴지도 모른다.

운영 위원회의 운영을 위한 전제
(Making Working Committees Work)

주민 위원회(community committee)가 전문가의 도움을 가장 필요로 하는 점은 위원회가 할 수 있는 일의 범위가 어디까지인가를 명확히 정하는 일이다. 어떠한 대안이 있을 수 있는가를 전혀 알지 못하는 집단에게 백지 상태에서 그들이 원하는 것이 무엇인가를 명백히 밝히라고 요구하는 것은 올바르지 못한 처사이다. 필요한 것은 여러 가지 행위 과정들을 각기 검토하고 어떤 것이 더 실현성이 많은가를 서로 비교하여 밝히는 일이다. 계획의 모든 작업이 그 계획을 시행하기 위한 자금을 어떻게 확보할 것인가에 대해서는 아랑곳하지 않고, 단순히 장래상을 보여 주는 데에 급급하고 있다면, 중요한 것은 모두가 그 자금 문제를 즉시 인식해야 한다는 점이고, 또한 자금 확보가 어렵다고 해서 사람들의 관심이 즉시 사라져 버린다 해도 당황해서는 안 될 것이다. 시 당국이 극단적으로 비타협적인 경우를 제외하고는, 이와 같은 구매 목록(shopping list)적인 계획은 계획의 목적을 달성하는 데 도움이 되지 못한다.

주민 단체는 계획의 현실적인 한계를 인정은 하지 않을지라도, 그것을 받아들이기는 해야 할 것이다.

일단 운영 위원회가 어떤 결정을 내리게 되면, 그들이 그 결정에 집착한다 할지라도 그 역시 유익한 일이다. 나는 로저스식 그대로의 결정 과정을 통한 사적 지구의 복원 계획을 위하여 운영 위원회를 소집한 일이 기억나는데, 그것은 설계(전술)가 거의 완성되어 가는 매우 늦은 시점이지만 위원회의 의장에게 이의를 제기하고 계획의 기본 개념에 대하여 논의하기 위함이었다. 나는 접근 방법 전체가 그 자신이 제안했었던 개념을 대입시키기 위하여 조작되었다고 지적하면서, 그에게 운영 위원회의 의사록에 쓰여 있는 문귀를 조목조목 읽어 주었다. 그는 아무 미련없이 "아! 내가 실수했군요."라고 대답하였다.

주민 참여의 이점
(Advantages of Community Participation)

주민들의 자문과 참여를 통한 계획 방법은, 그 형태가 어떤 것이든 또한 거기에 어떤 함정이 가로놓여 있다 하더라도, 시민과 대립하는 계획 방법보다는 분명히 우수하다. 주민 참여는 "도시 철거"라는 구식 방법에 선별적인 재개발과 도시 수복의 개념을 보완한 현대적인 근린 개발 계획에 없어서는 안 될 요소라고 말할 수 있다. 만일 근린을 완전히 부수어 버릴 의도라면, 지역사회와 협의하는 일은 별 의미가 없을 뿐더러 협의한다 하더라도 좋은 반응을 얻기는 어려울 것이다. 그러나, 주민의 일부 혹은 모두를 그 지역에 머물러 있게 할 계획이라면, 그 계획 과정은 거의 필수적으로 주민 참여를 포함해야만 한다.

주민 참여가 주민들에게 불편을 주는 계획 요소들을 없애주는 것은 아니지만, 주민들이 계획의 합당함을 이해하게 된다면 기꺼이 그 계획을 따르기로 결심할 것이다. 그리고 모든 계획의 결정이 공개적인 과정을 통하여 해명된다면, 의혹의 씨앗은 보다 쉽게 제거될 것이다.

계획가와 설계가들이 주민 위원회에서 적절히 질문을 던진다면, 주민 단체와 몇 차례의 모임만 가지고서도 주민들을 자극하지 않고 사회 조사(sociological survey)를 통하여 얻을 수 있는 만큼의 주민들에 관한 정보를 얻을 수 있으며, 사회 조사를 실시할 때 자칫하면 주민들이 받을 수 있는, 실험 대상으로 취급되고 있다는 불쾌감도 주지 않을 것이다. 주민회의는 또한 지역 사업의 우선 순위를 평가하는 훌륭한 방법이다. 쓰레기 수거가 잘 되고 있는가, 혹은 그 지역에 살고 있는 구호 가족의 수가 얼마나 많은가 하는 것들이 주거 환경 문제보다 더욱 더 뜨거운 당면 문제가 될지도 모른다.

계획가와 설계가들은 주민회의가 명확하고 적극적인 제안들을 그들에게 제시하리라고 기대해서는 안 된다. 반대로 그들이 명확한 제안을 커뮤니티에 제시하는 것이 필요하다. 그렇게 하면, 주민회의로부터 많은 반응들이 있을 것이다. 사람들은 전에 그들이 제안했던 변경 사항이 도면 위에 반영되어 있는 것을 다음 회의 때 보게 된다면, 그들은 계획의 수립에 자신들이 실제로 참여하고 있다고 믿기 시작할 것이다.

물론 커뮤니티의 견해들이 압도적으로 일치될 수 없을 경우에는 항상 무슨 문제가 생길 것이다. 고속도로 건설 사업이 제안되었을 때, 주민들의 반응은 "우리는 당신들의 계획이 최선이 될 수 있도록 도움을 아끼지 않겠다"라기보다는, "우리는 그 계획을 필요로 하지 않는다" 라는 식이 되기 쉽다. 또한 그 사업이 커뮤니티의 이해 관계에 부딪쳐 위기에 처하게 되었을 때, 커뮤니티가 최대 다수의 최대 이익이라는 자세로 사업을 받아들일 것이라고는 기대하지 않기 바란다.

주민 참여에 부도덕한 측면도 역시 존재하고 있음은 부정할 수 없다. 모든 사람들이 회의에 참여하는 것을 막기도 어려울 뿐만 아니라, 그들 자신의 이익을 위하여 주민 참여의 절차를 이용하려는 것을 방지하기도 어렵다. 그 절차에 아무리 합리적인 의도가 담겨져 있다 할지라도, 비타협적인 사람들은 특정한 의제를 마음 속에 간직하고 그것을 인질로 삼아 계획을 중단시키려고 할지도 모른다.

오랜 시간이 걸리겠지만, 우리는 대도시에서 지방 행정부를 분권화시킴으로써 주민 참여 과정의 불완전함을 보완해 나갈 수 있다. 만일 커뮤니티가 임기응변적인 특별 자문위원회보다는 상설 기구를 통하여 지역의 계획과 설계를 결정할 수 있다면, 주민 참여의 전체 과정은 보다 안정되고 효과적이며 시민회의의 이상(理想)에 보다 가까워질 수 있을 것이다.

대도시에 있어서, 분권적인 계획이 고속도로와 같은 대규모의 문제를 다루는 종합적인 계획의 메카니즘이 되기에는 아직도 미흡한 점들이 많다. 런던 시는 최근의 몇 년 동안 지방 계획의 결정을 분권화하여 시행해 왔으나, 아직도 커뮤니티의 분쟁과 불만을 다 해소하지는 못하고 있다. 그러나 주민 참여는 정착되어야 한다. 결국 주민 참여는 도시 설계와 계획의 결정 과정을 개선하는 중요한 방법인 것이다.

저 골목길에 차량 통행 금지 표식을 세우기까지 얼마나 오래 기다려야 할 것인가? 우리는 그 문제에 대하여 6개월 동안 논의해 왔다. 우리가 관료주의자들로부터 얻어 낸 것은 허튼 말뿐이다.

저 모퉁이 뒤에 있는 조그만 차고는 값이 올라 38000불에 달한다. 당신은 그 돈이면 이 집 전체를 살 수도 있다. 누가 저 차고를 그와 같은 값으로 결정했는가?

이 같은 임시적인 도로 폐쇄가 얼마나 오래 갈 것인가? 우리는 시청으로부터 아무런 앙케이트도 받지 못했다. 그들은 우리에게 아무 것도 물어보지 않는다.

그들이 우리 동네에 대하여 유리한 기사를 쓰면 괜찮겠지만, 그렇지 않으면 우리들은 그것의 출판을 전면 중지시켜 버리겠다. 우리는 기사가 유리하게 쓰여지기를 원한다.

당신이 저 벽돌로 지은 큰 차고를 들여다본다면, 그 차가 롤스 로이스(Rolls-Royce)라는 것을 알게 될 것이다. 누군가가 이 동네에 그 차고를 인가해 주었음에 틀림없다.

당신은 공청회에서 사람들이 말한 사항을 믿지 않을 것이다. 그러나 나는 거기에 참석했었고 이것은 그들이 말한 그대로이다.

우리가 이 곳에 이사왔을 때 집 값이 내려가고 있었다. 그러나 현재는 우리 소유주들이 그 값을 올려 놓았다. 또한 이 곳은 모든 상업 기능들이 몰려 오면서 싸움터로 변해 가고 있다.

4
도시설계와 보존 운동
(Urban Design and the Preservation Movement)

사적(史蹟) 보존 운동은 안티테에제(antithesis)라 할 수 있는 소위 근대화 운동(Modern movement) 이후에 건축 및 도시설계 분야에서 일어난 가장 중요한 변화이다. 건축 분야에서의 **근대화** 운동은 초기 역사 시대의 장식물로 치장된 19세기와 20세기의 건물을 경멸하는 경향을 말한다. 그와 같은 **절충주의**적 건물들은 건축사의 주류를 벗어난 것이었고, 그래서 경시될 수도 있었다.

사적 보존 운동은 사랑스러운 건물들을 쓰러뜨리고 그 곳에 사람들에게 별로 호감을 주지 않는 구조물들을 세우는 폭력 위에서 더 강하게 성장해 왔기 때문에, 건축 비평의 한 형태라 불러도 좋을 것이다.

나는 1962년 8월에 뉴욕 시의 펜실바니아 역 앞에서 다른 많은 건축가들과 함께, 소득은 없었지만 이색적인 시위 대열에 참가했는데, 그 시위는 근대 건축의 역사가들조차 그 중요성을 인정했던 그리고 시민들에게 고전적인 과거의 추억을 회상시켜 주었던, 천개(天蓋) 승강장이 달린 역사(驛舍)가 철거되는 절박한 상황에 항의하는 것이었다. 새삼스럽게 말할 필요도 없이 그 시위는 역사를 철거하고 그 자리에 사무소 건물과 운동 경기장을 세우는 계획을 중지시키지 못했다.

몇 달 뒤, 건축가 맥스 아브라모빗츠(Max Abramovitz)* 는 뉴욕 건축가 연맹(the Architectural League of New York)에서 청중들에게 자기로서는 펜실바니아 역을 구하려는 감상주의를 이해할 수 없으며, 자신이 젊었더라면 오히려 그 건물을 철거해 버리라고 시위했을 것이라고 말했다.

*(역자 註) Max Abramovitz (1908 ~): 미국 시카고에서 출생. Columbia University와 Ecole des Beaux-Arts에서 수학. Wallace K. Harrison과 함께 Harrison and Abramovitz 설계 사무소를 설립하여 United Nations Buildings (1947~1953), Lincoln Center (1959~1966), Albany Mall(1963 ~ 1978) 등을 설계했음.

나는 맥스 아브라모빗츠나 그와 뜻을 같이 하는 선도적인 건축가들이 오늘날에도 그런 말을 할 수 있을까 하는 것에 대하여 의구심을 품고 있다. 1970년대 초기 어딘가에서 그 경향은 다른 방향으로 기울어졌다. 다시 말하면 사적 보존과 고건축의 재사용에 대한 정치적인 힘은 갈수록 강력해지게 되었다.

그 경향은 더 나아가서, 많은 사람들이 오늘날의 어떤 건물도 고건물만큼 가치롭지는 못할 것이라고 생각할 정도에까지 이르게 되었다. 근대주의(modernism)에 반발하는 형태로 나타난 보존 운동은 근대 건축의 기본 개념을 재검토하게 하는 촉진제 역할을 했다. 포스트-모더니즘(post-modernism)이라는 슬로건 아래, 건축가들은 효율성과 기계적 생산이라는 이름으로 반박되었던 장식과 정교함을 탐구하기 시작하였다. 이제는 한 때 절충주의라고 경멸되었던 작품들도, 그 당시의 건축가들은 무엇을 하려고 했던가에 대한 관심이 높아짐에 따라, 재평가되고 있다.

도시 설계에서 보존 운동이 미친 영향은 적지 않게 강력한 것이었다. 사람들은 도시의 모든 지역을 철거하려는 개선 계획에 대하여 더 이상 논의하지 않게 되었다. 점차적으로 도시 재개발은, 미학적 이유뿐만 아니라 경제적인 이유로도 오랜 것과 새 것이 혼합된 형태를 취하게 되었다. 오늘날 우리는 이 장의 후반부에서 다시 논의하게 될 사적 보존 운동의 옹호에 대하여 지나친 경계심을 가지고 있는 듯하다.

어떤 건물들은 다른 건물보다 보존 가치가 크거나, 최소한 다른 이유로 해서 보존할 가치를 지니고 있다. 논의의 편의상, 우리는 역사적 건물에 대한 보존과 개수 후 재사용의 가치를 변경에 대한 취약성의 스펙트럼(spectrum)에 따라 배열해 볼 수 있다. 과거에는 철거의 위협을 받았을지 모르지만 오늘날에는 전혀 논의의 대상이 되지 않는 건축적·역사적으로 대단히 중요한 건물들을 스펙트럼의 한 끝에 놓을 수 있는데, 마운트 버넌(Mt. Vernon), 리차드슨*[1](Richardson)이 설계한 피츠버그(Pittsburgh)시 알레기니(Allegheny)구의 재판소, 메이벡*[2](Maybeck)이 설계한 캘리포니아(California)주 버클리(Berkeley)의

*[1] (역자 註) Henry Hobson Richardson (1838-1886): 루이지아나 출생, 유럽의 영향을 받은 첫 번째 미국 태생의 건축가.

*[2] (역자 註) Bernard Ralph Maybeck (1862-1957): 뉴욕 출생의 미국 건축가. the Ecole des Beaux Arts에서 수학. 1951년에 AIA로부터 금메달을 수상.

예수 과학자 제일 교회(First Church of Christ Scientist) 등이 그 부류에 포함될 것이다. 이러한 범주의 건물들은 전시관으로 보존되거나 그 본래의 용도를 유지하고 있으며, 건물주들은 그 가치를 이해하고 건물들을 잘 관리하고 있다.

불행하게도, 건물이 역사적·예술적인 가치는 크지만 전시관으로 전용될 만큼 중요하지도 않고, 그대로 사용한다 하더라도 더 이상 경제성이 없으며, 그 부지가 부동산 투자로 이용된다면 보다 많은 이익을 얻을 수 있는 곳에 위치하고 있는 경우가 많이 있다. 지역제법이나 일률적인 행정 원칙은 일반적으로 동일한 지역제 지구 내에서는 건물들의 성격에 대해서 아무런 구분도 하지 않고 있다. 300%의 용적률을 가진 건물이 용적률 1,800% 허용하는 지구 내에 있을 때, 그 건축적 성격이나 그것이 미치는 영향이 아무리 중요하다 하더라도, 현재의 부동산 가치로 볼 때 시장성이 높다면 건물을 살려 두는 것보다 철거하는 편이 더 큰 금전적 이익을 가져다 줄 것이다.

그러나 건물들을 보존하는 방법에는 랜드마크 (landmarks)로 지정하거나, 세금에 특혜를 주거나, 교묘하게 개수하여 재사용하는 방법들이 있으며, 그 밖에 보호 옹호자들이 여론을 불러 일으키는 약간은 구식의 방법도 있다.

개개의 건물로 볼 때는 랜드마크로 지정될 만한 가치가 없으나, 지구 전체적으로 볼 때는 중요한 성격을 갖는 사적 지구가 있다. 사적 지구에 대한 원칙이 올바르게 인식된다면 자연히 보존의 개념도 확대될 것이다. 새로운 고층건물은 설사 그것이 공지에 세워진다 할지라도, 그 지역 전체의 통일성을 깨뜨릴지 모른다.

스펙트럼의 다른 맨 끝에는 낡기는 했으나 아직도 건물의 활력을 연장시킬 수 있는 건물들이 있다. 과거에는 이러한 건물들을 고도의, 또한 최선의 토지 이용을 가로막는 방해물로 생각하는 것이 보통이었다. 그러나 오늘날에는 구건물을 받아들이는 자세와 건축 경제의 변화에 따라서 이러한 건물들이 보다 큰 가치를 지니게 되었다. 우리는 이러한 부류의 건물에서 정책의 방향이 크게 전환하고 있음을 차츰 알게 되는 것이다. 전문가들은 종종 환경 영향 보고서와 기타 절차에 의하여 건축물들의 역사적 ·건축적 가치를 조사·평가하게 된다. 그런데 여기에 문제가 있다. 즉, 특정한 건물에 대하여 전혀 가치가 없다고 어떤 전문가가 말할 수 있단 말인가? 자, 잠시 극단적인 사적 보존 문제를 떠나서 당면 문제들의 순서를 설정해 보자 : 랜드마크의 지정, 보존에 대한 세제상의 장려 대책, 사적 지구, 개수 후 재사용, 일반적인 고건물(古建物).

뉴욕 시의 그랜드 센트럴 스테이션(Grand Central Station) 상공의 공중권*1)(air right)을 이용하여 고층 사무소 건물을 계획한 이야기는 랜드마크의 지정이 중요한 건물을 보존하는 데 어떻게 적용될 수 있는가를 보여 준다. 이 사건에 대한 소송은 미국의 대법원으로 하여금 전국의 모든 보존 문제에 관련된 중요한 판결을 내리게 하였다.

그랜드 센트럴 터미날(Grand Central Terminal)은 반더빌트*2)(Vanderbilt) 제독을 기념하여 고대 로마와 나폴레온 시대 불란서의 화려한 궁정 양식으로 설계되었다. 그 고전적인 장식은 매우 독창적인 것이었으며, 터미날로서의 기능적 구성도 또한 우수한 것이었다. 그 건물은 수십 년 동안 뉴욕 시의 관문의 하나로서 온 세계에 널리 알려진 문자 그대로의 랜드마크였었다.

그 건물이 랜드마크로 지정된 것은 뉴욕 시 랜드마크 위원회(the New York City Landmarks Commission)가 발족한 1967년의 일이었다. 그 당시 랜드마크에 관한 법(the Landmarks Law)은 건물의 외부만을 보호하는 것이었다. 그 법은 나중에 실내에 있어서도 랜드마크가 지정될 수 있게 개정되었고, 그에 따라 그랜드 센트럴 터미날의 주(主) 승강장 내부도 역시 랜드마크로 지정되었다. 그러나 오늘날에 있어서도 건물주가 건물을 헐어 버리겠다고 마음만 먹는다면, 그 건물의 전면 및 실내가 랜드마크로 지정된다 하더라도 그것이 건물의 철거를 2년간 지연시키는 조치밖에 되지 못하고 있다.

1960년대 후반에 펜-센트럴 철도 회사(the Penn-Central Railroad)는 터미날의 공중권을 개발하여 기존 건물의 상공에 거대한 고층 사무소 건물을 세우기로 결정하였다.

*1) (역자 註) 상공을 개발하는 권리. 여기서는 현재 건물의 바닥 총 면적과 지역제가 허용하는 최대 바닥 면적과의 차이만큼 상공을 개발할 수 있는 권리.

*2) (역자 註) Conelius Vanderbilt(1794~1877) : 뉴욕의 Staten Island 출생. 미국의 선박, 철도 운수업계에 군림한 야심적 금융가, 투자가, 억만장자, 1873년의 경제공황에 Grand Central Terminal의 건설을 감행하여 많은 실업자들에게 일자리를 제공하였다.

지역제법에 의하면 그 지역의 용적률은 1,500%까지, 광장이 있을 경우에는 1,800%까지 허용되어 있었으나, 터미날의 용적률은 거대한 건물의 실제 부피에도 불구하고 150%에 지나지 않았다. 광장은 둘 수 없었지만, 여하튼 대지 면적 4에이커(acre)의 13.5배나 되는 바닥 면적을 가진 사무소 건물이 지역제법에 의하여 허가되었다. 그것은 실로 대단히 큰 건물이었다.

지금은 고인이 된 마르셀 브로이어(Marcel Breuer)*가 그 사무소 건물의 설계를 의뢰받았다. 국제적으로 잘 알려진 건축가이며 전에 바우하우스(Bauhaus)의 교수였던 브로이어에게는 터미날의 전면을 구차하게 보존하려는 것이 불필요하다는 생각을 제외하고는, 철도 회사의 구상이 전혀 이상하게 생각되지 않았다. 그의 눈에는 터미날의 전면이 퇴폐적인 불린서 고전주의의 지방판(地方版)으로밖에 보이지 않았던 것이다.

그러나 랜드마크 위원회는 터미날 상공에 700피트에 달하는 높은 건물이 세워지면 터미날의 전면이 달라져 보일 것이라는 입장을 취하고, 건물 신축의 승인을 거부했다.

이 결정으로부터 야기된 법적인 문제 중의 하나는, 랜드마크 위원회가 직권을 남용하여 건물주에게서 재산권 행사의 자유를 빼앗아 가고 있지 않느냐 하는 것이었다. 만약 재산권을 박탈한 경우라면 시 당국은 사실상 재산을 수용한 셈이며, 따라서 건물 소유주에게 보상을 지불해야 마땅하다. 그러나 소련이나 동구의 사회주의 국가를 제외하고는, 랜드마크의 보존이 학교와 병원을 신설하는 것보다 우선될 수 없기 때문에 랜드마크의 보존에 막대한 보상금을 지불할 능력이 있는 도시는 별로 없을 것이다.

도시 계획 위원회는 이 문제가 부각될 것을 미리 알아차리고, 랜드마크의 소유주에게 철거나 현상 유지가 아닌 제3의 대안을 제시하는 방법을 강구해 냈다. 위원회는 랜드마크의 공중권을 인접 토지에 이양하는 것을 허용하는 법안을 통과시켰다.

그 결과, 인접 토지의 소유자는 랜드마크가 있는 토지에 대하여 지역제법이 허용하는 건축 용적 가운데 사용되지 않고 있는 용적의 일부를 매입할 수 있게 되었다. 지구의 전

*(역자 註) Marcel Lajos Breuer(1902~1981): 헝가리 출생의 미국 건축가. 바우하우스와 하바드 대학의 교수를 역임했고 Walter Gropius에 많은 영향을 받았음. 그의 제자로 Edward L. Barnes, I.M. Pei 등 다수의 저명한 건축가들이 있음.

체적 밀도는 동일하게 유지되지만, 랜드마크의 소유자는 공중권을 매각함으로써 새로운 개발 이익의 일부를 나누어 가질 수 있게 되었다.

이 법은 특히 펜-센트럴 철도 회사(Penn-Central Railroad)와 같이 그랜드 센트럴 터미널 주변에 많은 토지를 소유하고 있는 경우에 적용하기가 쉬웠다. 파크 애비뉴(Park Avenue)의 양편, 42번가로부터 52번가에 이르는 터미널의 전지역은 원래 철도 지역이었는데, 건축적으로나 도시 계획적으로 탁월한 개발 기본 계획에 따라 철도 지역의 상부에 개발된 것이다. 1950년대 이래 펜-센트럴 철도 회사는 회사가 소유하고 있는 광대한 토지의 잠재력을 어떻게 활용할 것인가에 대하여는 조금도 고려하지 않은 채, 건물 단위의 산발적인 방법으로 토지를 개발해 왔다.

펜-센트럴 철도 회사는 공중권을 활용한다고 했을 때, 단계적인 재개발 기본 계획에 대하여 무엇인가 생각하지 않을 수 없게 되었는데, 그것은 몇 년 전에 이미 배려되었어야 했던 것이었다.

도시 계획 위원회의 도시 설계 그룹은 몇 가지 대안적인 연구를 통하여 공중권을 이양함으로써 생길 수 있는 여러 가지 가능성과 펜-센트럴 측의 계획과의 차이점을 제시하였다. 이 계획은 특히 랜드마크 위원회의 공청회에서 브로이어의 계획안이 이 지역의 장래 개발에 미치는 물리적인 효과가 무엇인가를 설득력 있게 지적해 주었다. 즉 그 효과란 터미널 상부의 귀중한 **공중 공원**(air park), 다시 말하면 터미널 주변의 도심부와 철도 회사의 소유지에 숨통을 열어 주는 귀중한 여유 공간을 파괴한다는 것이었다. 도시설계 그룹의 계획은 역시 펜-센트럴 회사가 소유한 인근의 많은 대지에 공중 개발권을 이양시킴으로써 공중 공원을 보존하고, 그리하여 앞으로 20~30년 후의 개발 모습도 오늘날이나 크게 다를 바 없는, 새로운 고층건물들이 고리처럼 주위를 둘러싸고 있는 저층의 멋진 랜드마크의 모습으로 만들어 보고자 하는 것이었다. 그렇게 하면 하나의 훌륭한 건물을 보존하면서 만하탄의 미드타운(midtown) 지역에 대한 설계도 광범위하게 향상시키게 될 것이다.

펜-센트럴 회사와 개발업자는 이 새로운 법률에 따라 빌트모어 호텔(Biltmore Hotel)의 대지 위에 사무소 건물(이것 역시 브로이어의 설계)과 소공원을 건설하기로 합의하고 그에 관한 상세한 계획을 세워 나갔다. 이 개발은 이양(移讓)이 가능한 상당량의 개발권만 활용하고, 나머지는 장래의 이용을 위하여 저축(banking)해 두었다. 공중권 이양에 관한 법률이 통과된 이유 중의 하나는 이 법의 규정 아래서라면 개발업자가 건축에 참여하리라고 시 당국이 확신하게 되었기 때문이다. 그러나 6개월 후, 사무소의 시장성에 변동이 일어나서 개발업자는 더 이상 시행할 능력도 없게 되었고, 파산을 선고하기 직전의 펜-센트럴 회사와 계약을 폐기할 수도 없는 진퇴양난의 지경에 이르게 되었다. 그 후 일 년도 안 되어서, 양측은 시의 새 랜드마크 법을 상대로 그 법이 그들의 개발권을 박탈하고 있다고 소송을 제기하는 것이 가장 유리하다는 결론을 내렸다.

랜드마크 보존법에 대한 법원의 판결
(A Landmark Legal Decision)

소송을 제기한 후 몇 년이 지난 1978년에, 연방 대법원은 뉴욕 시의 랜드마크 보존법이 아무런 보상도 없이 사유재산을 빼앗아 공공의 용도로 이용할 권한은 없으며, 그것의 목적이 궁극적으로 산재해 있는 건물이나 토지에 대하여 랜드마크를 지정하는 데 있다 할지라도, 지정하는 과정과 방법(approach)에 있어서는 그 법률이 포용력(comprehensive)을 가지고 있다고 판결하였다. 대법원의 판결은 랜드마크를 지정함으로써 발생되는 경제적인 문제에 대하여 개발권의 이양이 미치는 효력을 경감해야 한다는 점은 지적하였지만, 개발권의 이양 규정이 재산을 빼앗는 데 대하여 적절한 보상을 해 주도록 만들어졌는가 하는 문제에까지는 미치지 못하였다.

그랜드 센트럴 터미날(Grand Central Terminal)의 개발권은 일부가 결국 길 건너 편의 필립 모리스 빌딩(Philip Morris Building) 개발 사업에 매각되었는데, 이것은 공중권의 이양이 단순히 이론적인 가능성만은 아니라는 사실을 보여 주는 사례가 되었다.

원래의 그랜드 센트럴 계획에는 아직 지어지지 않는 고층 건물들도 포함되어 있었기 때문에, 이 논쟁은 아직 끝나지 않았다고 말할 수 있다. 랜드마크 보존 위원회로서

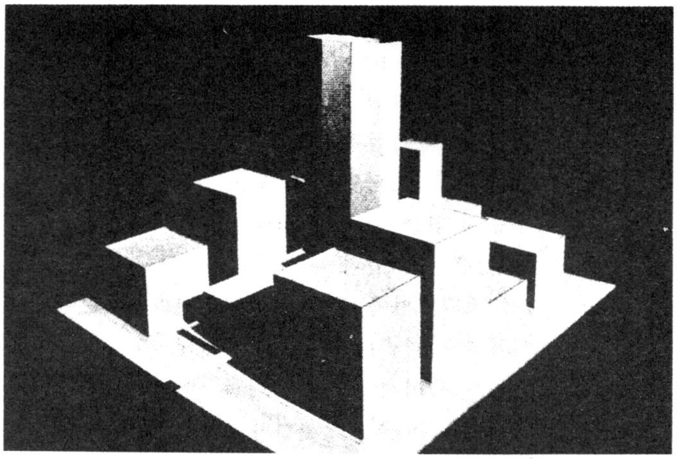

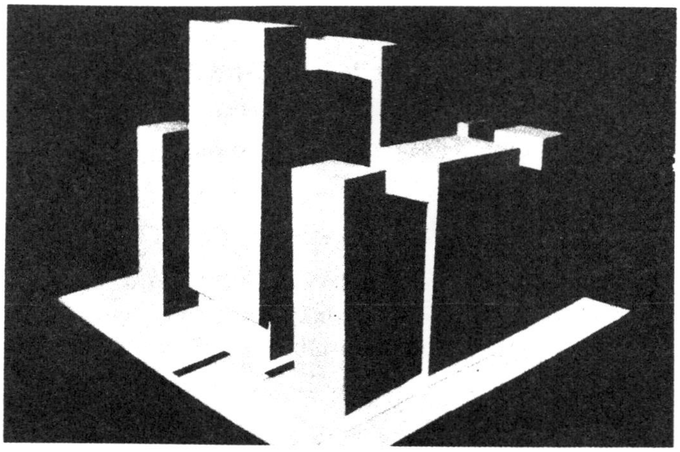

상 : 그랜드 센트럴 터미널, 주변 지역의 기존 상태.

중 : 브로이어의 계획안이 시행되고 주변이 재개발되었을 경우.

하 : 도시 설계 그룹이 공중권을 적용하여 서편의 2개 대지를 개발하는 제안. 바로 아래 그림은 배치도.

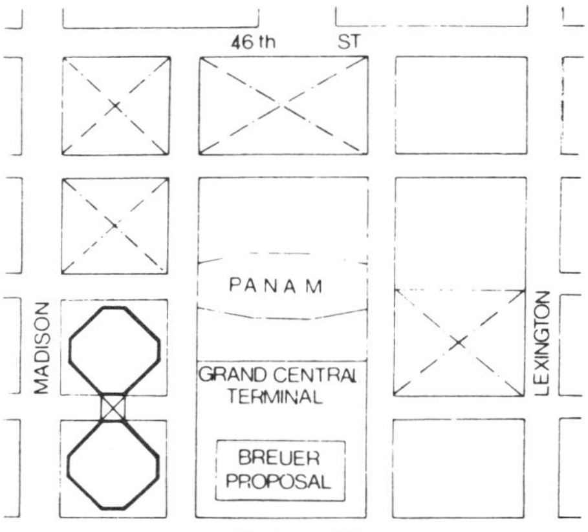

는, 원래의 건축가들이 제안한 고층건물 계획안이 건축적으로 부적합하다는 것을 입증해야만 하는 어려운 고비를 거쳐야 할 것이다. 또한 와렌과 웨트모어(Warren &Wetmore)의 원래 설계안을 그대로 복제하여(최소한 외관에 대해서는) 지을 계획이라는 풍문도 있다. 그리고 건물의 하중을 줄이고 보다 경제적인 구조로 개선하기 위하여, 건물에 붙인 석재의 일부를 플라스틱 제품으로 대체할지 모른다는 풍문도 있다.

보존을 위한 세제상의 장려 대책
(Tax Incentives for Preservation)

1976년 연방 조세 개혁법(the Federal Tax Reform Act)이 제정된 이래, 고건물(古建物)을 보존하는 행위에 대하여 세금을 감면해 주고, 그것을 파괴하는 행위에 대하여 세금을 중과하는 세제상의 장려 시책들이 시행되어 왔다.

1981년에 제정된 가장 최근의 규제는 감가상각 세율표의 전반적인 개정으로 인하여 의미를 잃어버린 감가상각에 대한 보상책(補償策)을 철폐하고 대신에 투자 세액 공제(investment tax credit)를 기본적인 장려 시책으로 적용하고 있다. 1981년의 세법은, 공인된 역사적 건물이든 아니든 상관없이 고건물이면 모두 세제상의 혜택을 주도록 적용 범위를 확대시켰다.

실질적인 수복("substantial" rehabilitation)을 위한 투자일 경우, 세액 공제는 30년에서 40년된 건물에 대해서는 15%, 그보다 오래된 건물에 대해서는 20%, 역사적 건물에 대해서는 25%로 정해져 있다. 역사적 건물이라 함은 사적지로 국가에 등록된 역사 지구 내에 있거나, 혹은 국가 등록 절차(National Register Process)와 원칙적으로 유사한 법적인 지정 절차를 통하여 지방 정부가 지정한 지구 내에 있는 중요한 건물을 의미하며, 여기에서 지방 자치법은 미국의 내무부에 의하여 승인된 것이어야 한다. 기이하게도, 지방 정부가 지정한 개개의 랜드마크적인 건물들은 종종 국가 지정 건물로 포함될 만한 자격을 갖추고 있기도 하지만, 세제의 혜택을 받기에는 적당하지 못한 것들도 있다.

지구 수복 계획(the rehabilitation plans)은 주정부의 사적 보존 담당 관리에게 신청하여 내무부의 심의를 받은 후에 확정된다.

소유주는 역사적 건물에의 투자 가치를 충분히 감가상각할 수 있다. 그러나 역사적 건물로 생각되지 않고 고건물에 대한 감가상각을 계산할 때에는 세액 공제의 가치를 공제하여야 한다.

소유주가 국가에서 지정한 건물이나, 혹은 내무부에서 인정하지는 않았지만 사적지로 등록된 지구 내에 있는 건물을 철거할 경우, 철거 비용은 세수 목적(稅收目的)의 (다시 말하면, 감가상각이 아닌) 토지가로 취급된다.

1981년 법을 해석해 보면, 역사적 건물로부터 불필요한 개발권을 박탈하는 지역권(地役權)을 포기하는 것이 보다 쉬워졌음을 알 수 있다.

최근의 세법은 사적 지구의 개념에 새로운 지위를 부여하고 있다. 우리는 흔히 뉴 올리안즈 뷔 카레(New Orleans's Vieux Carré)나 보스톤의 비-컨 힐(Boston's Beacon Hill)을 사적 지구로 생각하고 있다. 그러나 오래된 공장과 주위의 노동자 주택 지역도 역시 사적 지구가 될 자격이 있다. 만일 당신이 지구 지정을 하게 된다면, 건물에 대해서는 더 이상 거들떠 보지도 않고 시 전체의 경제적·사회적 생활을 검토할 것이다. 사실 보존되어야 할 것은 환경 자체인 경우가 종종 있다.

사적 지구 (Historic Districts)

사적 지구의 개념은 도시 복귀 운동(the back-to-the-city movement)과 관계가 있는데, 그것은 계획 과정 중의 주민 참여에도 역시 지대한 영향을 미쳐왔다(3장을 참조하시오). 부모를 따라 교외로 이주한 자녀들이 장성하여, 개성 있고 디테일이 풍부하며 널다란 고주택(古住宅)이 있고 입지가 편리한 도시로 돌아오고 있다. 이 운동은 또한 경제적인 의미도 가지고 있다. 즉 이와 같은 고주택(古住宅)은 공간과 시공(施工)에 관한 한 교외의 주택보다 훨씬 더 가치 있는 경우가 종종 있다. 보존은 역시 중요하다. 많은 가족들이 내버려졌던 고가(古家)를 수리하는 데에서 즐거움을 느끼고 있다. 때때로 도시 복귀 운동은 **신사화**(gentrification) 라고도 말해지는데, 억지로 갖다 붙인 이 말은 영국에서 유래한 것으로, 이러한 고가(古家)를 구입하는 사람들과 전에는 그 집에 살았으나 이사를 가야 하는 사람들 간의 계층 차이를 일컫는다. 근린이 **신사화**되면 집 값이 올라서 그 때까지 개수되지 않은 집에서 살고 있던 기존 주민들도 더불어 이익을 보게 된다. 그러나 만일 그 곳이 사적 지구로 지정된다면, 건물 외관의 기준이 기존 주민들에게는 취향에 맞지 않거나 분수에 넘칠 정도로 강화될 가능성도 있다.

현재 정부는 사적 지구에 연고권을 가진 저소득 계층의 주민들도 그들의 수준에 맞게, 그 곳에서 생계를 유지할 수 있도록 설계된 몇 가지 계획을 마련해 놓고 있다. 피츠버그(Pittsburgh)의 맨체스터(Manchester) 지구에 적용되고 있는 계획이 그 좋은 예이다. 그 계획에 적용할 수 있는 방안들 가운데 저리 융자(低利融資)가 있는데, 그 경우에는 시 당국이 시의 금융 시장에서 자금을 빌려서 이자의 차액을 주택의 소유자에게 넘겨 주고, 건물의 전면(facade)에 대한 지역권(地役權)을 사용하는 경우에는 시가 건물 외부의 명의를 얻어서 지구 수복 자금의 자본 비용(capital cost)에 투자하는데 그 자금은 일반적으로 연방의 지역 사회 개발 자금으로 충당된다. 시는 세금이 체납되었으나 개수하면 쓸 수 있는 부동산을 차압하여 명목상의 싼 가격으로 새로운 소유자에게 넘겨 주기도 하는데, 그 경우에는 새로운 소유자가 시에서 요구하는 수준까지 집을 개수하겠다고 약속해야만 한다.

이러한 조치는 역사적 지구 내에서 일어나는 사회적 변화와 역효과를 경감시킬 수 있다. 그러나 민간 부동산 시장의 변화에 따라 이익을 보는 사람도 있지만, 동시에 손해를 보는 사람도 있기 마련이다. 따라서 오래된 근린의 보존과 회복은 설사 개인한테는 다소 어려움이 따른다 할지라도 도시의 건전한 경제를 위하여 가치있다고 보아야 할 것이다.

세제(稅制)상의 새로운 장려 대책(incentives)은 개수 후 재사용(adaptive re-use)을 촉진시킨다. 세금 부과에 유리한 자격을 갖추기 위하여 건물의 본래 목적을 보존할 필요는 없다. 세법말고도 개수 후 재사용을 촉진하는 다른 동기들이 있다. 소비 지향적인 우리 경제 여건에서는, 기존의 건물들이 전에 누리지 못했던 경제적 가치를 인플레이션(inflation) 때문에 얻게 되기도 한다. 그러나 아직은

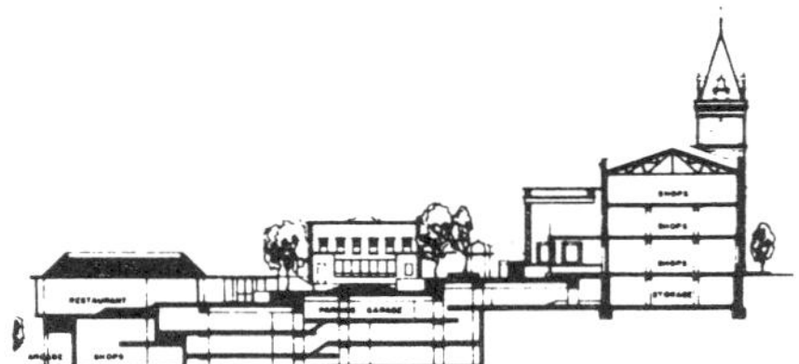

상 : 샌프란시스코의 거라델리 광장(Ghirardelli Square in San Francisco)의 단면. 낡은 공장이 어떻게 개수되어 재사용되고 있으며, 새로운 건물이 추가되어 어떻게 현대적인 전문 소매 상가를 이룰 수 있었던가를 보여 준다.

하 : 라킨 가(Larkin Street)를 올려다본 광경. 새로운 건물과 오래된 건물과의 관계를 보여 준다.

개수 후 재사용
(Adaptive Re-use)

거라델리 광장을 가로질러 샌프란시스코 만(灣)을 바라본 광경. 배경으로 알카트라츠 섬(Alcatraz Island)이 희미하게 보인다. 건축가 : Wurster Bernardi & Emmons, 단지 및 조경계획가 : Lawrence Halprin

아직 도매 시장이었을 당시의 보스톤의 퀸시 시장(the Quincy Market). 원래의 건축가는 매튜 패리쉬(Matthew Parish)이고, 시간이 지남에 따라 많은 건물들이 개조되었다.

기존의 기괴하고 복잡한 건물들을 유지하려면 건물의 관리 비용이 비싸지기 때문에 기존 건물을 살리는 것이 돈을 모으는 것이라는 생각이 꼭 옳은 것만은 아니다. 어쨌든 기존 건물을 재사용하는 문제는 고려해 볼 만한 가치가 있게 되었으며, 그것이 부동산 시장에 있어서의 근본적인 변화라 할 수 있다.

고건물의 건축적 성격도 역시 유용한 가치를 갖게 되었는데, 특히 도심부의 전문 소매 지역에서는 더욱 그러하다. 1964년에 완성된 샌프란시스코의 거라델리 광장(Ghirardelli Square)은 그 당시까지 우중충하고 시대에 뒤떨어진 것으로 여겨져 오던 건물에서 시장적 성공을 거둔 첫 번째 사업 중의 하나이다.

거라델리 광장은 설사 당신이 자세히 조사했다 하더라도, 결코 찾아낼 수 없었을 것이라고 생각되는 과거를 재창조함으로써 하나의 패턴을 만들어 내었다. 재미있는 건

상 : 지붕선(roofline)을 원래대로 복원한 퀸시 시장. 이 복합 건물은 파뉴일 홀 전문 소매 상가(the Paneuil Hall Speciality Retailing Complex)의 일부로 개조되었다. 건축가 : Benjamin Thompson & Associates.

하 : 시장의 디테일. 이 지역이 얼마나 성공적이고 새로운 도시 요소로 변화되었는가를 보여 준다.

축적 처리라고는 별로 없는 평범한 공장 건물이 테라스와 전망대가 있는 환상적인 장소로 변형되어, 새로운 종류의 전문 상가에 알맞는 이상적인 건물이 되었다.

현재에는 거의 모든 도시에서 거라델리 광장과 유사한 예를 찾아볼 수 있다. 즉 시애틀의 파이어니어 광장(Pioneer Square in Seattle), 솔트레이크 시티의 트롤리 광장(Trolley Square in Salt Lake City), 루이스빌의 베이커리 광장(Bakery Square in Louisville) 등과 가장 인상적인 것으로 보스턴의 파뉴일 홀 시장(the Faneuil Hall Market in Boston)이 있다.

파뉴일 홀 시장은 아마 거라델리 광장 이후에 건축된 도시 전문 상가 가운데 가장 유명한 것이리라. 그것은 보스턴 도심부의 토지 이용 패턴에 가장 필요했던 다양성을 주었고 토지 이용을 강화시켜 주었다. 거기에는 관광과 위락적인 매력도 있다. 위의 사진에서 볼 수 있는 바와 같이, 당시까지 잘못 다루워져 본래의 오랜 용도가 사라져 가고 있었던 일단의 훌륭한 고건물(古建物)들이 그 계획으로 인하여 구제되었다. 그 계획이 개발업자인 제임스 라우스 회사(James Rouse & co.)와 보스턴 재개발국에게는 재정적인 성공이 되었고, 건축가인 벤자민 톰슨 *(Benjamin Thompson & Associates)에게는 응분의 수상(受賞)을 안겨 주었다.

파뉴일 홀 시장이 이러한 도시 수복의 교과서적인 예로 인용될 때, 심술궂게도 그 계획에 대하여 나쁜 점만 지적되고 있는 듯하다. 어쨌든 이 계획은 개수 후 재사용했던 건물로서 성공을 거두었지만, 그것이 사적 보존으로서 꼭 다행한 예라고 말할 수만은 없다. 톰슨의 설계와 라우스 회사의 관리는 이 오래된 시장을 소매와 식품 서비스를 위한 현대적인 환경으로 변형하기 위하여, 그 건물의 성격을 바꾸어 버렸다. 다시 말하면 낸시 미트포드(Nancy Mit-

*(역자 註) Benjamin Thompson (1918~) : 미국 미네소다 주에서 출생한 건축가이며 도시계획가. 하바드 대학 교수 역임. 그의 작품은 건축 설계뿐 아니라 고건물의 수복, 대규모의 상업지 개발, 도시 기본 계획 등 매우 광범위하다.

퀸시 마켓트(Quincy Market) 중앙 시장 건물의 내부 원형 홀(rotunda).

ford)가 쓴 소설 추운 나라에서의 사랑(Love in a Cold Climate)의 주인공인 몬도(Montdore) 부인의 성격과 같이 변질되었음을 상기시킨다.

> 안면 성형 수술, 체중 감소 요법, 운동, 마사-지, 식이 요법, 화장품, 새로운 의상, 갈아 끼운 보석, 회색 머리에 푸른 염색, 푸른 고수머리에 핑크 빛 나비 리본과 데이지 꽃 모양의 다이아몬드……. 내 생각엔 그런 것들이 그 여자를 결코 나아지게 하지는 못했다. 왜냐하면, 그 여자는 우아하고 개성적인 용모를 잃었을 뿐 실제로는 조금도 아름다워지지 못했기 때문이다.

본래의 건물 성격을 유지해야 할 것인가, 하지 말아야 할 것인가 하는 것은, 건축적으로 우수하고 역사적으로 중요한 건물을 개수 후 재사용하는 방식으로 보존하고자 할 때 당면 문제로 등장한다. 어쨌든 그 당시에는 가장 좋은 건물이었으나, 현재에는 본래의 용도가 더 이상 필요하지 않는 건물들, 즉 오래된 철도역, 중앙 우체국, 학교 등이 많이 남아 있다. 그 건물들의 장래는 아마 얼마나 잘 개수해서 재사용할 수 있는가에 달려 있을 것이다. 그러나 그것을 어떻게 하느냐가 문제이다. 이러한 건물들은 나름대로의 역사를 우아하게 키워 나가도록 해 주어야 한다.

그 건물을 설계했던 건축가의 의도를 충실히 유지하면서 개수 후 재사용하거나 보존하기 위해서는 약간의 재정적 희생이 따르게 되는데, 이를 위해서는 금전적인 이익보다는 보존을 중요한 목표로 삼는 새로운 유형의 부동산 개발업자가 새삼 필요하게 될 것이다.

비영리적인 사업가 (The Non-for-Profit Entrepreneur)

비영리적인 혹은 적은 이익을 취하는 사업가를 생각한다는 것이 궤변스럽게 보일지 모른다. 그러나 이제 그러한 사람들이 나타나고 있다. 그들은 부동산 개발업자의 개발 방법을 사용하긴 하지만, 그들의 목적은 건축이며 보존이다. 피츠버그 사적 및 랜드마크 재단(Pittsburgh's History and Landmarks Foundation)의 경영자인 아더 지글러(Arthur Ziegler)는 이 방법을 사용하여 역 광장 사업(the Station Square Project)을 개발한 좋은 예를 보여 주었다. 이 재단은 구(舊) 피츠버그-이리호(湖)철도 역 건물의 주공간(主空間)을 매우 성공적인 레스토랑으로 개조

하였다. 그 공간은 사진에서 볼 수 있는 옛 모습보다 더 화려한 에드워드 시대의 양식(Edwardian)으로 사려깊게 개조된 것이나, 고색창연하고 약간 거칠은 듯한 철도 역의 냄새가 아직 남아 있다. 그 건물 옆에는 거라델리 광장식의 레스토랑과 전문 상가로 개조된 화물 창고가 있다. 그러나 본래의 구조가 단순한 기차의 격납고이었기 때문에, 외관이 약간 시대에 뒤떨어진 느낌을 주는 것은 어쩔수 없는 일이었다.

불행하게도, 역 광장(Station Square)의 호텔은 원래의 도시 설계 사무소(Urban Design Associates)가 설계한 매우 정교한 배치 계획의 의도에서 벗어난 것이었으며, 결과적으로 그 역사적 환경이나 훌륭한 대지 조건에 합당하지 못한 것이 되어 버렸다. 비영리적인 사업가는 그의 동업자들이 평범하게 사업을 수행할 만큼 단순하지 않다는 사실을 분명히 알 필요가 있다.

역 광장 개발 사업에는 많은 주식이 투자되었고 (스케이프 재단(Scaife Foundation)이 약 700만 불을 투자했음.), 그 사업이 과거에는 일반적인 부동산 사업보다 훨

좌상 : 개조되기 전의 피츠버그-이리호 철도역(the Pittsburgh and Lake Erie Railway Station) 내부.

우상 : 역 광장 복합 건물(Station Square Complex)의 일부를 레스토랑으로 개조한 후의 모습. 가장 큰 변경은 위를 덮고 있는 천장을 복원한 것이며, 개조된 후의 내부 공간은 원래보다도 훨씬 더 화려한 에드워드 시대풍(Edwardian)의 분위기를 은근하게 풍겨 준다.

피츠버그 역 광장의 낡은 화물 창고에 지어진 상점의 상세도.

씬 더 위험한 것이었지만 이제는 수익성이 좋은 사업일지도 모른다고 인식이 바뀌어지기 시작하고 있다. 그렇다면 그 이익은 사적 및 랜드마크 재단이 수행하고 있는 상업적으로 수익성 없는 다른 사업들에 보조금으로 사용되어야 할 것이다.

보존 윤리

(The Preservation Ethic)

결국 우리는 건축적·역사적으로 가치가 있거나 없거나, 또한 보존함으로써 직접적인 경제성이나 판매 이익을 얻을 수 있거나 없거나, 관계 없이 오래된 건물이면 대체적으로 보존해야 할 것인가 하는 문제에 다다르게 된다. 자원이 한정되어 있고 자원 고갈의 결과가 어떤 것인가를 모두가 잘 알고 있는 이 시대에, 보존은 윤리적인 문제가 되었다. 국립 공원 관리국(National Park Service)의 드와이트 레티(Dwight Rettie)* 가 웅변적으로 말해 주고 있듯이, 자원 보존이 우리에게 직접적인 이익을 줄 뿐 아니라 우리는 다음 세대를 위하여 세계의 자원을 관리해야 할 의무를 지고 있기 때문에, 우리는 보존 윤리를 함양해야 하는 것이다. 오래된 건물은 존재한다는 것 자체만으로도 보존할 가치가 있다. 또한 그것들을 철거한다는 것은 보존하는 것보다 더 많은 에너지와 자연 자원을 소비한다고 말할 수도 있을 것이다.

* Dwight Rettie, in a foreward to *Children and the Urban Environment: a Learning Experience* by Marshall Kaplan, et al. New York: Praeger, 1972.

보존 노이로제

(The Preservation Neurosis)

그러나, 오래된 건물을 헐어 내야 하는 경우도 생각해 볼 수 있다. 특히 건물의 보존이 공공에 많은 이익을 주는 중요한 사업에 방해가 되는 경우에는 더욱 그러하다. 도시를 개선하는 일은 하나의 복잡한 사업과 같아서, 사업을 신중하게 종합하여 꾸려 나가는 것보다는 사업을 중지시키는 것이 훨씬 쉬운 일이다. 이제 우리는 모든 것을 보존해야 한다는 논리의 근거로써 보존 노이로제 (preserving neurosis) 가 무엇인가를 알아보려고 한다. 내가 뉴욕 시의 게이트-웨이 국립 위락 지역 (the Gateway National Recreation Area)의 마스터 플랜을 계획하고 있었을 때, 우리는 국립 공원 관리국(National Park Service)의 역사 학자를 설득하여 그가 리스 공원 (Riis Park)의 주차용지를 사적지로 국가에 등록하려 하는 것을 가까스로 단념시킬 수 있었다. 그가 그 곳을 사적지로 지정하려 했던 이유는 주차장이 건설될 당시에, 그것이 세계에서 가장 큰 주차장이 될 것이라는 소문이 있었기 때문이었다. 사실 게이트 웨이의 마스터 플랜에서 리스 공원 부분의 계획을 보면, 장차 9,000 대를 수용할 이 주차장은 몇 개의 조경 처리된 작은 주차 단위로 쪼개어 배치하기로 되어 있었다. 이것이 극단적인 예라는 것은 인정하지만, 분명한 것은 리스 공원에의 접근을 개선하는 이점(利點)이 예의 역사적 성격의 손실보다 크다는 것이다.

때로는 오랜 것이 새 것보다 좋다고 말하고 싶기도 하지만, 오랜 것이면 무조건 새로운 것보다 낫다고 할 수도 없다. 보존 운동이 갈수록 궤변적인 경향으로 흐름에 따라, 반대의 주장들도 귀담아 들어 지혜롭게 선택할 필요가 있다는 생각이 사람들에게 폭넓게 받아들여지고 있다. 다른 일에서도 거의 마찬가지지만, 보존의 문제에 있어서는 중용(a sense of proportion)이 필요하다.

확실히 보존 운동은 도시 설계와 건축의 경향을 끊임없이 변화시켜 왔다. 우리들은 기존의 것을 이용하는 데에 보다 많은 관심을 갖게 되었고, 건축의 맥락과 연속성에 보다 민감해졌으며, 몇 년마다 온 세계를 바꾸어 놓을 수는 없다는 사실을 알게 되었다. 도시 설계를 위해서는 성장과 적응에 보다 많은 관심을 베풀어야 하며, 건축을 위해서는 과거의 것에 대한 경험, 상관관계, 그리고 추억에 보다 많은 관심을 가져야 할 것이다.

제 2 부

건물 설계 없는 도시 설계

(DESIGNING CITIES WITHOUT DESIGNING BUILDINGS)

5

도시 설계 기법으로서의 지역제, 도면화, 그리고 도시 재개발

(Zoning, Mapping, and Urban Renewal as Urban Design Techniques)

우리들의 도시와 교외는 대부분 민간 투자에 의하여 건설되어 왔다. 정부도 점차 많은 건물을 짓거나 건설 사업의 자금 조달에 참여하고 있지만, 우리 주위에 있는 대부분의 건물들은 앞으로도 오랫동안 민간 기업에 의하여 계속 지어질 것으로 보인다.

부동산 개발업자는 무엇보다도 분명한 하나의 목적을 갖고 있다. 즉 그들은 돈을 벌고 싶어 한다. 그들은 사업에 따르는 위험 부담이 크기 때문에 더 많은 돈을 벌고 싶어 한다. 환경의 장래를 염려하는 일부 인사들은 개발의 지도 원리가 이익에 동기를 두어야 한다는 것은 잘못이라고 생각하고 있으며, 부동산 투자가들 조차도 민간 기업이 만족스러운 도시의 건설과 자연 경관의 보존에서 전반적으로 성공을 거두지 못했다는 데에 동조하고 있는 듯하다.

부동산 개발의 한계성을 이해하기 위해서는, 모노폴리(Monopoly)게임과 근본적으로 비슷한 규칙에 따라 개발이 진행된다고 생각하면 된다. 모노폴리판(Monopoly board)은 정사각형의 격자로 나뉘어져 있으며, 그 대부분이 오리엔탈 애비뉴(Oriental Avenue), 마빈 가든(Marvin Gardens), 보드웍(Boardwalk) 등 뉴 져지(New Jersey)주의 아틀란틱(Atlantic)시에 있는 장소들의 이름을 붙이고 있는 것을 여러분도 아마 기억할 것이다.

경기자는 주사위를 던져서 판 위에 말을 움직인다. 자기

말이 아무도 소유하지 않는 가구(street)에 머물면(그리고 충분한 돈을 가지고 있다면), 그것을 살 수 있다. 당신이 모든 가구를 사서 한 빛깔로 통합시키게 되면, 그 곳에 주택과 호텔을 지어서 땅 값을 높일 수 있고 당신의 소유지에 들어오는 다른 경기자에게 임대료를 부과하여 더 많은 돈을 벌 수 있을 것이다.

측량 기사는 도시의 대부분을 구획하여 모노폴리판과 흡사하게 만들어 놓았고, 대부분의 농촌 지역에서조차도 눈에 보이지는 않지만 엄연한 대지 경계선이 자연경관 위에 그어져 있다.

당신이 비행기를 타고 지상을 내려다본다면 아래에 펼쳐진 경기판이 분명하게 눈에 들어올 것이다. 이쪽에는 주택이 건설 중인 새로난 비포장 도로가 있고, 그 옆엔 잔디와 숲이 고스란히 보존되어 있는 구식의 저택이 있으며, 저쪽에는 좀 더 최근에 새로 지은 주택, 그 옆에는 아직도 경작되고 있는 농지(農地), 근방에 작은 쇼핑 센터와 모텔이 있는 고속 도로 인터체인지, 또 저쪽에는 더 많은 주택들과 농지들이 보인다. 이익의 추구가 우리의 환경을 이런 모양으로 만들어 버린 것이다.

주택이나 쇼핑 센터의 개발업자는 마치 모노폴리 경기자와도 같이, 아직은 경제적 잠재력을 충분히 발휘할 정도로는 "땅값이 오르지"(improved) 않아 신개발의 여지가 있는 획지들을 우선 충분히 사 모아야 한다. 땅을 사 모으는 일은 가능한 한 비밀로 해야 한다. 왜냐하면 부동산 경기(the real estate game)의 다른 경쟁자가 그 사실을 알아차린다면, 토지 매입을 방해할지도 모르며 토지 소유자도 값이 더 오를 때까지 매각을 보류할 수도 있기 때문이다.

신개발의 입지는 논리적인 토지 이용 요인 못지않게 토지 매입의 용이성에 의하여 결정되는 경우가 종종 있다. 노부인(老婦人)이 자기 아버지가 지은 저택에 애착을 가지고 있는 경우나, 혹은 젊은 농부가 구미당기는 제의나 높아져 가는 재산세에 불구하고 자기 땅을 지켜야겠다고 결심하는 경우에, 사업가들은 그 곳을 포기하고 보다 쉽게 개발할 수 있는 다른 토지로 눈을 돌리게 될 것이다. 그 결과는 흔히 볼 수 있는 도시 스프롤 현상(urban sprawl)으로 귀결되며, 그 경우 도시는 옛날의 패턴을 잃어 버리게 되지만, 그렇다고 새로 형성되는 도시 패턴도 결코 만족스러운 것은 아니다.

도시가 일관성 있게 개발되기 위해서는 현재 벌어지고 있는 **부동산 경기**(the game of real estate)의 양상이 사라져야 할 것이다. 일관성있는 계획을 저해하는 가장 큰 요인은 토지의 소유권이 수천의 개인에게 나뉘어져서 수많은 획지로 제멋대로 쪼개어져 있는 토지 분할 현상이다.

마찬가지로 자연 경관을 보호하고 새로운 주거 단지를 간결하고 일관성있는 형태로 개발하기 위해서는, 제멋대로 그어진 기하학적인 선을 따라 토지가 분할되거나 용도와 기능이 아무 데나 지정되도록 내버려 두어서는 안 될 것이다.

토지 매입에 비밀이 지켜져야 하는 또 하나의 이유는 비밀이 새어 나갈 경우에 일관성있는 계획이 이루어지기 어렵다는 것이다. 경기의 경쟁적 특성은 불필요한 중복을 초래하고 도시 패턴을 더욱 더 분열시키게 된다.

이익에 기초를 둔 토지 개발에 대하여, 이미 확립된 몇가지 대안이 있다. 예를 들면 스톡홀름(Stockholm)시는 금세기 초에 그 주변의 토지를 대부분 매입하여 도시의 개발과 성장을 전면적으로 통제할 수 있었다. 영국은 1947년에 도시 및 지방 계획법(the Town and Country Planning Act)을 제정하여, 동구의 사회주의 국가에서 시행한 바와 같이 효과적으로 토지를 국유화하게 되었다.

민간 개발에도 그 나름대로의 한계성이 있지만, 정부 주도(政府主導)의 개발도 역시 완전하다고 하기에는 아직도 요원하다. 민간 부동산 사업가에 의한 개발이 지나치게 단편적이고 낭비적인 결과를 가져온다면, 정부가 통제하는 개발은 속도가 느리고 절차가 까다로우며 그 결과물은 창의성이 없고 상투적인 것이 되어 버리기 쉽다. 관료적 시스템은 인간의 요구와 체험을 광범위하게 충족시켜 주는 점에 있어서 시장 경제적 시스템보다 성과가 떨어진다고 볼 수 있겠다.

아뭏든, 미국에서 정부가 토지 매입이나 토지의 국유화에 대한 보상으로 대규모의 재정을 지출하는 일은 가까운 장래에 결코 일어나지 않을 듯 하다. 그 동안에도 부동산 경기는 계속될 전망이므로, 무엇인가 그것을 지도하고 개선시킬 방법을 찾아야 할 필요가 있다.

신 도시나 중요한 도시 재개발 사업이 고시된 다음에, 신문에 발표된 도면을 살펴보라. 그리고 사업이 10년 내지 30년 간에 걸쳐 여러 사람의 개발업자와 건축가들에게 조금씩 나뉘어져 시행되어질 경우(일반적으로 그렇게 하지만), 도시 설계 개념에 어떤 일이 일어날 것인가를 자문해 보라. 우리 도시의 건설 사업에 영향을 미칠 수 있는 권력은 매우 다양하고 사회적 변화의 속도는 매우 빠르게 가속되어 왔으므로 대규모의 사업은 설사 건설된다 할지라도 원래의 설계와 꼭 같이 이루어지기는 매우 어려울 것이다. 일반적으로, 고시된 설계안이 주로 보여 주는 점은 계획 그 자체의 근본적인 일관성이라기보다는 제안된 건물의 건축적 성격이다. 만일 그 건물이 도면에서 보여 주는 바와 꼭 같은 높이가 아니거나 꼭 같은 각도로 정확하게 배치되지 않는다면 어떻게 될까? 재료가 다르다면 어떻게 될까? 건축적 풍취가 다르다면 어떻게 될까? 기능과 경제성의 변화로 인하여 건물의 규모나 모양이 크게 달라진다면 어떻게 될까? 그래도 설계를 생각할 것인가?

보다 어려운 또 하나의 문제가 있다. 우리의 도시에서 대규모의 재개발이 일어나지 않고 가구(街區) 단위로, 심지어 획지 단위로 단편적인 변경만이 일어날 경우에 대하여 생각해 보자. 이러한 지역을 한꺼번에 설계하여 건물군(群)들이 일관성을 갖게 할 수 있는 계획 방법은 과연 있을까? 신 도시나 중요한 개발에서 건축적 일관성을 가지고 통일성있는 설계를 할 수 있는 어떤 방법은 없을까?

바로 그 목적에 이용하여 왔으며 현재에도 일상적으로 사용하고 있는 계획 과정이 있으나, 지금까지는 그것이 법률가, 측량 기사, 그리고 도시 공학자들의 소관으로 되어 왔었다. 그들은 자기들의 주임무를 설계를 통제하는 일이 아니라, 공공의 건강과 복지라는 추상적인 문제를 통제하는 일로 생각해 왔다. 법률가, 측량 기사와 기술자들은 지방의 지역제법과 가로망 패턴을 꿰어 맞추어 미국 도시들의 기본 설계의 골격을 무심히 결정해 왔으나, 그 두 가지 중 어느 것도 도시 설계를 염두에 두고 입안된 것은 아니었다.

지역제는 법률가들조차도 가능한 한 회피하려고 하는 금지 위주의 기법이며, 반면에 가로 배치 계획(street mapping)은 그 개념에 대해서 거의 관심을 두지 않고 처리하는 일상적인 문제로밖에 여겨지지 않고 있다. 이와 같이 잘 알려지지 않은 전문적인 기법에 대하여 좀더 깊이 살펴보면, 그것들이 도시 설계의 근본적인 문제를 해결해 주는 중요한 단서가 된다는 사실을 알 수 있을 것이다. 모든 건물들을 설계할 수 없다면, 어떻게 도시를 설계할 수 있을 것인가?

지역제(zoning)는, 그 이름이 의미하는 바와 같이, 도시를 서로 다른 법적 요구 조건이 있는 여러 개의 지역으로 나누어 나가는 과정이다. 각 지역 내에서는, 그 위에 세워질 수 있는 건물의 크기 및 형태와 건물의 용도가 법에 의하여 규정되어 있다.

미국의 지역제법은 1916년 뉴욕 시에서 가로(街路)에 햇빛과 대기의 최소 기준을 확보할 목적으로 제정되었는데, 뉴욕의 가로는, 특히 로어 만하탄*1)(Lower Manhattan)에서는, 건물들이 고층화되어감에 따라 점점 더 어두워지고 협곡과 같이 되어 버렸다. 또 그 법은 15번가 연변에 산재해 있는 의류품 센터*2)의 공장, 유행품 상점, 주택 등과 같이 서로 상반되는 용도를 분리하는 데에도 그 취지를 두고 있었다.

그 규제는 각 지역에서 일어날 수 있는 활동을 규정하며, 일정한 높이를 초과하는 건물에 **건축사선 후퇴**(setbacks)의 규정을 두어, 도로와 보도에 햇빛이 들 수 있고 햇빛과 대기가 건물의 내부에까지 도달할 수 있도록 하였다. 또한 그것은 도심 지역의 토지 이용 강도를 최대로 높이기 위하여 어떤 지역에는 건물의 절대 규모를 제한하기도 하였다. 도시 계획의 교육 과정에서는 지역제법이 도시 기본 계획(master plan)을 시행하기 위한 수단이라고 가르치고 있다. 그러나 최초의 뉴욕 시 지역제법은 뉴욕의 도시 계획 위원회의 설립보다 22년, 최초의 종합 기본 계획(comprehensive plan)이 공표된 것보다 53년이나 앞

*1) (**역자 註**) 로어 만하탄(Lower Manhattan) : 만하탄의 남부 지역

*2) (**역자 註**) 의류품 센터 : 동서로는 6번가에서 9번가까지, 남북으로는 34번로에서 42번로까지로 둘러싸인 지구에 뉴욕 시내 의류 제조업자의 70%가 집중되어 있어서, 특히 이 지역을 의류품 센터(garment center)라 부른다.

선 것이었다. 미국의 다른 도시에서도 그 과정은 비슷하여 지역제가 먼저 생기고 그 뒤에 계획이 나타난 것이 보통이었다.

지역제법이 결코 기본 계획이 아니라는 것은 그만 두고서라도, 오늘날 지역제가 얼마나 기계적이고 틀에 박힌 것으로 적용되고 있으며, 지역제를 시행하는 과정에서 얼마나 많은 재산권이 제한받고 있는가를 망각하기 쉽다. 토지 소유자들은 비록 손바닥만한 토지를 갖고 있을지라도 몇 가지 행위 제한을 제외하고는 토지에 관한 것이면 무엇이든지 마음대로 이용할 수 있다는 생각에 젖어 있다. 지역제에 대한 법적인 근거는 공공의 건강과 안전, 그리고 복지를 보호하기 위하여 규제하는 이른바 주(州) 경찰권이다. 토지 이용을 규제하는 수단으로써 경찰력을 행사할 수 있다는 원칙은 오하이오(Ohio) 주의 유클리드(Euclid) 시가 채택한 지역제법을 지지한다고 대법원(the Supreme Court)이 판결함으로써 확인된다.

유클리드 판결이 있기 이전에는, 시정부가 일률적인 건축사선 후퇴와 같은 규제를 시행하자면, 필연적으로 토지 수용권을 발동하게 되리라는 것이 법조계의 일치된 여론이었다. 이 여론은 다니엘 번햄(Daniel Burnham)*[1]이 설계한 유명한 1909년의 시카코 계획에 뿌리를 둔 것으로, 이 계획에서 번햄은 바론 오스만(Baron Haussmann)*[2]이 제2나폴레온 제국(the Second Empire) 시대에 파리 개조 계획에서 사용했었던 광로(avenue), 원형광장(round-points), 그리고 궁전 건축 양식을 이 미국적인 도시에 적용하려고 했다.

번햄의 계획안 중 시 당국이 직접 시행할 수 있었던 많은 요소들, 즉 공원 녹지 체계, 미시간 애비뉴(Michigan Avenue)의 확장, 주요 공공 건축물 등은 계획안대로 실현되어 왔다. 시카코 계획이 실패한 부분은 민간 개발을 규제하려는 데에 있었다. 왜냐하면, 1909년 당시에 그 규제를 시행할 수 있었던 유일한 법적 수단은 시에서 토지와 건물을 매입하는 길밖에 없었기 때문이다.

그 후 여러 해 동안 시카코 계획과 같은 설계 목표와 "유클리드 판결" 사이의 관계를 건강과 안전에 기초를

*[1] **(역자 註)** Daniel Hudson Burnham (1846~1912): 뉴욕에서 출생한 건축가이며 도시계획가. 도시 미화 운동(City Beautiful movement)의 선구자로서 그의 대표적 작품은 Chicago World's Columbian Exposition (1893)과 Plan of Chicago(1909)가 있다. 그는 "Make no little plans. Make big plans" 라는 유명한 말을 남겼다.

*[2] **(역자 註)** Georges-Eugene Haussmann (1809~1891): 나폴레옹 3세 시대에 파리 세느 현의 지사(1853~1870). 막강한 권력과 대담한 용기로써 파리 개조 계획을 주도하여 boulevard, 광장, 대규모의 건축물, 하수 시설을 건설하고, 투시 효과, 비스타, 일률적인 건물 화사드 등을 적용하여 전 세계의 도시 계획에 지대한 영향을 미쳤음.

*[3] **(역자 註)** Hugh Ferriss (1889~1962): 세인트 루이스에서 출생한 미국 제1의 건축 묘사가. 많은 건축물, 특히 마천루의 투시도를 남겼다.

미국 건축가 협회(AIA)와 건축가 연맹(Architectural League)의 뉴욕 지부장을 역임했다.

둔 규제로 연관시켜 생각한 사람은 아무도 없었다. 번햄의 계획에 관하여 잘 알고 있었던 건축가와 설계가들 누구도 지역제가 설계에 미치는 함축적인 의미를 생각하지는 못했다.

그러나, 지역제는 그 이론적 근거와 의도가 어떠한 것이든 간에, 번햄의 계획에 담겨져 있는 어떤 요소 못지않게 설계에 대한 강력한 규제력을 갖고 있다. 1916년의 뉴욕 지역제법에서 제정된 건축사선 후퇴에 관한 규제는, 고층 건물의 형태를 초기의 마천루와 같이 수직으로 곧게 뻗은 탑으로부터 휴 페리스(Hugh Ferriss)*3)가 이 페이지의 그림에서 보여 주는 바와 같은 피라미드(pyramid) 형태로 바꾸어 놓았다. 센트럴 파크(Central Park)에 면한 5번가(Fifth Avenue)를 찍은 다음 페이지의 사진을 보면, 마치 독재자 바론 오스만(Baron Haussmann)의 환상이 파리의 광로(boulevard)를 만들어 냈던 모습과 마찬가지로, 지역제가 가로 전체의 설계를 얼마나 확실하게 결정해 버리는가를 알 수 있을 것이다.

가로 배치(街路配置)의 경우에서도 이와 비슷한 상황이 벌어지고 있다. 즉 정부는 설계에 광범위한 영향을 미치는 도시 가로들을 대체적으로 분별 없이, 또는 진부하고 상투적인 생각으로 배치하고 있다. 그 결과, 기술자와 측량 기사가 건축가나 도시계획가보다는 도시의 설계 및 계획에 훨씬 더 큰 영향을 미쳐왔다. 일부 전문가를 제외하고는 모두가 도시 계획을 도시 공학으로서, 산뜻한 도로와 시수 공급(市水供給)과 같은 정부의 서비스를 뜻하는 것으로 생각하고 있었다. 계획가들은 햇빛 및 대기의 확보와 같은 전통적인 지역제의 요구 조건 내에서 규제하거나 오로지 배수에 적절한 구배나 기타 공학적인 기준을 충족시키는데에만 신경을 썼다. 가능한 한 객관적으로 보이게 하는 데에만 세심한 주의를 기울이고, 조금이라도 임의적이거나 주관적으로 보이는 것이면 무엇이든지 단호하게 공공 정책에서 제외시켜 버렸다.

모든 도로가 수직으로 교차하는 격자형 가로망이 대부분의 우리 경관(景觀)에 가차없이 적용되어 온 이유는 그것이 합리적이고 객관적으로 보였기 때문이다. 격자형 계획

휴 페리스(Hugh Ferris)의 연구는 1916년의 뉴욕 시 지역제법에 나타난 건축사선 후퇴 규정에 의하여 건물의 형태가 얼마나 깎여지고 있는가를 보여 준다.

센트럴 파크(Centural Park)에 면한 5번가는 건축사선 후퇴 규정이 건물 설계에 어떠한 영향을 미치고 있는가를 보여 준다.

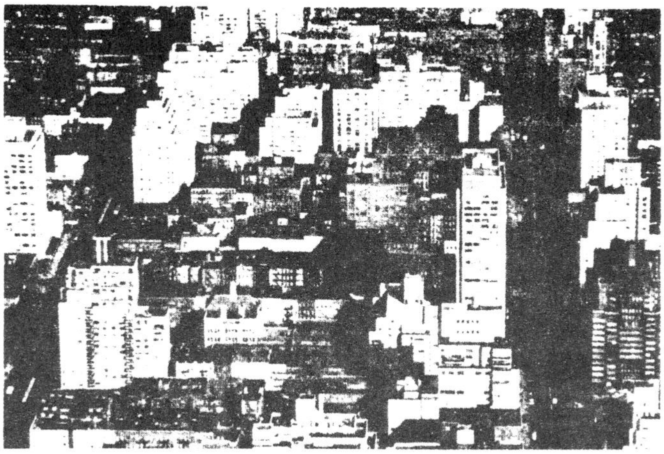

"도시가 마음대로 건물을 규제할 수 있는데도, 도대체 왜 그 도시는 원하는 건물을 가지지 못하고 있다는 말인가?"

……만하탄에 있는 어떤 가구(街區)의 현재 모습

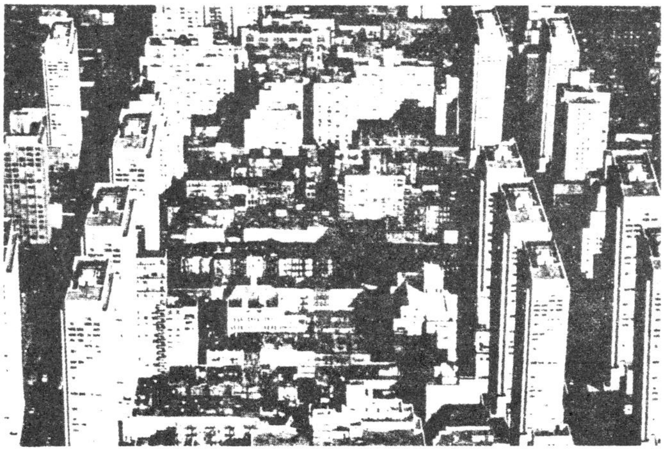

……그것이 지역제에 따라 충분히 개발되었을 경우의 모습.

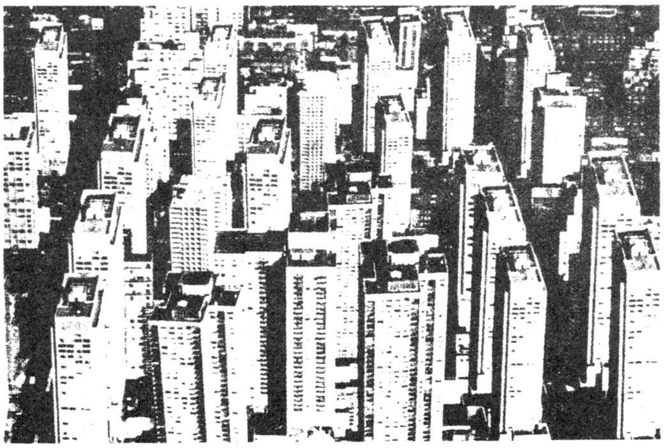

……마지막으로, 최고 밀도 지역제가 많은 개발업자들이 원하는 대로 가구의 중앙부까지 확장되었을 경우의 모습.

지역제의 규정이 설계의 형태를 결정짓는 방식을 보여 주는 또 하나의 예. 검게 표시된 곳은 대지 위에서 건물이 허용될 수 있는 부분.

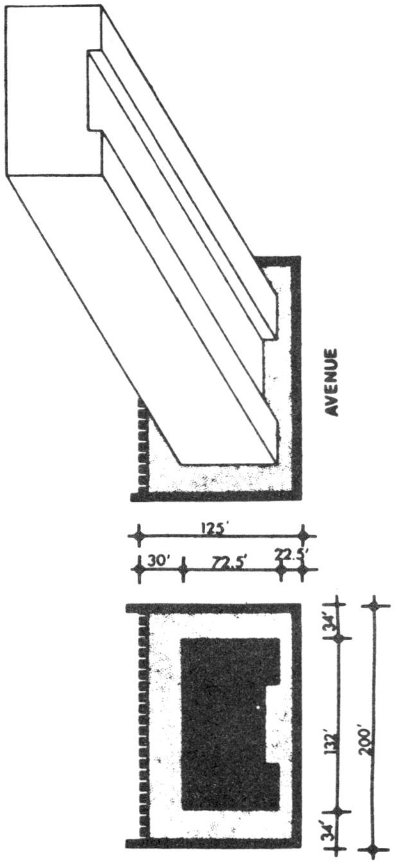

은 지도에 쉽게 배치할 수 있고, 접근로, 유틸리티 라인(utility line) 등 여러 가지 관료주의적 요구 조건을 충족시킬 수 있는 유사한 크기의 획지를 무수히 만들어 내었다.

탐욕스러운 부동산 개발업자들이 비슷비슷한 집들을 즐비하게 뚝딱뚝딱 지어 낸다고 비난하기는 쉽지만, 많은 경우에 있어서 격자형 도로망과 건축사선 제한을 모두 충족시키다 보면, 건축업자로서도 그 밖에 다른 방안은 생각할 여유가 없다. 만일 두부를 잘라 놓은 듯이 창의력 없는 건물로 가득 찬 일반적인 미국 도시의 스카이 라인(sky-line)을 본다면, 그러한 책임의 일부가 최소한 지역제법과 격자형 가로망에 있다는 것을 역시 알게 될 것이다.

지역제와 도면화(mapping)에 대하여 좀 더 살펴보면, 신축 건물의 설계가 사실상 법규에 의하여 결정되는 경우가 비일비재하다는 사실을 알게 될 것이다. 어떤 종류이건 정부의 규제에 영향을 받지 않는 신축 건물은 거의 없다. 여기에서 우리는 다음과 같은 문제에 봉착하게 된다. 즉 도시가 마음대로 건물을 규제할 수 있는 데도, 도대체 왜 그 도시는 진정 필요로 하고 원하는 건물을 갖지 못하고 있다는 말인가?

도시계획가와 기타 책임있는 관리들은 이제 더 이상 객관성과 비개인성을 찬양한다는 핑계 속에 몸을 숨길 수는 없다. 왜냐하면 어떤 의사 결정 과정이 그로 인하여 파생되는 결과를 고려하지 않고 이루어졌을 때, 정부는 그 결과에 대한 책임을 면할 수 없기 때문이다. 개발에 대한 정부의 규제는 보편화되었다. 이제 그 규제는 무엇을 해서는 안 된다는 금기보다는, 해야 하는 행위가 무엇인가를 규정하는 적극적인 성격을 가져야 할 필요가 있는 것이다.

지역제법은 부동산에 있어서 마치 퀸즈베리 후작의 권투 경기 규칙(the Marguis of Queensberry rules)과 같은 의미를 가지고 있다. 그 법은 행위의 원칙을 정해 놓고 무엇이 공공의 이익에 대하여 반칙(low blow)이 되는가를 규정하고 있다. 즉 간격이 지나치게 서로 근접한 주택들, 햇빛과 대기를 서로 방해하는 사무소 건물들, 조용한 주택 지역에 침입한 시끄러운 공장 등이 바로 그것이다. 지역제는 건축 환경을 예정된 패턴으로 만들어 나간다는 의미에서 볼 때 지금까지 적극적인 힘을 가지지 못했기 때문에, 가장 보호할 필요가 있는 공공 이익은 인접한 토지 소유자의 권리에 의하여 효력이 나타난다는 이론에 근거하여, 지역제법은 개발 행위를 토지 경계선 안 쪽으로 멀리 밀어내어 오무려뜨리는 경향이 있었다. 이러한 건축사선 후퇴(setback)와 용적 제한(bulk control)은 그 지역의 지형, 향, 기존 건물의 성격을 전혀 고려하지 않고 있을 뿐만 아니라, 지역제에 의하여 강요되는 토지 이용 분리도 현대적인 건설 기술, 공기 조화, 인공 조명에 의한 여러 가지 가능성을 고려하지 않고 있는 것이 보통이다.

미드타운(Midtown : 만하탄 중부 지역)과 로어 만하탄(Lower Manhattan : 만하탄 남부 지역) 같이 고도로 복합적인 도시 중심부의 경우, 건물을 상호 연결하고 토지 용도를 상호 보완적으로 복합시킴으로써 공공 이익은 증진될 수 있으며, 마찬가지로 교외 지역의 경우에도 단독 주택을 전지역에 균일하게 분산시키거나 쇼핑 센터를 지역 밖으로 뽑아내어 배치하는 것보다 주택을 군집시키고(cluster of houses) 근린상가(neighborhood shoppinig)를 주거 지역 내에 배치함으로써 공공 이익은 더욱 증진될 수 있을 것이다.

전통적인 지역제에 그렇게 많은 결함이 있다면, 왜 그 결함들을 모두 제거시키지 않는가? 텍사스(Texas)의 휴스턴(Houston)시는 지역제를 채택하고 있지 않지만, 그렇다고 해서 다른 미국 도시들보다 눈에 띄게 나쁜 것은 아니다. 지역제가 교외 지역의 주거지 분리(residential segregation)를 강요하는 배타적인 수단으로 사용되고 있지는 않는가? 충분히 그럴 가능성이 있다. 그러나 휴스턴 시는 행위 제한(deed restriction)을 써서 지역제의 많은 기능을 수행하게 해 왔던 특별한 개발의 역사를 가지고 있다. 토지 이용 규제에 아무리 많은 결함이 있고 그 운용 방식에 아무리 큰 오류가 있었다 할지라도, 그 토지 이용 규제 없이도 우리의 도시가 잘 되어 나갔을 것이라고 진정으로 주장하는 사람은 아마 거의 없을 것이다. 지역제에 대한 가장 논리정연한 비평가의 한 사람인 리챠드

* Richard F. Babcock, *The zoning Game: Municipal Practices and Policies*. Madison Wis : Univevsity of Wisconsin Press, 1966.

뱁콕(Richard Babcock)은 "미국의 토지 개발 역사를 통하여 볼 때, 민간 의사 결정권자(private decision-maker)에게 마음대로 재산권을 행사하도록 방임해 두었을 경우, 그들이 공공 이익의 테두리 내에서 행동할 것이라고 믿을 만한 증거는 거의 없다.* "라는 결론을 내렸다.

시 당국이 지역제의 규제와 도면화의 권한(mapping power)을 계속 채택하고 있는 가장 중요한 이유는 아마 부동산 사업가들이 그것들을 개발에 대한 일반적인 기본 원칙의 일부분으로 용인(容認)해 왔기 때문일 것이다. 개발업자들은 그들이 할 수 있는 행위에는 당연히 한계가 있을 것이라고 믿고 있으며, 그 제한을 따르는 데에 소용되는 비용은 토지 가격에서 다소 할인될 것이라고 생각한다.

그 규제가 존재하고 있다는 사실은 도시의 설계와 계획을 개선시키고자 하는 사람들의 손에 매우 귀중한 카드를 쥐어 준 것과 같다. 만일 개발업자의 개발 비용을 인상하지 않고 개발을 개선시킬 수 있도록 기존의 규제를 변경할 수 있다면, 지금까지의 법규 위에 새로운 규제를 신설하는 것보다 훨씬 더 다행스러운 일일 것이다.

더욱 엄격한 새로운 규제는 의회에서 부결되어 통과하지 못할 가능성이 높고, 갑자기 당국의 관심거리로 부각된 특별한 문제를 처리하기 위하여 새로 만들어진 법은 그 적용에 대한 일반적인 타당성을 입증할 수 없을 경우, 법원에서 효력을 상실하게 될 수도 있다.

3종류의 설계 규제
(Three Kinds of Design Control)

전통적인 지역제법의 결함을 개선하기 위한 규제 방법 중 가장 보편적으로 사용되는 3가지 방법은 계획 단위 개발(planned unit development), 도시 재개발 규제(urban renewal controls), 그리고 지역제상의 장려 대책(zoning incentives)이다.

1. 계획 단위 개발
(Planned Unit Development)

계획 단위 개발(PUD)은 때때로 클러스터 조닝(cluster zoning)이라고 알려진 것으로서, 집약적으로 신개발(新開發)되는 농촌이나 교외 지역에서 적용된다. 이 수법을 적용할 경우, 특정한 토지에 대해서는 일반적인 지역제법의 효력을 정지시킬 수 있다. 그 대신 개발업자는 전체적으로 동일한 밀도 내에서 그 지역의 상당한 부분을 자연 상태로 남겨 두고 부분적으로 고밀도의 주택군(clusters of housing)을 형성하게 하는 기본 계획(master plan)을 세워 제출한다.

계획 단위 개발은 지역제의 변형일 뿐 아니라 가로 배치 기법이기도 한다. PUD에서는 오직 간선 도로만 종래의 가로배치 계획대로 남겨놓고 보조 접근로(the subsidiary access)와 분산로(collector streets)는 건물과 함께 계획한다. 그 결과, 도로 배치는 객관성 있는 격자형 계획과 그로 말미암은 획지별 계획(the-lot-by-lot development)보다 자연 경관과 건물 설계에 훨씬 더 긴밀한 연관성을 갖게 된다.

77페이지와 78페이지의 그림은 샌프란시스코에 있는 피셔-프리드만 설계 사무실(Fisher-Friedman Associates)이 계획 단위 개발 방식으로 설계한 매우 세련된 예를 보여 준다.

캘리포니아(California)주, 레드우드(Redwood)시의 라이트하우스 만(Lighthouse Cove)에서 124세대의 연립 주택이 7.5에이커의 대지에 지어졌다. 이 대지는 천연적인 석호(潟湖)에 면해 있으며, 대지 내부의 공공 오픈 스페이스는 상당 부분을 인공 호수로 만들었다. 쾌적성을 손상시키지 않고 밀도를 높이는 것이 계획 단위 개발을 적용하는 중요한 이유 중의 하나이다.

계획 단위 개발을 적용한 또 하나의 중요한 예는 지형 때문에 관례적인 배치를 하기에는 곤란한 상황에서 이루어졌다. 캘리포니아의 어빈 계획 커뮤니티(the Irvine planned community) 개발 사업의 일환으로서 터틀 록 글렌(Turtle Rock Glen) 지역에서 두 개의 작은 언덕 위에 50세대의 주택이 지어졌는데, 초기의 계획에서는 그 언덕이 고려되지 않았었다.

오른쪽의 세 그림은 뉴욕 시의 도시 설계 그룹(New York City's Urban Design Group)이 뉴욕 시에 계획 단위 개발을 적용함으로써 이루어질 수 있는 가능성을 설명하기 위하여 만들어진 것인데, 뉴욕에서는 시내의 미개발 지역이 대부분 고밀도 지역으로 지정되어 있었다. 첫 번째 그림은 스테이튼 섬(Staten Island)에 있는 한 단지의 등고선을 자연 상태 그대로 보여 주는 것이고, 두 번째 그림은

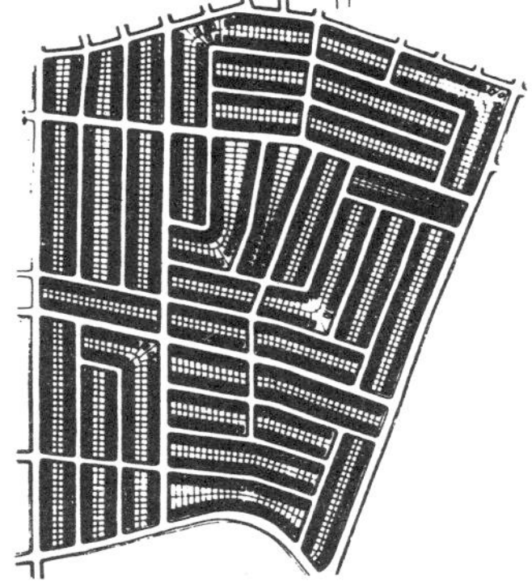

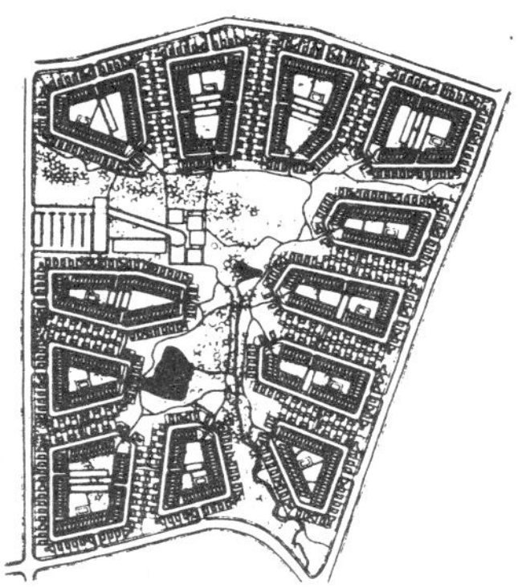

도시설계 그룹이 뉴욕 시를 위해 작성한 계획 단위 개발의 기준에서 발췌한 3가지 예.

상 : 자연 상태 그대로의 일단(一團)의 토지

중 : 시의 공식적인 지도(the official city map)와 지역제의 규정에 맞추어 개발하는 방식.

하 : 계획 단위 개발에 의하여 개발하였을 경우 있을 수 있는 대안.

우 : 스테이튼 섬(Staten Island)의 빌리지 그린즈(Village Greens) 단지는 앞 페이지에서 예시되었던 동일한 지역 내의 어느 곳에 건설된 **계획 단위** 개발 사업이다.

하 : 피츠버그(Pittsburgh)의 크로포드-로버츠(Crawford-Roberts) 도시 재개발 지구의 단지 계획에 대한 2가지 대안.

위의 계획안은 현재의 지역제에 따른 것이고, 아래의 계획안은 계획 단위 개발 방식을 적용했을 때 가능한 대안이다.

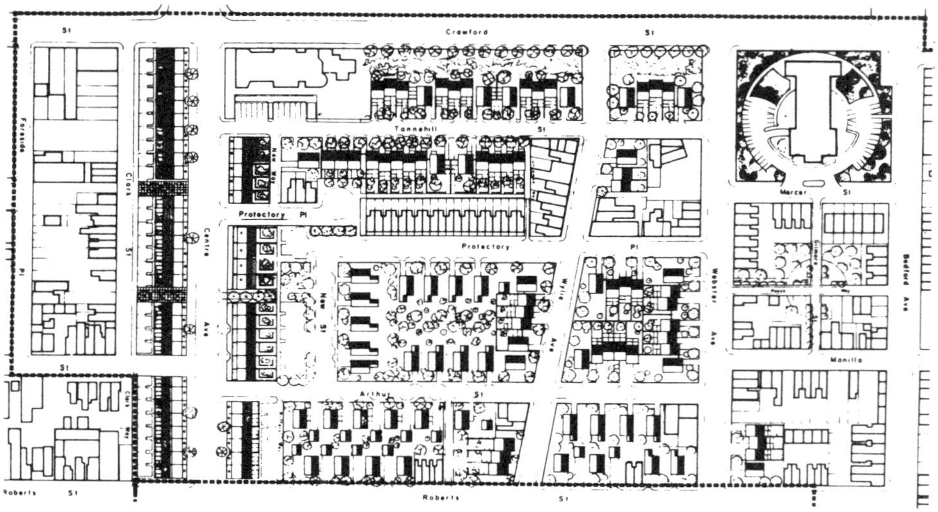

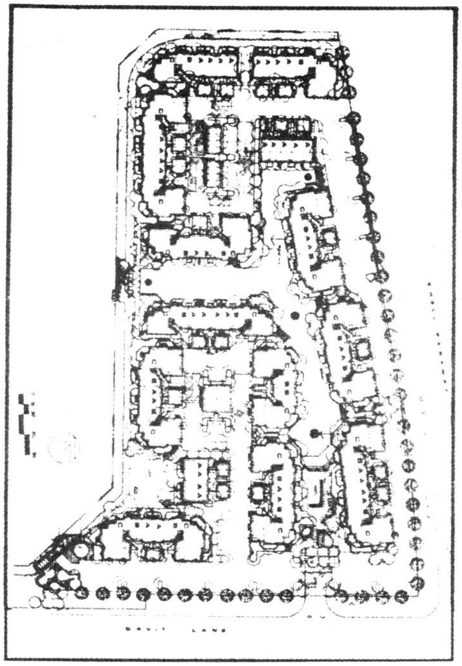

관청에서 통상적으로 사용하는 격자형 가로망을 그 위에 적용시켜 본 것이며, 마지막 그림은 루프형 가로(loop streets)와 주택군(住宅群)을 포도송이처럼 배열하여 (clustered houses) 대지의 35%를 자연 상태로 보존하게 된 것이다.

이 섬에 건설된 빌리지 그린즈 개발 사업(the Village Greens development)의 1차분(1次分)은 세번째 도면의 단지 계획과 매우 흡사하다. 다음 페이지의 사진은 그 단지 내에 계획된 주택군(housing clusters) 중의 하나를 보여 주고 있다.

피츠버그의 크로포드-로버츠(Crawford-Roberts) 재개발 지구에 대한 2가지 계획안을 비교해 보면, 계획 단위 개발이 도심부에 적용되었을 때에도 유리하다는 점을 알 수 있다. 첫 번째 계획안은 그 지역을 여러 개의 다른 지구로 완전히 나누어 버린 결과이며, 두 번째 계획안은 동일한 밀도를 유지하면서 첫 번째 안보다 훨씬 더 합리적으로 주택을 배치한 예이다.

우상 : 캘리포니아 레드우드(Redwood)해변의 라이트 하우스(Lighthouse) 만(灣)에서 계획 단위 개발 방식으로 설계된 단지 계획.

좌상 : 수영 클럽을 향해서 바라본 내부 석호(潟湖)의 광경.

2. 도시 재개발(Urban Renewal)

*[1] (역자 註) 도시 재개발이 건물의 철거와 함께 기존의 사회 문화까지도 깡그리 뭉개버린다는 비판이 담겨 있는 말.

*[2] (역자 註) 연방 정부가 앞장서서 불도저의 역할을 하고 있다는 은유

좌하 : 캘리포니아 주 어바인(Irvine) 시의 터틀 록 글렌(Turtle Rock Glen)에 대한 단지 계획은 자연 지형을 보존하면서 주택이 어떻게 군집·배치될 수 있는가를 보여 준다.

우하 : 주택군(house cluster)의 일부를 보여 주는 사진.

라이트 하우스(Lighthouse) 만(灣)과 터틀 록 글렌이 모두 샌프란시스코의 피셔-프리드만(Fisher-Friedmann) 설계 사무소에서 설계되었다.

계획 단위 개발은 대체적으로 낡은 제약 요소를 철저히 쓸어버리고, 처음부터 시작할 수 있는 새로운 지역이나 자연 상태의 지역에 적용하는 기법이다. 도시 재개발 지구에도 역시 적용시킬 수 있는데, 크로포트-로버츠의 경우에서 그 예를 찾아볼 수 있다. 그러나 도시 재개발의 경우에는 개발을 규제하는 또 다른 강력한 수단이 있어야 한다.

도시 재개발은 때때로 몰지각한 시행 방법 때문에 **도시 철거**(urban removal)*[1] 혹은 **연방 불도저**(the federal bulldozer)*[2]라는 비난을 받고 있다. 시 당국은 전통적으로 토지 수용권, 다시 말하면, 공공의 이익을 위하여 사유의 토지를 강제적으로 매입할 수 있는 권리를 보유해 왔다. 여러 해에 걸쳐서 법원은 공공 목적의 개념을 확대하여 여러 가지 형태의 커뮤니티 개선(community improvement)까지를 거기에 포함시키기에 이르렀다.

1949년에 제정된 연방 주택법 제1장(Title One of the Federal Housing Act of 1949)과 보칙(補則)에 의하여, 연방 정부는 시정부에 자금을 제공하여 정해진 기준에 맞는 지역의 토지를 강제적으로 매입하고 기존의 건물을 철거한 다음 시정부로서 바람직스럽다고 판단되는 건설을

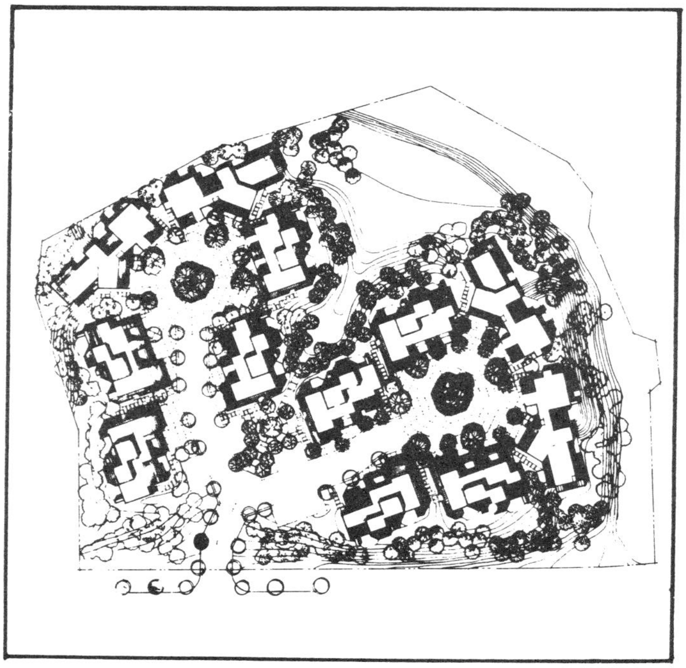

제안해 오는 개발업자에게 싼 값으로 토지를 매각(토지의 減價拂下*)하여 왔다.

이 기법의 최소한 이론적으로는 고도의 설계 규제를 가할 수 있다. 왜냐하면 토지의 소유자인 시 당국이 판매 조건을 마음대로 정할 수 있기 때문이다. 그러나 실제로는 다음 장에서 설명하는 바와 같이 설계 규제에 대한 메카니즘에 결함이 있었기 때문에 도시 재개발 계획에서 훌륭한 도시 설계가 이루어진 일은 거의 없었다. 도시 재개발 계획에 대한 주된 비판은 설계에 있는 것이 아니라 기존의 주택, 상점, 공장들을 대대적으로 철거해 버림으로써 시민 생활과 도시 경제에 해로운 영향을 미쳐 도시의 건전성을 파괴한다는 데에 있었던 것이다. 도시 내에 복잡하게 얽힌 상호 의존 관계를 좀 더 잘 이해하게 됨에 따라 도시 재개발의 강권은 주거 지역이나 상업 지역의 전체보다는 선별적인 단지에 적용 범위를 국한하고, 훨씬 더 인도적인 측면을 고려하여 행사하게 되었다.

그러나 많은 경우에 있어서, 정부 발주의 도시 재개발이 어떤 형태로든 적용되지 않고 있다. 특히 토지 가격이 높은 지역에서는 더욱 그러한데, 그 곳은 황폐하거나 퇴락한 지역이라고 할 수도 없고, 아니면 도시 재개발에 적합한 지역이라고 할 수도 없는 지역이다. 이와 같은 지역에서는 아직도 지역제와 도면화 규제권(mapping power)이 가장 적용하기 좋은 설계 규제가 되고 있다.

도시 설계를 규제하는 또 하나의 기법은 지역제상의 장려 대책이다.

*(역자 註) 오래된 도시의 중심부에서는 슬럼화(불량 노후화)가 극도로 진행되어 버렸기 때문에 민간의 자주적 투자를 기대하기 어려운 상태였다. 이러한 지구에 재활의 계기를 마련하기 위해서는 정부의 과감한 재정 원조가 필요하였다.

3. 장려적 지역제

(Incentive Zoning)

1916년에 전면적으로 개정된 뉴욕 시의 지역 지구제법은 장려적 지역제를 도시 설계에 부분적으로 적용하려 했던 최초의 시도였다. 그 법을 설계적 측면에서 보았을 때 가장 두드러진 특징은 개발업자가 고밀도 상업 및 주거 지역에서 규정된 자격을 갖춘 광장을 제공할 경우, 건물의 바닥 면적을 20%까지 증가해서 건축할 수 있다는 조항이었다. 광장 대신에 아케이드(arcades)를 설치할 경우에는 약간 적은 보너스(bonus)를 받을 수 있다. 샌프란시스코 시는 1966년에 아케이드나 광장, 기타 쾌적성을 주는 시설의 설치에 대하여 보너스를 주는 지역제를 제정하였다.

(139페이지 참조).

개발업자가 어떤 바람직한 공간적 특성이나 쾌적성을 가진 시설을 제공할 때 보다 더 큰 건물을 짓도록 허용하는 것은 유용한 원리이며 지역상의 수법에 매우 귀중한 보탬이 되고 있다. 물론 이 수법이 유효하게 운용되기 위해서는 통상적인 지역제에 의하여 허용되는 건축의 한도가 시장 수요보다 적게 설정되어야 한다. 뉴욕 시 지역제법에서 장려 대책은, 건축 허용 규모를 어떤 경우에는 기존의 허용 한도보다 50%까지 삭감*하는 데 대한 그 일부를 보상하기 위하여 도입되었다. 이러한 지역제법의 개정안이 통과된 것은 거의 기적에 가까운 것이었고, 지역제상의 허용 밀도가 상당히 감소된 결과에 대하여 지방의 부동산업자들이 동의한 몇 안 되는 경우의 하나였다. 그것이 법으로 통과된 것은 그 자신이 부동산업자이며 당시에 뉴욕 시 도시 계획 위원회의 위원장이었던 고(故) 제임스 펠트(James Felt)의 지도력과 설득력에 힘입은 바 컸었다.

*(역자 註) 1961년 지역제법을 개정할 때 그 때까지 400%의 용적률이 허용되었던 토지가 용적률 200%까지 낮추어졌다.

광장에 대하여 보너스를 주는 지역제의 새로운 원칙은 개발업자들에게 예상했던 것보다도 훨씬 더 큰 호평을 받게 되었으나, 광장에 대한 보너스 제도의 시행은 스스로 몇 가지 설계상의 심각한 문제를 발생시켰다. 광장으로 인하여 도시에 오픈 스페이스가 생기기는 하지만 광장이 많아지자 현행 지역제의 몇 가지 결함, 특히 새로운 건물이 주위 환경으로부터 유리되어 버리는 경향이 급격히 심화되었다. 건축사선 후퇴(set-back), 광장(plazas), 공지율(open-space ratios) 등을 규정하는 어휘 뒤에는, 그 결과로 만들어지는 건물들은 어떤 형상을 띨 것이라는 특정한 가정이 숨어 있다. 불행하게도 이러한 의미를 내포하는 건축 기준은 1920년대에 르 코르비제(Le Corbusier)와 그 추종자들이 나름대로 해석한 혁신적인 건축 개념에 기초를 두고 있다. 그들이 생각하는 미래의 도시는 동일한 설계와 동일한 높이의 고층건물로 질서 있게 열지어 있는 공원과 같은 것인데, 그 견해는 지역제나 획지별로 서로 다른 크기의 건물을 세우기에는 적합하지 않은 듯 하다.

광장을 권장하는 지역제법은 사실상 오늘날의 도시에 1920년대의 근대주의의 단편적인 개념을 적용하도록 뒤늦게 강

르·코르비제의 매우 예언적인 그림. 1927년에 출판된 Towards a New Architecture의 영역(英譯) 초판에서 전사(轉寫).

요한 셈이 되었으며, 그 결과 도로에 면하도록 계획되었던 종래의 건물들이 부분적으로 울타리가 되어 만들어진 웅덩이와 같은 개개의 광장 공간 속에 고립되어 세워진 고층건물들이 출현하였다. 상가의 연속성은 끊어지게 되었고, 지형이나 일조 혹은 길 건너의 광장과도 아무 관련이 없는 오픈 스페이스가 무질서하게 생겨났다.

르 꼬르비제의 혁신적인 견해는 과거의 방해물을 완전히 쓸어 내버리고 그 위에 도시를 완전히 새로운 형태로 다시 세울 수 있다는 가정을 두고 출발한 것이다. 그러나 1961년의 뉴욕 시 지역제법이나 1966년의 샌프란시스코 시 지역제법으로 시작된 도시 개조의 과정이 시행되려면 40년 이상이 걸릴 것이다. 그 결과 뉴욕은 실제로 고층건물과 오픈 스페이스로 가득찬 도시가 되겠지만 도시의 구성 요소들은 어쩔 수 없이 무질서하고 우연히 생긴 것이 되어 버리고 말 것이다. 개개의 건물들이 아무리 잘 설계되었다 하더라도 도시 전체로서 볼 때는 결코 설계된 도시라고 할 수 없을 것이다.

뉴욕의 도시 요소 가운데 1961년 이전에 지어진 것은 어떤 설계 기준을 따르고 있다. 그것이 비록 대단치 않게 보일지도 모르나 도로를 따라 균일하게 정리된 처마선(cornice line)과 건물 전면은 도시에 어떤 일관성을 주고 있다. 종전의 지역제법은 음울한 중정과 광정(light well)을 만들어 냈으나 그 결함들은 신법에서 수정되었다. 그러나 1961년 이전의 지역제의 장점은 도로에 연속성을 부여해 준 것이었고, 그것은 그 법이 폐기된 후에야 비로소 새삼 인식하게 되었다.

광장(유럽 도시의 스퀘어(square)와 같이 실질적인 광장과는 다르다)은 1960년대 지역제법의 주된 장려적 규정이었기 때문에 도시 설계에 지나치게 중요한 역할을 하게 되었다. 결국, 지역제에 의하여 규정된 광장은 도시 경관에 쾌적성을 더해 준 장점도 있지만 북부 지방의 기후에서는 그 유용성에 한계가 있고, 일관된 오픈 스페이스 계획의 일부로서 고려되지 않을 경우에는 더욱 더 유용성이 제한된다.

고도로 복잡화되어 있는 도심부에서는 광장이 보행자 및 차량 교통 체계의 한 요소로 설계되어야 한다. 그 외에 필요한 요소로는 쇼핑 아케이드(shopping arcades), 지붕으로 덮여진 보행 공간(몇몇 교외 지역의 쇼핑센타에서 볼 수 있는 건물로 둘러싸여진 몰(enclosed mall)과 같은 것), 보행자와 차량의 동선을 분리해 주는 보행자 육교(elevated walkways)와 지하 보도(underground concourses), 그리고, 교통 체증을 해소해 주는 데 도움이 되는 노외 하역장(路外荷役場, off-street loading docks) 등이 있다.

지역제에 의하여 허용되는 활동의 성격도 역시 중요하다. 지역제는 전통적으로 토지 이용을 분명한 별개의 지역으로 분리시켜 왔다. 그러나 도심부에서는 여러 가지 활동이 혼합되어야 바람직하다. 그렇게 되면 사무직 근로자들이 물건을 사기도 하고 점심을 먹기도 하는 재미있는 장소라든지, 근방에 얼마간의 주택도 있어서 그 지역은 활기 없는 장소로 변해 버리지는 않을 것이다. 활동이 계속 유지됨으로써 도시는 보다 안전해질 뿐 아니라 필수적인 서비스(service), 유틸리티(utilities), 방화, 방범 등의 기능도 더욱 더 좋아질 것이다. 활동의 다양성도 역시 상호 보강 현상을 유발시킨다. 즉 도시 계획이나 부동산에 있어서는 둘에 둘을 더하면 다섯이나 여섯까지 되는 경우가 종종 있다.

1961년의 지역제법이 토지가 집약적으로 이용되고 있는 뉴욕 시의 중심 업무 지구를 통제하기에는 흡족할 만한 규칙이 되지 못하고 있다. 미국의 다른 도시에서도 그와 유사한 법은 비슷한 문제를 안고 있다. 새로운 건물들이 서로 햇빛과 대기를 방해하지 않도록 배치되어야 할 것은 물론이고, 건축적으로 기능적으로 상호 관계가 좋고 일관성있는 계획의 일부로서, 또한 모두가 새로운 건물로 이루워졌거나 혹은 새로운 건물과 오래된 건물이 혼합되어 있거나 관계없이, 양자는 모두 동등한 의미를 두고서 배치되어야 한다.

개개의 건물 단위에 기초를 두고 있는 장려적 지역제가 비교적 복잡하지 않고 집약적으로 개발되지 않는 지역에서는 효과적이지만, 도시의 복합 중심 지구에서 요구되는 기능의 상호 관계를 계획하기에는 충분하지 않다.

도시 설계 수단으로서 계획 단위 개발, 도시 재개발 규제, 장려적 지역제와 더불어 또 하나의 기법이 필요하게 되었다. 뉴욕 시에서 개발된 몇 가지 특별 지역제 지구(the special zoning districts)에서는 지역제뿐만 아니라 도시 재개발 행정을 개선하기 위하여 새로운 형태의 법적 규제를 사용하고 있다. 다음 장에서는 이 특별 지역제 지구를 주제로 다루고 있다.

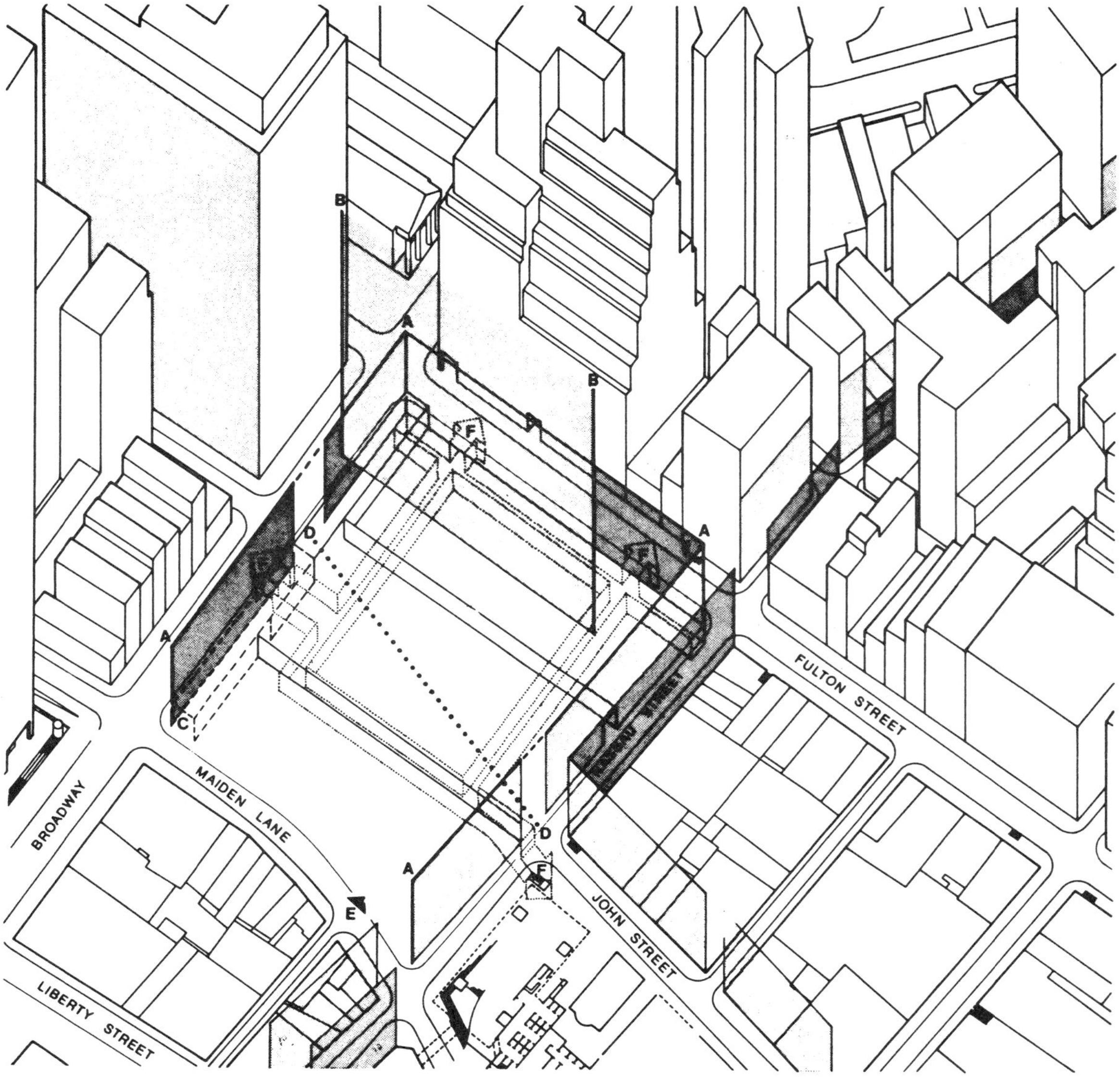

낫소-풀톤(Nassau-Fulton) 지구

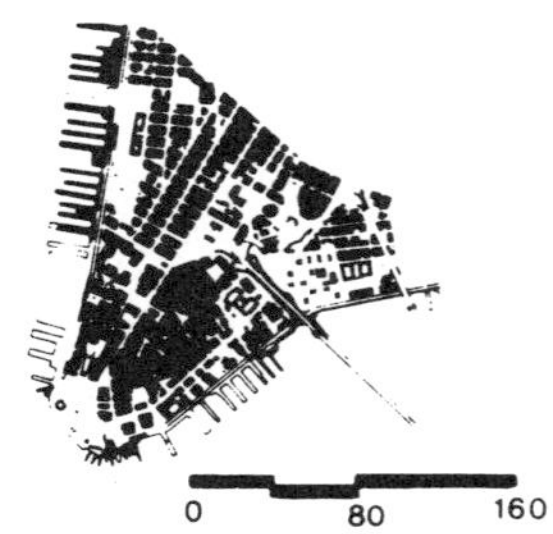

A : 대지 경계선에 맞추어 건축할 경우, 최고 건물 높이 85피트.

B : AT&T 건물의 남측면에 평행한 건축면.

C : 브로드웨이(Broadway) 연변의 아케이드(arcade)

D : 죤 가(John Street)와 데이 가(Dey Street)간의 통행로

E : 지하 주차장 및 하역장의 입구

F : 화살표(점선)는 보행로 레벨(concourse level)에서 주요 지하철 입구의 위치를 나타낸다.

6

뉴욕 시의 특별 지역제 지구의 발전

(The Evolution of New York City's Special Zoning Districts)

뉴욕 시가 지역제법을 적용하여 새로운 도시 설계 및 계획의 목표까지 조정할 수 있도록 지역제법의 적용 범위를 확대시킨 최초의 시도는 도시 중심지로서 전통적인 풍모를 담고 있는 만하탄 극장 지구(the Manhattan Theater District)에 대규모의 현대식 사무소 건물들이 침입해 들어오는 것에 대응하기 위한 것이었다. 나는 이 곳에 대한 경험을 "공공 정책으로서의 도시 설계"(Urban Design as Public Policy)라는 책에서 상세하게 설명하였으나, 여기에서는 그 줄거리의 기본적인 요소들에 관해서만 다시 설명하려고 한다.

극장 지구(The Theater Districts)

타임즈 스퀘어(Times Square)의 서편에 위치하고 있는 구(舊) 아스터(Aster) 호텔의 대지에 제안된 한 사무소 건물은 뉴욕 도시계획 위원회(New York City Planning Commission)가 당시 (1967년)에 새로 창립된 도시 설계진의 도움을 받아 극장 지구 전체에 대한 도시 설계와 개발 정책을 세우고자 했던 시험적 사례가 되었다.

아스터 호텔의 대지에는 기존의 극장이 전혀 없었음에도 불구하고, 도시 계획 위원회는 개발업자에게 본격적인 극장을 새로 지으라고 요구하였다. 당연한 권리(by right)* 로서 허용된 건물의 고층(tower) 부분의 바닥 면적은 대지 면적의 40%이었으나, 개발업자는 건물을 그보다 다소 크게 지을 수 있는 특별 허가를 얻어 내려고 하고 있었기 때문에 위원회는 흥정권을 쥐고 있는 셈이 되었다.

*(역자 註) 법이 정하는 요건을 충족하기만 하면, 관청의 재량에 좌우되는 허가 절차 없이 당연한 권리로서 건축할 수 있다는 뜻.

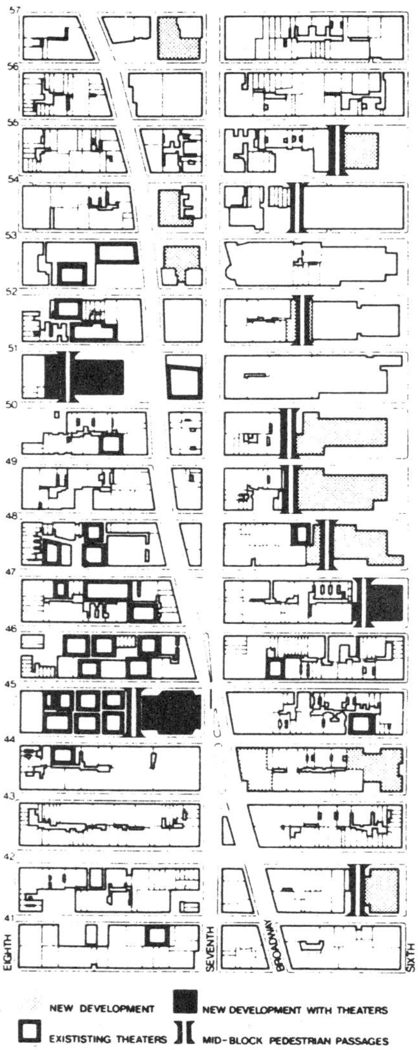

극장 지구의 지도 : 기존의 극장과 그 지구에 대한 장려적 지역제에 의하여 건축된 3동의 건물(4개의 극장을 포함)을 보여준다.

개발업자는 극장을 지으라는 제안이 어리석은 것이라면서 계획 위원회를 통하지 않고 시장인 린제이(Lindsay)를 직접 찾아 갔다. 그러나 린제이는 계획 위원회와 위원회 의장인 도날드 엘리옷트(Donald Elliott)의 입장을 두둔하였다. 할 수 없이 개발업자는, 만일 시에서 극장을 원한다면 당시의 지역제법이 허용하는 것보다 훨씬 더 큰 건물을 짓도록 허가해 달라고 제의하였다.

계획 위원회는 개발업자와 협상을 거친 후에 극장의 건축비용에 대한 보상으로서 고층 부분을 20% 더 크게 허가해 주는 것이 합당한다는 결정을 내렸다. 여기에서 말하는 비용이란 극장 수입으로 보상받을 수 없는 비용을 말한다.

계획 위원회의 법률 고문인 노만 마커스(Norman Marcus)는 개발업자에게 건물을 20% 더 크게 짓도록 허가해 줄 수 있는 한 방법으로 특별 지역제 지구를 제안하였다. 그리하여 특별 극장 지구법은 40번가에서 57번가 사이, 8번로에서 아메리카 로(the Avenue of the Americas) 사이의 지역에 적용되었다. 이 경계선 내에서 개발업자는 건물 바닥 면적을 20%까지 추가해 건축할 수 있는 특별 허가를 신청할 수 있었고, 그 대신 계획 위원회의 규정에 맞는 본격적인 극장을 건축해야 했다. 개발업자와 계획 위원회 간의 협상 문제는 건물 바닥 면적에 대한 보너스의 규모와 극장의 성격에 관한 것이었다.

극장 지구의 경험으로부터 얻은 하나의 교훈은 개발업자에게 이익을 주거나 최소한 이익도 손해도 없는 사업을 마련해 줄 수 있는 방법이 있다면 귀중한 도시 기능을 보존할 수 있고, 바람직한 쾌적성도 조성해 줄 수 있다는 것이었다.

또 하나의 교훈은 지역제가 문제의 해결책인 동시에 문제를 발생시키는 커다란 원인이 된다는 것이었다. 지역제의 개념에 내재되어 있는 토지 이용의 분리가 도시 주변부에서는 적합한 개념이지만 여러 가지 기능이 복합되어 있는 중심 업무 지구에서는 그처럼 적합한 개념은 아닐 것이다. 사실 여러분들은 도시 번화가에 화학 공장이 들어서는 것을 원치 않겠지만, 번화가의 다양성과 복합성을 증진시킨다는 점에는 찬성할 것이다.

지역제에 관한 모든 문제들이 그 당시 도시 계획국에서 일하고 있었던 도시설계가들에게는 뜻 밖의 일이었다. 우리는 극장 지구의 경험을 통하여 지역제가 도시 설계를 시행하는 기본적인 방법으로 이용될 수 있다는 사실을 알게 되었다.

극장 지구는 링컨 스퀘어(the Lincoln Square)특별 지구, 5번로(Fifth Avenue) 특별 지구. 그리니치가(Greenwich Street)특별 지구, 로어 만하탄(Lower Manhattan)특별 지구 등 가장 중요한 일련의 사례 중에서 최초의 특별 지역제 지구가 되었다.

극장 지구의 사례는 뉴욕 시의 부동산 개발업자들에게도 역시 예기치 못 한 것이었고, 개발업자들은 그 사례를 통하여 지역제법도 협상될 수 있음을 알게 되었다. 그 결과, 뉴욕의 부동산 사업의 운용 방법에는 새로운 내용이 추가되었다. 각각의 특별 지구 내에서 제안된 사업들을 심의하기 위해서는 특정한 지역에 대한 토지 이용 규제를 재검토할 필요가 생기게 되었고, 개발업자와의 협상은 새로운 규제에 대한 시험적 사례로 이용되었다. 그런데 그 취지는 더 이상의 새로운 규제들을 만들지 않고 그 자체만으로도 충분히 운용될 수 있는 하나의 개선된 규제를 만들어 의사 결정이 개별적이고 임기응변적으로 내려지는 일을 가능한 한 줄여 보고자 함이었다. 그러나 문제는 협상이 유익한 약이 될 수 있는 동시에 잘못하면 습관성이 되어 버린다는 점이었다.

특별 지구는 몇 가지 고질적인 문제들을 해결해 주었으나 그 해결 방법은 또 하나의 새로운 문제를 야기시켰다. 그것은 협상 증후군(the Nogotiation Syndrome)으로서 제7장에서 다시 논의하기로 하고 여기에서는 우선 가장 중요한 특별 지구의 발전 과정부터 살펴보기를 한다.

극장 지구에 대한 법안은 개발업자와 계획 위원회 간의 협상에 관한 내용의 골자를 설정해 놓았다. 극장 설계는 매우 복잡하고 변수가 많기 때문에 특별 지역제 지구법 이외에 다른 어떤 종류의 법률도 특정 지구에 맞게 입안하기는 어려웠을 것이다. 어쨌든 그 특별 허가 절차에는 결함이 있었는데, 그 결함이란 시 정부에 상당한 재량권이 부

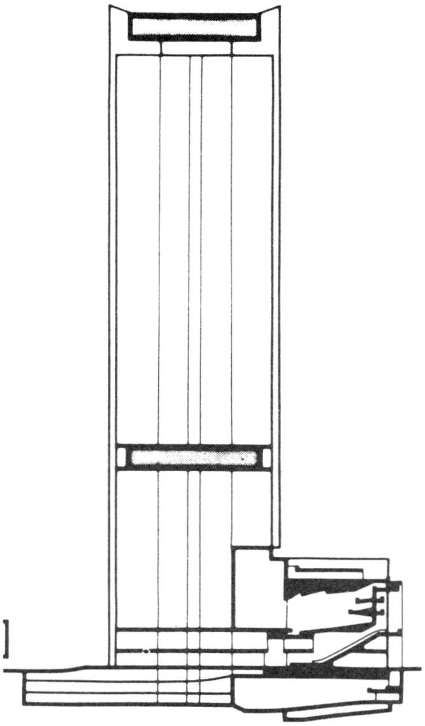

원 아스터 프라자(One Astor Plaza) 빌딩의 단면도 : 극장의 위치가 나타나 있고 로비 공간에서 타임즈 스퀘어(Times Square)를 내려다볼 수 있게 되어 있음을 알 수 있다.

타임즈 스퀘어(Times Square)쪽에서 원 아스터 프라자 빌딩을 찍은 사진 : 유리벽으로 된 로비의 외관을 보여 준다.
건축가 : 칸과 제이콥스(Kahn & Jacobs)
사업 설계자 : 데어 스컷트(Der Scutt)

링컨 스퀘어 특별 지구
(The Lincoln Square District)

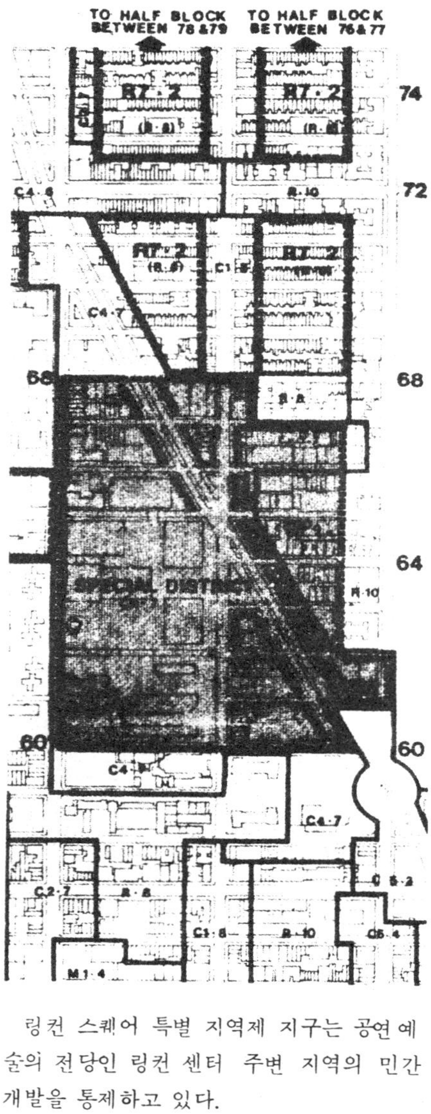

링컨 스퀘어 특별 지역제 지구는 공연 예술의 전당인 링컨 센터 주변 지역의 민간 개발을 통제하고 있다.

여되어 있었기 때문에 일반 시민들이 그 지구에서 무슨 사업이 진행되고 있는가를 확실히 알기 어렵게 되었다는 것이다. 개발업자의 관점에서 보아도 극장 하나하나에 대하여 별개의 법을 통과시켜야 한다는 것은 매우 귀찮은 일이고 그 과정도 불확실한 것이었다. 각각의 특별 허가 절차는 1976년에 채택된 시 헌장 아래서 초안된 것으로 ULURP로 잘 알려진 일률적인 토지 이용 심의절차(Uniform Land Use Review Procedure)를 따르고 있다. 이 절차에 의한다면 각각의 특별 허가는 해당 지역의 커뮤니티 계획 위원회(the Community Planning Board)의 심리와 추천을 받고, 다음에 도시 계획 위원회(the Planning Commission)와 예산 심의 위원회(the Board of Estimate)*[1)]에서 모두 통과되어야 한다. 따라서 이것은 공청회를 두 번 더 거쳐야 하며 개발업자가 허가될 건물의 규모를 알게 될 때까지는 수 개월이 걸린다는 것을 의미한다.

지역제를 시행하는 데에 있어서 사례별 의사 결정(case-by-case decisions)을 완전히 배제할 수는 없다. 그러나 극장 지구 규제법 이후에 입법된 뉴욕의 특별 지구들은 각각 전통적인 지역제와 똑 같은 방법으로 운용될 수 있는 복합적인 도시 설계 목표를 설정해 놓았기 때문에, 새로운 건물을 허가할 때마다 입법 과정을 다시 반복할 필요는 없게 되었다. 이같은 지역제 지구들이 중요한 의미를 갖게 된 것은 (설사 뉴욕의 도시 계획 위원회 자체는 그 의미의 중요성을 충분히 이해하지 못하고 있었다 할지라도) 도시 설계 목표를 지역제의 용어로 기록하는 방법을 채택하였기 때문이다.

링컨 스퀘어 특별 지역제 지구(the Lincoln Square Special Zoning District)는 극장 지구 규제에 이어 의회를 통과한 두 번째의 장려적 지역제 지구로서 모든 건축 계획이 확정되기에 앞서 해야 할 의무적 및 선택적 환경 개선 사업의 범위를 전문적인 용어로 규정한 최초의 지역제이다. 그 목적은 공연 예술의 전당인 링컨 센터*[2)]의 주변에 지어질 새로운 건물들을 규제하고자 함이었다. 링컨 센터를 이 곳에 건립하게 된 부차적인 목적 중의 하나는 민간 부동산 개발을 촉진하는 데 있었으나, 이 개발에 대한 마스터 플랜이 없었고 계획대로 진행되고 있는가를 점검할 아무런 수단도 없었다.

링컨 스퀘어 특별 지구에 제시된 규제 계획은 다음과 같은 것이다. 브로드웨이(Broadway)에 면한 건물의 저층부는 건축선(building line)까지 확장되어야 하는데, 이 "건축" 선("build-to" line)은 전통적인 지역제의 건축사선 후퇴(setback line)와 비슷한 것이다. 그리고 브로드웨이 연변을 따라 아케이드가 설치되어야 하며, 그 대신 약간의 바닥 면적을 더 허용해 주어 그것을 보상한다. 개발업자가 아케이드를 가진 건물을 짓고 싶다면 광장을 브로드웨이의 뒷길(mid-block)을 따라 설치해야 한다. 장려 규정은 주거 지역에서 허용하는 건물 바닥 면적의 최대치보다 20%를 더 허용하고 있으며 그 추가된 공간은 상업 용도로 사용되어야 한다.

링컨 스퀘어 지구의 규제 가운데 또 하나의 재미있는 조항은 브로드웨이에 면한 건물의 1층에 허가될 수 있는 상업 용도들을 상세하게 규정한 것인데, 이것은 1층 공간이 소규모 상점과 식당으로 쓰일 수 있도록 유도하고, 링컨 센터의 공연 시간인 야간에 문을 닫아 버리는 은행 등의 용도들이 1층의 많은 부분을 차지하지 않게 하기 위함이었다.

*[1] (역자 註) 시 재정의 예산을 심의할 뿐아니라 광범위한 최고 의결권을 갖고 있는 특이한 기관으로서 시 의회나 시장의 정치적 권한보다 막강한 존재. 그 구성은 시장, 감사관(Comptroller), 시 의회 의장 및 5명의 특별구청장(Borough President)의 합계 8명으로 되어 있음.

*[2] (역자 註) 브로드웨이 62번로에서 66번로 사이에 있는 오페라, 발레, 콘서트 등 모든 무대 예술의 중심지. 뉴욕 주립 극장, 메트로폴리탄가 극장, 아베리 핏샤홀(관현악홀), 비비안 바먼트 극장, 줄리아드 음악원 그리고 뉴욕 시립 도서관 분관의 6개 건물이 광장 주위에 들어서 있다. 1960년대 중반에 완성되었다.

5번로 특별 지구
(The Fifth Avenue District)

5번로 특별 지역제 지구(the Fifth Avenue Special Zoning District)는 개념적으로나 기술적으로나 링컨 스퀘어 지구보다 진보된 것임을 알 수 있다. 극장 지구에 대한 새로운 지역제와 같이 이 특별 지구의 기본 취지는 보존에 있었다. 이 곳에서 보호의 대상이 된 것은 바로 5번로 연변의 백화점과 기타 소매점들이었다.

5번로를 거니는 방문자들의 눈에는 견고한 석회암의 건물들이 아마 가장 영구불변한 것으로 보일지 모르겠지만, 부동산 개발업자에게는 그 관점이 매우 다르다. 개발업자가 현재의 지역제 지도를 머릿속에 그려본다면 5번로 연변의 많은 대지들이 쉽게 변경될 수 있음("soft")을 알게 될 것이다. 바꾸어 말해서, 지역제대로라면 그 대지에는 현재보다 훨씬 더 큰 건물들이 지어질 수 있다는 것이다. 5번로는 도심지 중에서도 가장 값비싼 땅이지만 사무소

이 지도들은 5번로 특별 지역제 지구의 일부 조항들을 설명해 주고 있다. "soft"로 표시된 건물들은 언젠가는 재개발될 것이라고 판정된 것들이다.

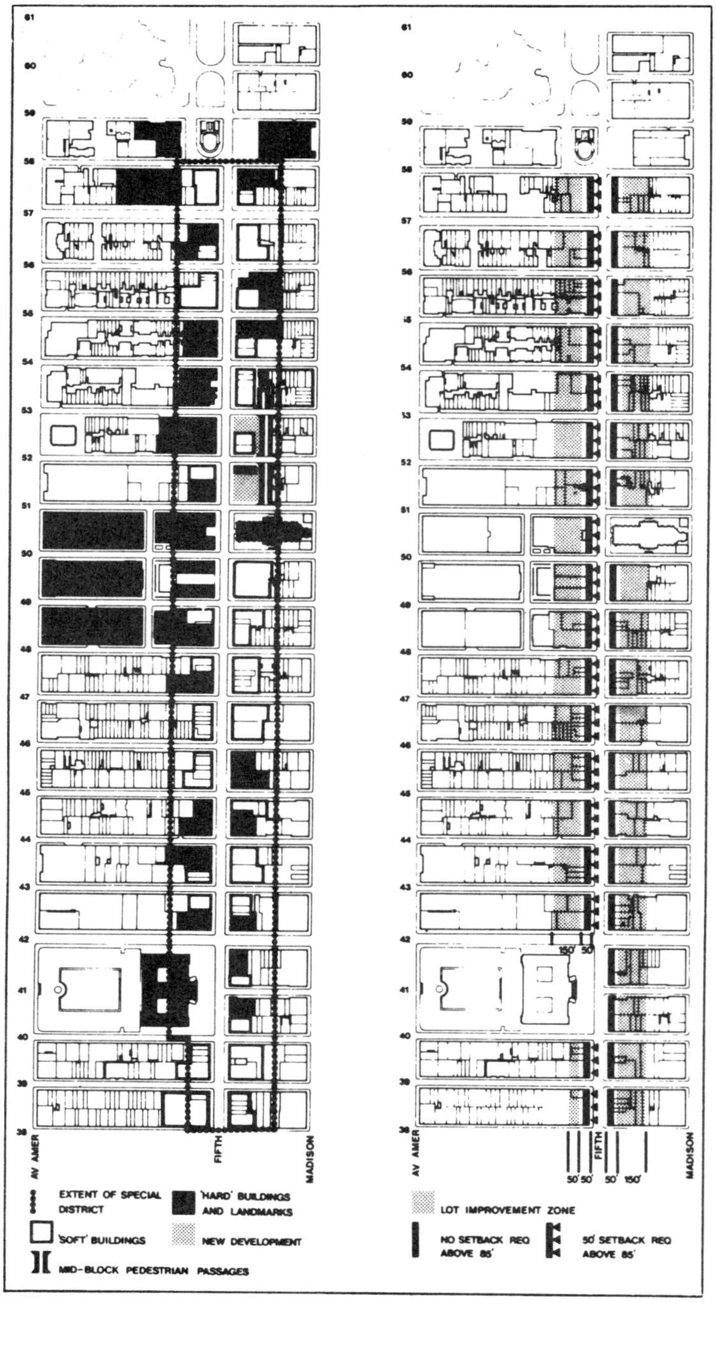

공간에 대한 수요가 증대하고 있어서 재개발을 한다 하더라도 수지타산이 맞게 되었다. 그러나 현재의 지역제 지도가 작성된 1961년에는 이러한 상황을 아무도 예상하지 못했다.

상점가는 상호 관계를 맺고 연결되어 있는 미묘한 조직으로 구성되어 있다. 그 조직을 한두 곳만 절단해도 상업지구 전체가 생명을 잃어 버리게 된다. 교외의 쇼핑 센터를 계획할 때 항상 대규모의 상점들 사이를 연결하는 통로에 작은 상점들을 배치하는 것은 바로 이러한 이유 때문이다. 이러한 원칙을 무시하고 계획한 쇼핑 센터는 보편적으로 실패하고 말았다. 사실은 하나의 쇼핑 센터 내에서도 연결의 매듭을 어떻게 배치하느냐에 따라서 성패가 좌우될 수 있다.

5번로와 같은 상점가에서, 상점의 배치는 진화적 과정을 거쳐 왔다. 즉, 몫이 좋지 않은 상점은 문을 닫거나 장소를 이전하여 결국은 현재와 같이 복합적인 상가가 되었는데, 그 이유는 그러한 형태에서 장사가 잘 되었기 때문이다. 만일 소매업과는 무관한 부동산상의 이유 때문에 광장이나 은행, 그리고 항공 회사 영업소가 가로의 중요한 부분들을 차지하게 된다면 나머지의 상점들은 대단히 좋지 않은 영향을 받게 될 것이다.

두 개의 백화점이 거의 같은 시기에 문을 닫고 부동산업자에게 매각하기로 결정되었다는 사실은 5번로 협의회(the Fifth Avenue Association)와 도시 계획 위원회(the Planning Commission)에 경각심을 불러 일으켰다. 이들 두 백화점 즉 베스트(Best) 백화점과 데피나(Depinna) 백화점은 미드타운에서도 심장부인 성 패트릭 성당(St. Patrick's Cathedral)과 록펠러 센터(Rockefeller Center)의 정북쪽에 위치하면서 5번로를 사이에 두고 서로 대각선으로 마주보고 있었다.

이렇게 중요한 두 지점에서 소매 용도가 사라져 버리는 것은 주변 지역에 매우 심각한 영향을 미치게 될 염려가 있었다. 그리하여 몇 달 간의 집중적인 연구 끝에 그 당시 시장의 직속 기관인 미드타운 계획 개발실(the Mayor's Office of Midtown Planning and Development)의 책임자로 있었던 재클린 로버트슨(Jaquelin Robertson)은, 5번로 특별 지역제 지구 법안을 수립하고 미드타운의 각종 이익 단체의 심의를 받기 위하여 법안을 공개하였다. 그리고 그 법안은 소정의 공청회 절차를 거치면서 압도적인 지지를 얻어 채택되고 법령화되었다. 이것은 도심지 사무소 지구의 단일 건물 내에서 주거, 사무소, 상점들이 복합적으로 공존하도록 장려하였던 미국 최초의 지역제법이 되었다. 그리고 그것은 토지 이용 정책에 있어서 중대한 혁신을 의미하며, 지금도 단일 용도로 하루에 8시간 밖에 사용되지 않는 번화가라는 고정 관념에 사로잡혀 있는 다른 도시들에 대하여 좋은 선례가 되고 있다.

5번로 특별 지구는 5번로 중에서도 38번가에서 57번가에 이르는 구간(區間)의 가로변을 포함하며, 가로 양측으로부터 200피트 깊이까지의 지대를 규제 범위로 하고 있다. 5번로에 면한 건물들의 1층 부분은 항공 회사 영업소와 은행을 제외하고 법에 지정된 소매 용도만이 들어올 수 있게 허용되어 있다. 윈도-쇼핑(window-shopping)의 연속성을 강화하기 위해서는 건물의 전면이 사무실 출입구로 단절되어서는 안 되고, 가로 양측의 건물들은 높이 85피트까지 건축선에 맞추어져야 한다. 5번로의 동측에서는 건물의 고층 부분이 건축선을 따라 계속 수직으로 올라가도 좋지만 — 이것은 5번로에 이미 형성되어 있는 기존의 "벽"(70페이지 참조)을 보존하기 위함이다.— 5번로의 서측에서는 고층 사무소 건물 간의 적절한 인동 간격을 확보하기 위하여 높이 85피트 이상 되는 건물들은 건축선으로부터 50피트를 후퇴시켜야 한다. 광장이 생길 경우에는 그것을 가로의 뒷편에 설치해야 하며, 개발업자로 하여금 광장(plazas) 대신에 지붕이 덮인 갤러리아(covered "galleria")를 설치하도록 권장한다. 그러면 사무소의 출입구와 임대료가 싼 소규모의 상점들은 이 갤러리아 내에 들어가게 될 것이다. 이들 규제의 대부분은 개발업자가 규정 조건만 충족시키면 당국의 재량에 무관하게 "당연한 권리로서" 건축이 허가될 수 있도록 규정되고 있다.

이 지구에 대한 보너스 규정은 복합 용도(mixed use)를 장려하고 있지만, 보너스로 받은 바닥 면적의 추가분은 링컨 스퀘어와는 반대로 사용하도록 되어 있다. 다시 말해서 개발업자가 이 지구에 대한 보너스 규정을 준수한다면 건물의 바닥 면적을 20%까지 더 얻어 낼 수 있지만, 이 추가된 공간은 사무실이 아니라 아파트 용도로 사용되어야 한다.

이 규정은 장려적 지역제가 적용되는 특별 지구에 대한 비판에 어느 정도 부응하는 것이었다. 그 비판이란 특별 지구로 인하여 쾌적성과 복합적인 토지 이용의 효과를 얻을 수 있다는 점도 소중하지만, 시 당국이 밀도를 높여야 한다는 대가를 치르면서까지 그러한 것들을 계속 추구할 만한 형편은 못 된다는 것이다.

주거 용도와 사무소 용도는 하루 중 도시 기반 시설을 사용하는 피크 타임이 서로 다르다는 점에서 대단히 상호 보완적인 관계에 있다. 동일한 지구에 사무소와 아파트를 혼합시켜 그 지구가 하루 종일 이용되게 한다면, 밤에 황폐해지는 사무소 지역이나 낮 동안에 텅 비게 되는 주거 지역보다 훨씬 안전하고 효율적인 도시 공간을 만들어 낼 수 있다. 상점과 식당은 말할 것도 없고 경찰서나 소방서도 하나의 시설로 양쪽(사무 용도와 주거 용도) 모두에 이용될 수 있으며, 거리가 하루 종일 활기에 넘쳐 있게 된다면 범죄 예방에도 상당한 효과를 기대할 수 있을 것이다.

5번로 특별 지구는 주요 노선 상가의 통일성을 보존하는 데에 도움을 줄 뿐만 아니라 매우 다양한 용도들을 이 지구에 도입하는 데에 이바지하고 있다. 또한 새로운 쇼핑 아케이드는 매우 다양한 상점들의 입주를 촉진하여 거리의 모습을 새롭게 바꾸어 놓고 있다. 오로지 사무소 건물과 주차장만으로 가득 차게 되는 것은 시민과 개발업자 모두에게 그다지 바람직한 일은 아니다. 다른 많은 곳과 마찬가지로, 뉴욕에서도 공공의 이익을 보호하는 데 목적을 둔 바로 이 지역제법이 업무 지구로부터 도시의 중요한 장점의 하나인 다양성과 생동력을 빼앗아 버리는 데에 한 몫을 하고 있다. 어쨌든 건물의 용적률에 혜택을 줌으로써 업무 지구가 24시간 동안 이용되게 하는 방법은 아직도 논의의 여지가 있다. 그것에 대해서는 제 7장에서 다루겠

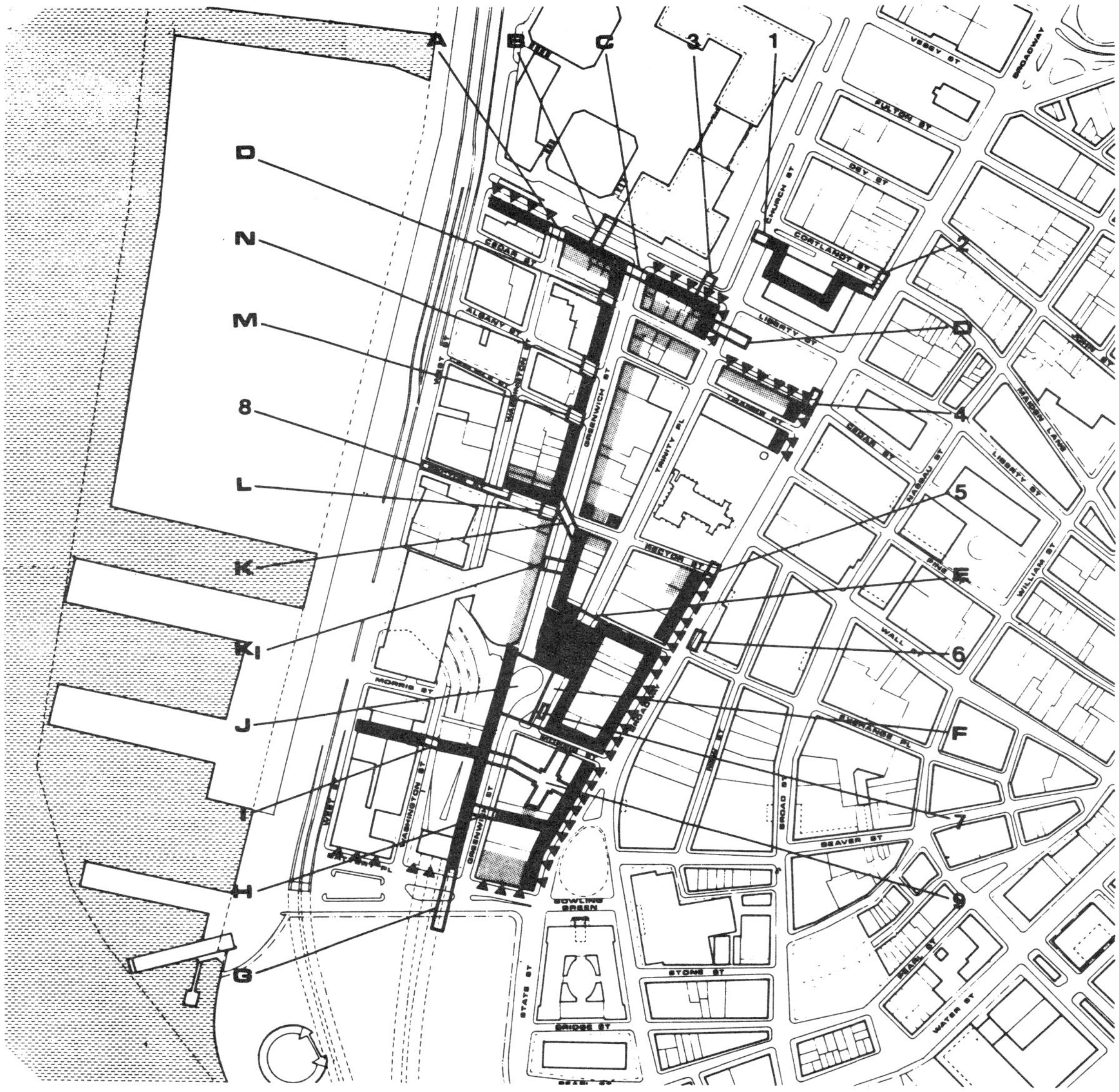

1-☐ ELECTIVE PEDESTRIAN CIRCULATION IMPROVEMENT

A-☐ MANDATORY PEDESTRIAN CIRCULATION IMPROVEMENT

■ MANDATORY LOT IMPROVEMENT

▼▼ BUILDING TO STREET LINE

PREFERRED LOT IMPROVEMENT

그리니치가 특별 지구의 지도. 미리 결정된 설계안에 따라 의무적 개선 사업과 선택적인 개선 사업을 표시하고 있다.

지만 뉴욕 시는 5번로 지구에서 주거 용도의 장려 규정을 철화하기로 결정하였는데, 그것은 미드타운에 새로 출현하는 거대한 건물들에 대한 일반적인 대응책의 일환이었다.

그리니치 가 특별 지구 (The Greenwich Street District)

그리니치 가 특별 지구(the Greenwich Street Special District)는 로어 만하탄(lower Manhattan)의 한 지구에 대한 재개발 사업(redevelopment)을 통제하기 위하여 지정되었다. 여러 가지 측면에서 그것은 도시 개조 계획(urban renewal plan) 만큼이나 야심적인 사업이었다. 그러나 그 계획은 지역제라는 매개체를 사용하지 않으면 시행할 수 없었고, 도시 개조(urban renewal)와는 달리 언제, 어느 부분을 재개발해야 할 것인가를 통제할 방법도 없었으며, 심지어 그 지역의 특정 부분이 재개발될 것인가 아닌가도 전혀 알 길이 없었던 것이다.

그리니치 가 지구의 도시설계가들은 그 당시 로어 만하탄 개발실(the Office of Lower Manhattan Development)의 책임자였던 리챠드 와인스타인(Richard Weinstein)의 지휘 아래서 일하고 있었는데, 그들은 이 지역에서 무엇이 가장 중요한 설계상의 문제인가를 결정해야만 했었다. 그 당시 개발실의 법률 고문이었던 에드가 람퍼트(Edgar Lampart)는 설계상의 요구 조건을 지역제의 용어로 바꾸어 놓았다.

설계상의 문제 중 가장 중요한 것은 그 지구를 왕래하는 사람들의 통행이라고 그들은 판단하였다. 왜냐하면 건물의 사용자들과 필요한 서비스로 인한 혼잡한 정도는 그 지구에 허용될 수 있는 건물들의 규모에 따라 달라질 것이기 때문이다.

지하철과의 접근성을 좋게 하고 도로 레벨에서 자동차와 사람의 통행을 원활하게 하는 가장 최선의 동선 패턴을 가진 교통 계획안이 작성되었다. 이 계획안은 상층 레벨에 보행자 전용의 상가(an upper-level pedestrian shopping concourse)를 계획하고, 건물 사이에 보행 육교를 놓아 북쪽으로는 세계 무역 센터(World Trade Center)의 광장 레벨까지 연결시키고 서쪽으로는 바테리 파크 시티(Battery Park City)의 광장 레벨까지 연결시켰는데, 바

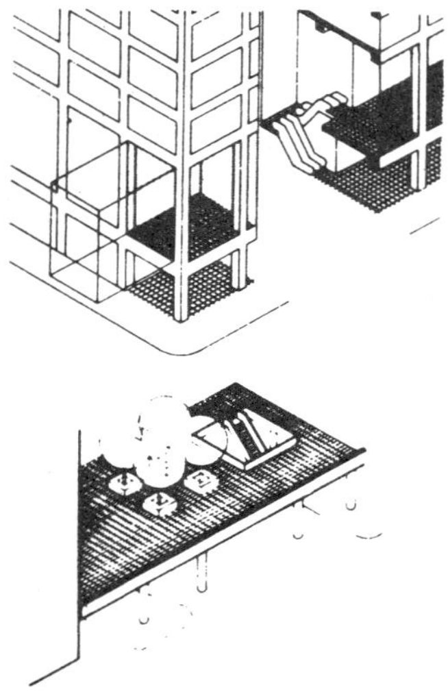

이 그림은 그리니치가 특별 지구에서 보너스 점수를 받을 수 있는 공식적인 환경 개선 사업의 내용을 예시한 것이다.

그리니치 가 특별 지구의 북단에 있는 핵심 부분이 세계 무역 센터와 어떤 관계에 있는지를 보여 준다.

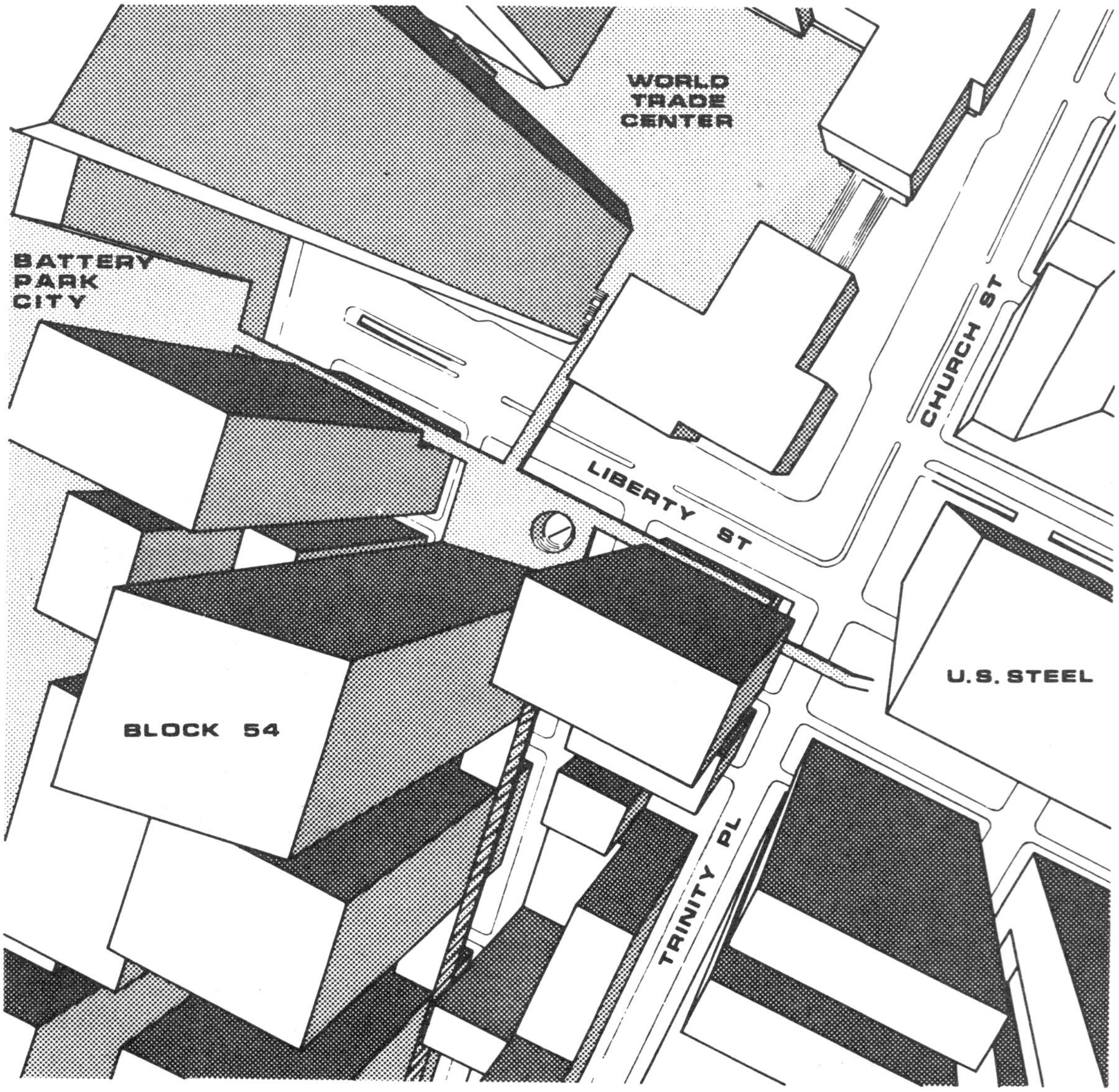

테리 파크 시티는 이 특별 지구에 바로 인접한 허드슨(Hudson)강 매립지 위에 이미 계획되고 있었던 대단위 주택 개발 단지였다.

전체 계획이 제대로 움직이려면 어떤 환경 개선 사업이 가장 필수적인 것이며, 개발업자들이 부가적 도시 요소를 설치한다고 나섰을 때 어떠한 것이 바람직한가를 결정하기 위하여, 그 계획은 가구(block) 하나하나마다 분리되어 연구되었다.

다음과 같은 환경 개선 사업들에 대해서는 각각 명확한 정의를 내렸다. 즉, 보행자 지하도(underground concourse)*[1], 아케이드(arcade)*[2], 갤러리아(galleria)*[3], 롯지아(loggia)*[4], 광장(plaza)*[5], 몇 가지 다른 형태의 보행 육교(pedestrian bridges)*[6] 등이 그것들이다. 이러한 항목들을 시설하려면 개발업자는 비용을 추가 부담하게 되지만, 1961년에 개정된 지역제법에서 신설되었던 광장에 대한 건물 바닥 면적의 보너스와 같은 원리로 개발업자는 이 항목들의 바닥 면적에 따라 보너스를 받게 되었다. 개발업자는 더 커진 건물로부터 얻은 더 많은 임대료로 환경 개선 사업에 들인 비용을 보충할 수 있었다. 어떤 경우에는 보너스가 건폐율로 주어지기도 하는데, 개발업자는 일반적인 허용 한도의 건폐율 40%보다 더 넓게 건물을 지을 수도 있다. 짧고 뚱뚱한 건물은 길고 날씬한 건물보다 건축 비용이 저렴하다. 이러한 특혜는 보너스와 같은 것이며 또 그렇게 취급되고 있다. 이 지구 내에서는 이미 건물의 위치와 상호 관계가 대부분 계획되어 있었기 때문에, 이렇게 용적 제한(bulk restriction)을 완화하여도 올바른 계획에는 어긋나지 않았다.

개발업자가 이를 따른다 하더라도 비용이 더 들지 않는 의무 규정이 몇 가지 있다. 그것은 건물선과 처마선을 맞춤으로써 가로 경관(streetscape)의 연속성을 유지하기 위한 규정들이다.

그리니치 가의 전체 계획을 법적인 용어로 바꾸기 위해서 설계자들은 무엇이 가장 중요한 목표인가를 정확하게 규정해야 했다. 모든 규정들은 도시 계획 위원회에 재량권을 주지 않고 규정 자체만으로도 스스로 운용될 수 있도록 기

(역자 註)

*[1] 지하철 역을 건물의 지하층이나 가로와 연결시키는 지하도 및 지하 공공 공간

*[2] 한 면이 가로 또는 광장(Plaza)에 개방되어 있고 천정이 있는 복도와 같은 공공 공간. 높이 3.6 m 이상, 전장 15 m 이상, 폭은 3.9 m라고 규정되어 있다.

*[3] 천개가 있고 2층 이상의 높이를 갖는 복도, 또는 가로와 같은 옥내 공공 공간, 이탈리아의 밀라노 시에 있는 갤러리아는 고전적인 좋은 예.

*[4] 아케이드와 같이 가로 또는 광장에 면하여 개방되어 있으나 2층 이상의 높은 곳에 있는 것을 가리킴. 폭 4.5m 이상, 천정고 6m 이상.

*[5] 언제나 공중에게 개방되어 있는 공공용지로서 인접한 가로면보다 1.5m 이상이거나 3.6 m 이하이어서는 아니되고 분수, 차양, 국기게양대를 제외하고는 아무 것도 하늘을 가리는 것이 있어서는 아니 된다고 규정되어 있음.

*[6] 외기에 노출되어 있는 것, 천정과 벽면이 있는 내부 공간인 것, 점포가 붙어 있는 것 등 각종의 보행 육교가 정의되어 있다.

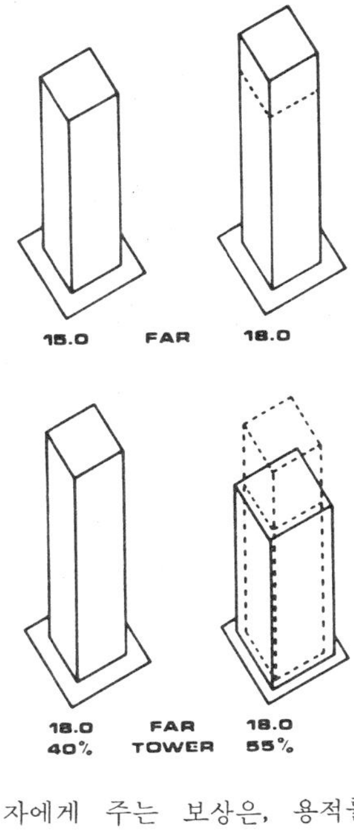

개발업자에게 주는 보상은, 용적률뿐만 아니라 건폐율을 증가시켜 주는 방법도 있다.

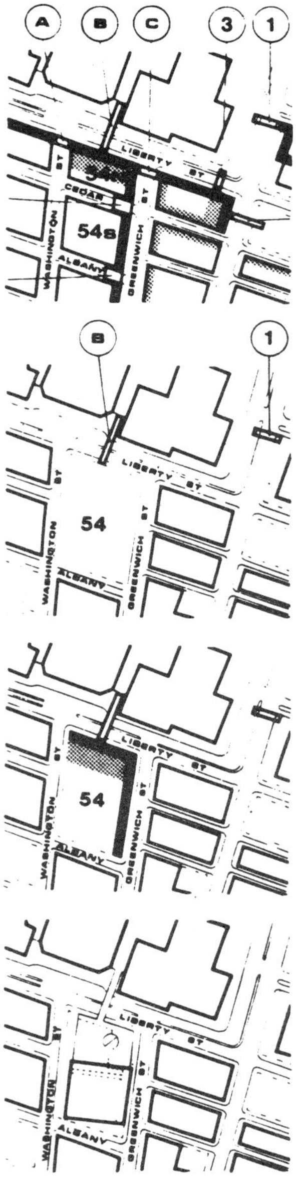

특정한 획지를 가진 개발업자는 지역제 지도에서 그 획지의 위치를 찾아보고 개발에 필요한 요구 조건이 무엇인가를 알아 볼 수 있다.

안되었다. 현재의 은행 신용 회사(Bankers Trust Company) 빌딩이 협상과 논란을 치른 시험적 사례가 되긴 했지만, 특별 지구의 기본 취지는 그러한 협상의 여지를 더 이상 남겨 두지 않고자 함이었다. 그렇게 한다면 부동산 소유자는 지역제의 법령집(zoning text)에서 자기의 획지를 찾아보기만 해도, 법규에 규정된 한도 내에서 건물의 규모를 최대로 늘리기 위해서는 어떤 환경 개선 사업이 필요하고 어떤 시설을 추가해야 하는가를 알 수 있을 것이다.

결국 그리니치 가 지역제의 법령집 내용은 길고 복잡한 것이 되었다. 특히 한 건물과 다른 건물을 연결시키는 환경 개선 사업에 관해서는 더욱 복잡하게 서술되어 있는데, 그 이유는 연결시킬 건물들 중에는 몇 년 안에 건설되지 않는 건물도 있을 수 있었기 때문이다.

어떤 경우에는 소유자가 자기의 재산과 직접적으로 아무런 관계가 없는 환경 개선 사업에 기부금을 내놓음으로써 보너스를 받을 수도 있다. 이 개선 사업이 바로 착수될 수 없는 경우에 개발업자는 조건부 기금(escrow fund)에 현금으로 기부하는데, 기부금의 액수는 60개 사무소 건물들의 가격을 평가하여 얻은 자료를 근거로 산정한다. 그리고 이 지표는 특별 지구 규제법에 정해져 있는 방식에 따라 매년 조정된다.

지역제의 법령집에는 건물의 바닥 면적에 대한 장려 및 규제 조항 외에도 토지 이용에 관한 규정이 담겨져 있어서, 소매 공간이 보행통로(concourse)를 따라서 다양하게 배치되도록 하고 있으며, 은행과 항공 회사 영업소와 같이 임대료는 높지만 따분한 용도가 소매 공간을 선점(先點)하지 못하도록 방지하고 있다.

그리니치 가 특별 지구 내의 한 건물을 설계하고 있었던 건축가 중의 한 사람이 전에는 고급 사무소 건물이면 공식처럼 되어 있었던 광장 안에 솟아오른 탑상 고층건물(tower)을 마음먹은 대로 설계할 수 없음을 알고 내심 놀라움을 금치 못했다. 그는 특히 그의 설계가 법에 위반되고 있음을 깨달았을 때 예술적인 권한이 법에 의하여 간섭받고 있음을 알고 기분이 몹시 언짢았지만, 그 법은 오직 계획 위원회와 예산 심의 위원회에 의해서만 개정될 수 있는 것이었다. 다시 말하면, 건축가 개인의 창조성이 지구 설계에 제한을 받고 있다는 것이다. 이 원칙에 관해서는 많은 논란이 거듭되었으나, 결국 미국 건축가 협회(AIA)의 뉴욕 지부가 링컨 스퀘어 특별 지구 법안의 통과를 지지한 때를 계기로 뉴욕의 건축가들은 이를 수락하게 되었다.

로어 만하탄 특별 지구 (The Lower Manhattan Districts)

지역제 법령집을 펴 놓고 규정대로 도시를 설계한다는 원칙을 로어 만하탄 주변부의 매립 지역에 확대 적용시킴으로써 그 곳은 모든 특별 지역제 지구 중에서 가장 복잡한 지구가 되었다. 이 지구는 만하탄 랜딩 및 바테리 파크 시티(the Manhattan Landing and Battery Park City) 특별 지구라고 명명되었으며, 역시 리챠드 와인스타인(Richard Weinstein)과 에드가 람퍼트(Edgar Lampert)의의 지휘 아래 작업이 진행되었다.

로어 만하탄 특별 지구는 원래 월레스·매카그 사무실(Wallace, McHarg Associates)과 컨크린 앤드 로썬트(Conklin & Rossant) 사무실이 공동으로 설계한 초기의 로어 만하탄 계획안과 관계가 있다. 그러나 로어 만하탄 계획안(The Lower Manhattan Plan)은 100페이지에서 볼 수 있는 바와 같이 그 단지 계획안을 전통적인 도면 기법으로 표현한 것이었고, 반면에 특별 지구는 그 곳에서 필수적인 설계 요소들을 찾아 내어 그것들을 법적 용어로 표현한 것이었다.

이들 설계 요소들은 다음과 같이 정의되었다.

설계의 연속성(design continuity)

시각적 통로(visual corridors)

시각적 투과성(visual permeability)

이러한 개념에 입각하여, 건물들의 설계를 하나하나 규제하지 않아도 새로운 개발 사업의 본질적인 측면을 통제할 수 있는 지역제의 법령집과 도해집이 창안되었다.

역사적으로 보면 로어 만하탄은 매립에 의하여 끊임없이 확장되어 왔고, 기존의 가로 패턴이 그 위에 그대로 연장되어 왔다. 그 결과 신개발 지역은 자동적으로 구개발 지역에 융합되어 버렸다.

원래 17세기에 간격이 정해졌던 가로 패턴을 가장 최

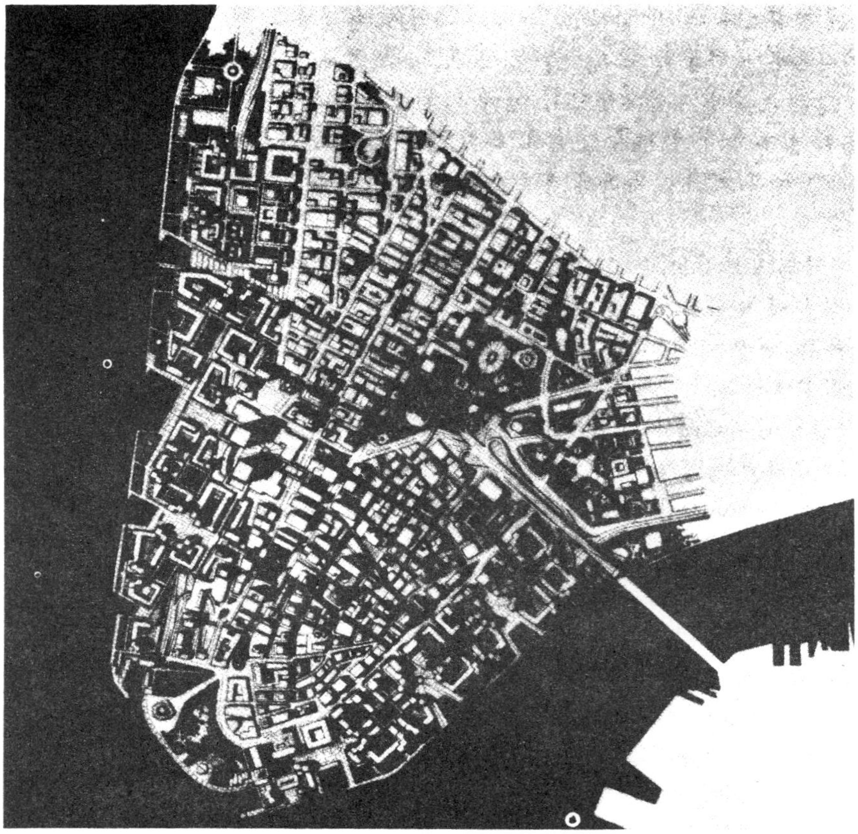

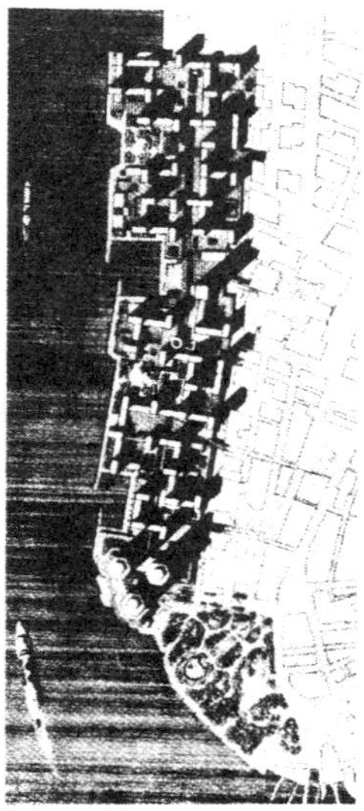

이 두 장의 도면은 전통적인 도면 기법으로 표현한 단지 계획안으로서, 시기는 알 수 없지만, 장래 개발 사업이 완결되었을 때의 모습을 보여 주고 있다.

상 : 월레스·매카그 사무실과 콘크린 앤드 로쎈트 사무실과 알란 엠 부어히즈(Alan M. Voorhees) 사무실이 공동으로 작성한 로어 만하탄 계획안.

우 : 위와 동일한 계획안 중에서 나중에 설계 변경된 바테리 파크 시티 지구. 해리슨 앤드 아브라모비츠(Harrison & Abramovitz), 콘크린 앤드 로쎈트, 필립 죤슨 앤드 죤 버기(Phillip Johnson & John Burgee) 사무실들의 건축가 팀에 의해서 작성되었다.

근의 매립 지역에까지 그대로 연장시킬 필요가 없다는 것은 명백한 일이었다. 그러나 과거의 패턴과 전혀 관계 없이 매립지에 건물을 세우게 하는 것도 역시 바람직한 일은 아니었다. 이러한 문제는 로어 만하탄의 둘레를 따라 이미 고가 고속 도로(elevated highway)가 설치되어 있었기 때문에 더욱 복잡해졌다. 그 고속 도로가 건설될 당시만 해도 그 부지는 하천변이었다. 로어 만하탄의 최초 계획안에서는 고속 도로가 지하로 재건설되도록 제안되어 있었다. 웨스트 웨이(Westway) 신개발 계획안에서는 고속 도로가 바테리 파크 시티 지구에서 지하화되어 있기는 하지만, 이스트(East) 강변 고속 도로가 몇 년 내로 재건설되지는 않을 것으로 보인다. 설계상의 연속성은 동부(the East Side)보다 서부(the Westway)가 좋은데, 그 이유는 동부에서는 고가 구조물(elevated structure)을 위와 아래로 연결해야 하는 복잡한 3차원적 문제가 있기 때문이다.

로어 만하탄 특별 지역제 지구법과 새로 개정된 바테리 파크 시티의 임대 규정은 도시 설계의 연속성을 유지하는 데에 중요하다고 생각되는 몇 개의 가로들을 선정하여, 신개발 계획을 할 때 그 가로 형태들을 감안하도록 요구하였다. 또 그 규제들은 앞으로도 오랫동안 존속될 것으로 보이는 몇몇 중요한 건물들에 의하여 형성된 기하학적 패턴을 설계에 고려하도록 요구하고 있다.

그 규제는 시각적 통로(visual corridor)를 설정하여, 시각을 방해하지 않도록 건축을 금지하여 비워 두어야 하는 지역을 규정하고 있을 뿐 아니라, 건물을 지을 때 맞추어야 하는 벽면선까지도 규정하고 있다. 더 나아가서 그 규제는 오픈 스페이스와 그 스페이스를 형성하는 건물의 벽면까지도 규정하고 있으며, 시민들이 수변(水邊)을 따라 자유롭게 거닐 수 있는 산책로도 역시 규정해 놓고 있다.

새로운 건물을 체험하는 데 있어서 가장 중요한 것은 그 건물을 향해 걸어오는 사람들이 받는 느낌일 수 있기 때문에, 이 규제에서는 이러한 체험에 입각하여 건물을 규제하려고 하였다. 예를 들면, 산책로의 일부라든가 드물기는 하지만 시각적 통로 위로도 건물이 가로질러 관통해 나

로어 만하탄 개발실에 의하여 작성된 로어 만하탄의 합성 지도. 이 지역이 계속적인 매립에 의하여 어떻게 확장되었는가를 보여 주고 있다.

갈 수 있는데, 다만 관통하는 건물은 1층이 개방되어 있다든지 시각적으로 투과될 수 있는 것이어야 한다.

이러한 유(類)의 계획은 그 특성을 102~105페이지의 그림들에서 좀 더 자세하게 살펴볼 수 있다. 그림에서 보여주듯이 이 매립지에 대한 설계 정책은 그리니치 가(街) 지구와 기타 내륙 지역의 설계 개념과 연관되어 있으며,

로어 만하탄의 종합 기본 계획안(comprehensive plan)은 이들을 집대성한 것이었다.

시정부는 공공성을 띈 요소들만을 규정짓고, 나머지는 모두 개발업자에게 맡겨 명확히 규정된 규제의 범위 내라면 마음대로 행위할 수 있게 하려고 하였다.

이 계획 요소들은 기능적으로나 시각적으로나 로어 만

로어 만하탄의 건물 매스 현황 104 페이지의 그림과 동일한 지역의 일련의 도면이다.

일련의 지도 중 이 그림은 기존의 건물 및 제안된 건물들과 기존의 가로를 연장하는 시각적 통로의 위치를 보여 준다. 이러한 시각적 통로가 유지되려면 지정된 지역 내에서만 건물을 신축한 수 있도록 한정해야 한다. 이러한 원칙이 100페이지의 도해적인 단지 계획안의 내용 속에도 포함되어 있지만, 여기에서는 건축적인 도해기법을 사용하지 않고 그 원칙만을 간결하게 표현하고 있다.

하탄의 기존 조직에 결합되어 있기 때문에, 몇 개의 거대한 요소들을 이 지구에 새로 도입하는 것은 로어 만하탄 지구 전체를 독특하고 통일성 있게 설계해 나가는 데에 도움을 줄 것이다.

동시에 설계 규제는 그 성격상 추가된 사항이 있을 때마다 그에 대처하여 설계해 나갈 수 있도록 되어 있다. 즉, 그것은 시간이 지남에 따라 여러 가지 형태의 건물이 생

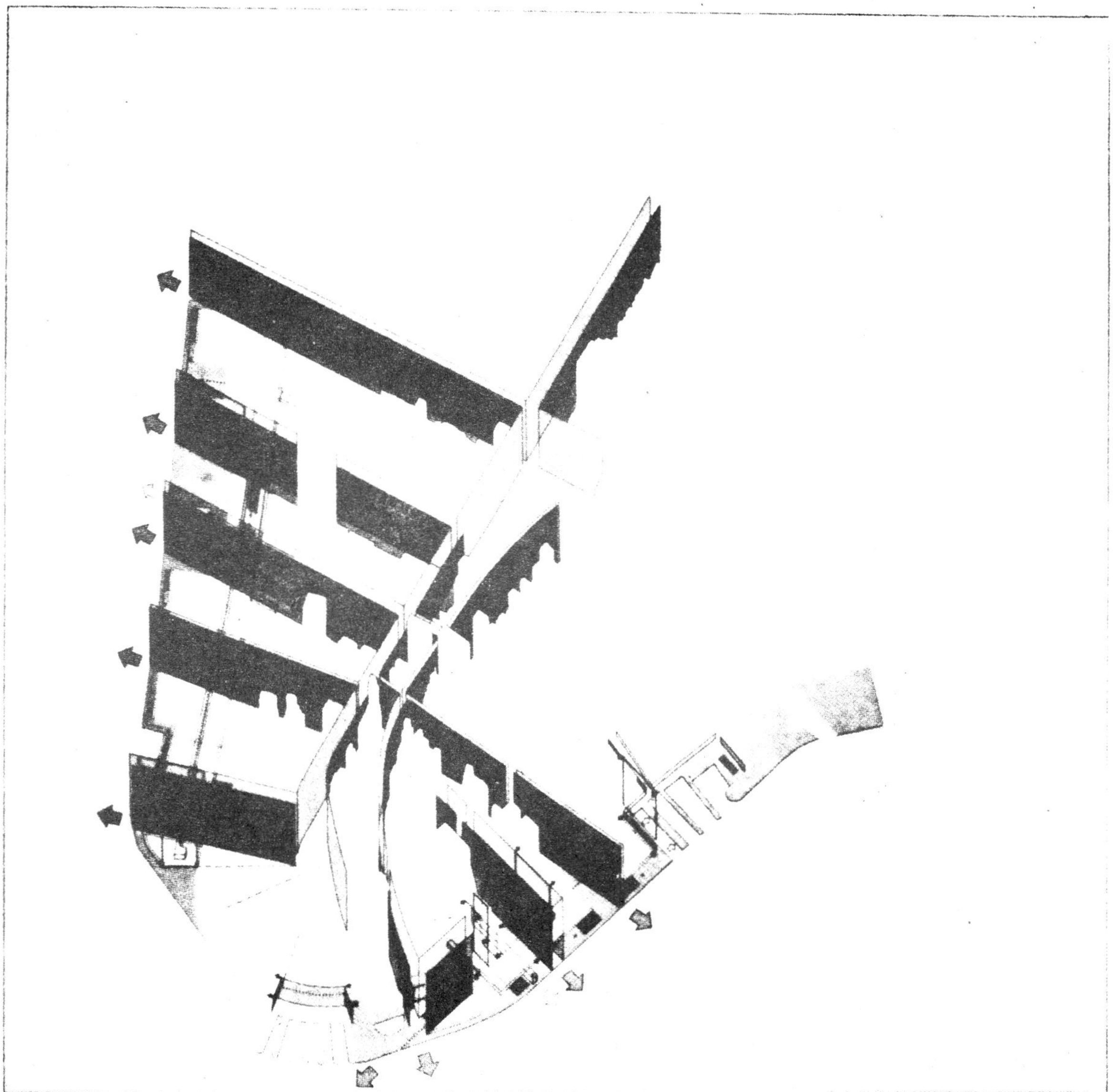

기더라도 충분히 수용할 수 있는 탄력성을 가지고 있다.

극장 지구 이후 링컨 스퀘어, 5번로, 그리니치 가, 로어 만하탄 특별 지구 등은 점차 정교해져 왔던 도시 설계 규제들의 발전 과정이며, 대단위 계획 및 설계의 기본적인 문제들을 해결하는 데에 이바지하고 있다. 건물을 설계하지 않고 어떻게 도시를 설계할 것인가?

로어 만하탄 주변 지역에서 채택된 지역제 지구는 시각적 통로를 지정하여, 그 통로 지역에 대해서는 건축선("build-to" line)을 적용하여 시각적으로 개방시켜 놓거나 건물의 신축을 제한하고 있다.

앞 그림에서 정해진 지역제의 규제가 여기에서는 기존 건물의 매스와 중첩되어 보여진다.

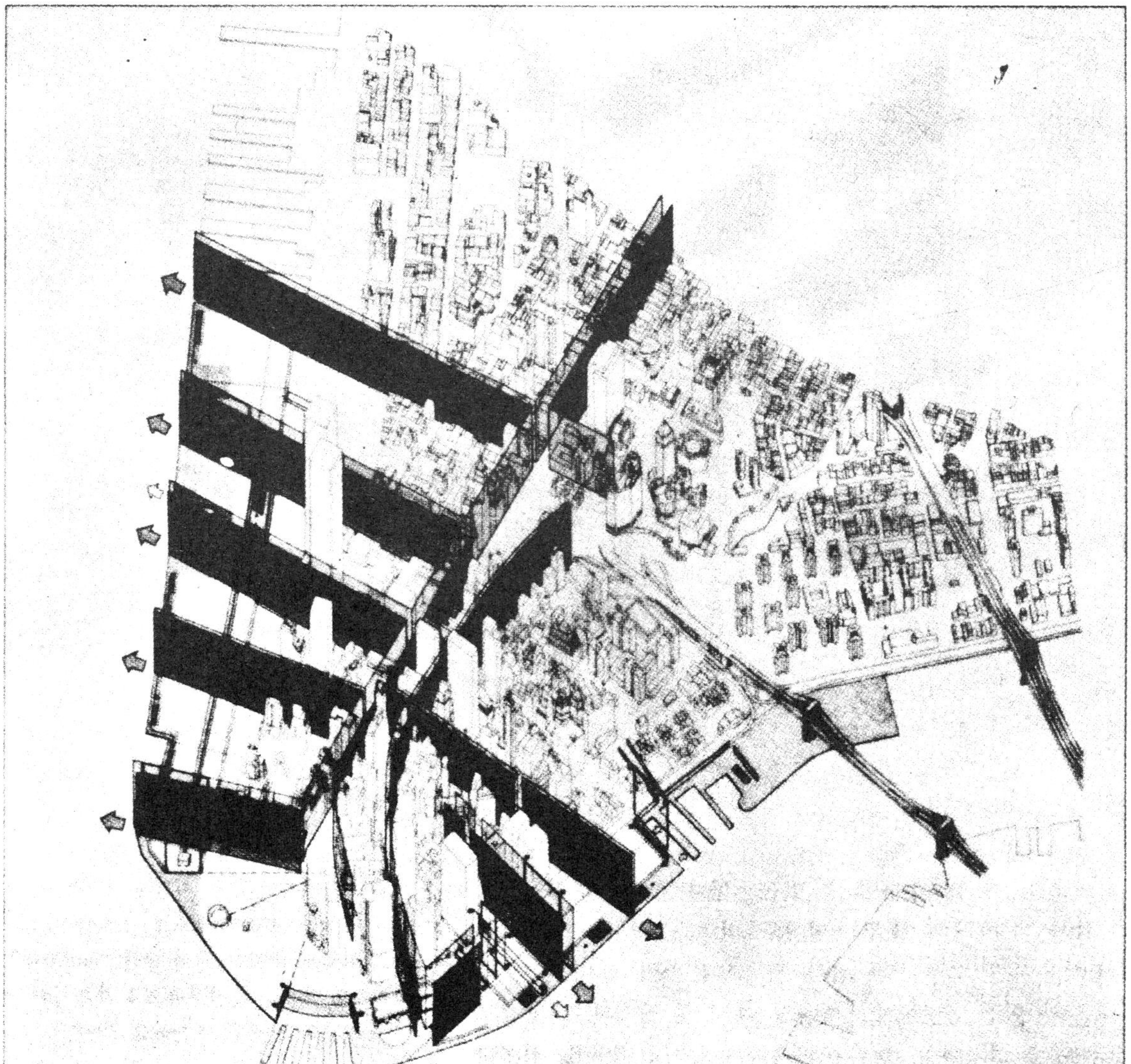

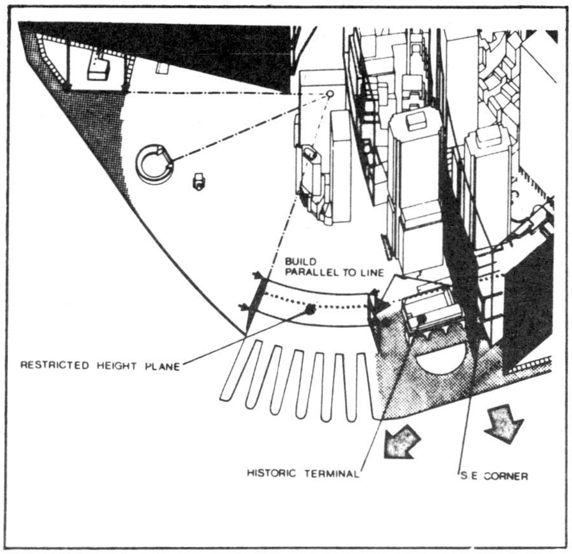

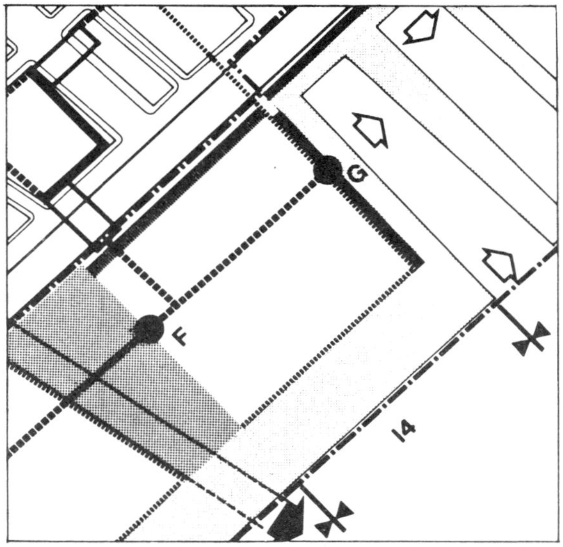

로어 만하탄 특별 지구의 비교적 상세한 도해. 건축은 개발업자와 건축가에게 맡기는 대신, 공공 이익에 관계되는 중요한 사항을 법적인 규제를 사용하여 어떻게 제한하고 있는가를 보여 준다.

일반적으로 지금까지의 마스터 플랜은 지나치게 명확한 것이었거나, 그렇지 않으면 지나치게 포괄적인 것이었다. 전형적인 도시 재개발 계획은 단순히 재개발 지역을 여러 부분으로 나누어 각 부분마다 토지 이용을 지정해 놓은 지도에 불과하다. 따라서 각 부분을 담당하는 시행자와 건축가는 있지만, 지구 전체를 통괄적으로 설계하는 사람은 없다.

그 반면에 매우 명확한 건축 모형이 만들어져서 모든 건물들이 각기 신중하게 배치되고 모든 나무들과 도로들과 상당히 주의를 기울여 섬세하게 만들어지는 경우도 있다. 이와 같은 모형은 모든 건물들이 설계되었다는 인상을 줄지도 모르겠지만, 사실 설계된 것은 아무 것도 없다. 이 시점(時點)에서도 시행자나 건축가조차 선정되어 있지 않는 경우가 많다. 재개발 계획이 수립되고 설계 규제가 이 모형을 기초로 하여 작성된다면 십중 팔구는 그 규제가 나중에 사례별(case by-case)로 수정되어야 할 것이다. 결과적으로 이러한 계획은 무계획의 경우보다 더 나쁠 수 있는 일련의 협상으로 치닫게 될 것이다.

마스터 플랜 단계에서 모든 건물들을 설계하려는 것은 비효과적일 뿐 아니라, 불필요한 수고를 사서 하는 방법이다. 계획가는 찰스 램(Charles Lamb)의 소설에 나오는 사우드 스트리트 시-포트 사적 지구 (Historic South Street Seaport) 에서의 개발 규제

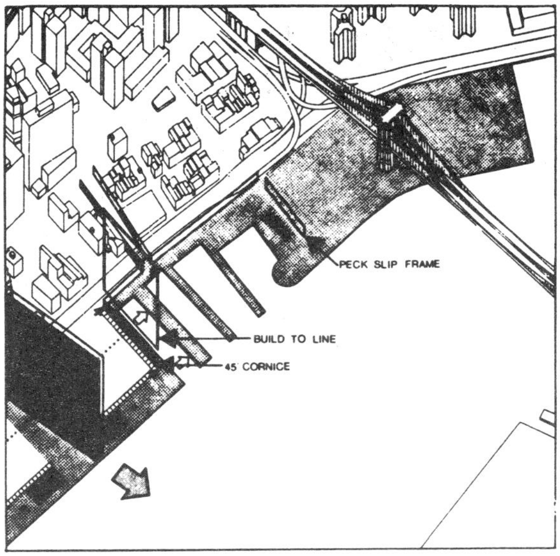

농부의 경우에 비유할 수 있다. 그 소설에서 한 농부가 화재를 당해 집과 기르던 돼지를 불에 잃었는데, 그 때 그는 이웃 사람들에게 불에 그을린 돼지고기를 맛보게 하였다. 그 후로 마을에 잔치만 벌어지면, 이웃 사람들은 농부에게 집에 돼지를 집어 넣고 불을 지르라고 졸랐다는 것이다.

건물을 설계하지 않고 어떻게 도시를 설계할 것인가 라는 질문에 대한 답변

특별 지역제 지구, 특히 로어 만하탄과 같이 매우 복합적인 지구의 규제는 집을 태우지 않고 돼지를 굽는 방법이라고 생각된다. 만약 전체 설계에 있어서 무엇이 가장 중요하고 무엇이 가장 결정적인 것인가를 정확하게 이해하며 이같은 중요한 사항들이 실제로 어떠한 과정을 거쳐 시행되는가를 이해할 수 있다면, 전반적인 설계의 개념이 어떻게 적용되어 갈 것인가를 확인해 보기 위하여 건물을 하나 하나 상세하게 설계할 필요는 없다.

이론상으로는 그렇다 하지만 실제로는 어떠한가? 특별 지역제 지구를 평가하기 위해서는 협상 중독증(negotiation addiction)을 이해하고, 일반적으로 개발업자를 협상 테이블로 끌어들여 가끔은 바닥 면적을 올려 주는 것 이상의 결과를 가져다 주는 고층건물 규제의 중요성을 이해하는 것이 필요하다. 이와 같은 평가는 다음 장의 주제가 된다.

7

특별 지역제 지구에 대신하는 종합적인 정책

(Comprehensive Policies to Replace Special Zoning Districts)

한 문장의 지역제법
(One-Sentence Zoning Resolution)

1970 년대의 10 년 동안 뉴욕 시에서 특별 지역제 지구로 정해진 일부 지역들의 도시 설계 메카니즘은 어느 정도 성공적인 것으로 밝혀졌다. 그러나 뉴욕 시는 새로운 지역제 규정을 만들기에 몰두하게 되었는데, 그 규정들은 거의 다 "계획 위원회가 적합하다고 간주하면 수시로 개발을 허가한다."라는 지역제법의 한 문장에 촛점을 둔 것이었다.

페니실린 효과
(The Penicillin Effect)

특별 지역제 지구에 나타나는 상황이 조금은 페니실린 효과와 비슷하다. 페니실린은 처음 소개되었을 때 "기적의 묘약"이라는 명성을 얻었고 적합하지 않은 증세에도 그 약이 처방된 일이 많았다. 따라서 페니실린이 가끔은 효험을 주지 못했음은 물론 부작용을 일으킨 경우도 있었으므로, 사람들은 점차 그것에 대하여 환멸을 느끼게 되었다. 아직도 페니실린이 항생제로 계속 유용하게 사용되고 있기는 하지만, 기적이라는 명성은 그 빛을 잃어 버리고 말았다.

특별 지역제 지구법과 기타 혁신적인 지역제법을 인식하는 데 있어서도 이와 같은 현상이 일어나고 있는 듯하다. 1968 년 극장 지구(Theater District) 특별 지역제법이 제정된 이래, 뉴욕 시는 30 개 이상의 특별 지역제 지구법을 제정하였다. 브루클린 하이츠(Brooklyn Heights) 고도 제한 지구(역사적 주택 지구)와 같은 일부 특별 지구는 논쟁의 여지도 없었고 합리적인 것이었지만, 나머지 특별 지구는 비교적 설득력이 없었다. 특별 지구제 지구의 목표는 언제나 칭찬을 받을 만큼 훌륭한 것이었지만, 그렇다고 해서 그것이 모든 경우에 올바른 처방이 될 수는 없었을 것이다.

제 6 장에서 설명한 특별 도시 설계 지구는 각각 특정의 개발업자나 개발업자 집단과의 협상을 통하여 설계가 이루어졌다.

그러나 그 상황은 모범적(prototypical)일 것이라고 가정했을 따름이다. 즉, 사업가 한 사람의 관심은 동일한 지구에 건물을 짓고자 하는 다른 사업가들의 관심과 비슷할 것이며, 한 사람에게 타당한 사업은 다른 모든 사람들에게도 실행 가능한 것이다. 불행하게도 협상은 그 자체만으로도 매력을 가지고 있다.

만일 개발업자가 어떤 수준의 개발을 예상하여 책정한 가격으로 한 필지의 토지를 살 수 있고, 협상을 통하여 법이 허용하는 한계보다 더 규모가 크고 가치가 있는 형태로 개발하기 위하여 지역제의 제한을 변경시킬 수 있다면, 그는 틀림없이 그 사업에 뛰어들고자 할 것이다. 물론 토지 가격을 변경시키는 일은 부동산 사업으로 돈을 버는 관례적인 방법이다. 어쨌든 극장 지구는 협상이라는 새로운 형태의 전례를 만들어 놓았다.

협상 증후군
(The Negotiation Syndrome)

개발업자들은 협상을 좋아한다. 왜냐하면 개발업자들에게는 그것이 돈을 버는 방법일 뿐 아니라, 무엇보다도 협상의 과정에는 부동산 개발에 뛰어든 사람들의 기질에 어딘가 매력을 풍겨 주는 점이 있기 때문이다. 개발업자는 표면상으로 "당국은 법이 무엇인가를 알려 주기만 하고 우리들 마음대로 할 수 있게 내버려 두어라"라고 말하고 있다. 특별 지역제 지구는 협상 없이 "원칙대로" 처리하는 과거의 어떤 지역제보다도 복잡하게 되어 있다. 그러나 이해 관계가 충분히 크다면 개발업자들은 눈에 보이는 막대한 이권을 쉽게 포기하지 않고 보다 이로운 거래를 위하여 흥정하려는 쪽으로 기울어질 것이다.

도시계획가들도 역시 협상을 좋아한다. 특별 도시 설계 지구(special urban design districts)는 전체 지역제법이 계속적으로 변화하는 일련의 맥락 속에서 발전하였다. 1971년 내가 뉴욕 시 정부를 떠났을 당시, 계획 위원회는 아직도 지역제법 개정의, 말하자면 고전적 단계에 머물러 있었다. 이 단계에 이어 매너리스트 단계(mannerist phase)가 있고 그 다음에는 정교한 바로크 시대에 접어 들게 된다.(역사가들이 그렇게 부르고 있다.) 1977년 도시계획국의 직원들이 연구를 중단하고, 1961년 종합적인 지역제법의 수정안이 채택된 이래 지역제법의 조항 중 개정된 조항의 수를 세어 보았다. 그 결과 조항의 총수가 937에서 2,131로 불어났고, 현재의 총 항목 중 27%만이 1961년 상태로 변경되지 않았다는 것이 밝혀졌다. 추가된 조항의 16%마저도 그것이 채택된 후 개정되었다. 법조문의 변경말고도 같은 기간에 지역제 지도가 변경된 것은 약 1,200 개소에 달하였다.

뉴욕은 대도시이다. 그러므로 토지 이용 규제가 변경되지 않을 것이라고는 아무도 믿지 않는다. 그럼에도 불구하고 뉴욕 시는 융통성에 관한 상당한 기록을 수집해 놓았다. 뉴욕 시의 지역제법에 신설된 많은 조항에서 가치있고 혁신적인 사실을 찾아볼 수 있는데, 이것은 도시 설계의 실무에서 중요한 의미를 가지고 있기 때문에 이 책에서도 언급한 바 있다. 몇몇 특별 지역제 지구 외에도 243-244 페이지에서 설명하는 주택의 질에 관한 규제(the housing quality regulation)와 193 페이지에서 설명하는 광장 개선 규제(the improved plaza regulation)가 있다.

지역제의 변경 중, 소위 협상 증후군(negotiation syndrome)에 의하여 초래된 또 하나의 큰 영역이 있다. 이 변경은 표면상으로는 지역 전체에 적용되고 있는 것처럼 보이나, 실은 일단의 한정된 상황에만 적용시키기 위하여 조심스럽게 입안되었고, 의회를 통과하여 하나의 특정한 건물의 건축을 허가해 준 것이었다.

이러한 분위기에서는 개발업자와 특별 지역제 지구의 기본적인 요구 조건마저도 협상하려고 하는 것이 결코 놀라운 일은 아니다. 왜냐하면, 아이러니컬하게도 특별 지역제 지구는 정부가 의사 결정을 내릴 때 법 조항을 "원칙대로" 시행하려는 데에서 발생할 수 있는 건축 허가의 지연으로부터 개발업자를 보호하기 위하여 마련된 것이기 때문이다. 우리는 1979년의 개발 사업 중에서 괄목할 만한 협상 증후군의 사례를 경험하게 되었는데, 그 해에 뉴욕 도시 계획 위원회는 5번로 특별 지구의 한 건물 소유주가 지붕이 덮인 공공 보행 공간(the covered pedestrian public space)을 백화점으로 임대할 수 있도록 허가해 주는 지역제의 수정안을 만들기 위하여 새로운 법적 용어를 마련하고 공청회를 가졌다.

그 건물은 내부에 공공 공간을 마련한 대가로 바닥 면적을 20% 추가하는 보너스로 받아서 이미 완공되어 있었으며, 도시 계획 위원회 자체도 건물 소유주가 이 공공 공간을 수익성 높은 용도로 변경하여 임대할 수 있도록 고려해 보리라는 의사를 비쳤었다. 만일 그 건물의 주(主) 임대자가 격렬하게 반대하지만 않았어도 위원회는 그 수정안을 그대로 밀고 나갔었을 것이다.

그와 동시에 짚고 넘어가야 할 또 하나의 문제는, 광장에 대한 보너스로 법규보다 더 큰 건물을 허가받아 건물이 이미 완공되어 있는 상황에서 위원회가 다시 개발업자로 하여금 그 광장에 백화점 건물을 짓도록 허가하려고 했던 일이다. 아마 위원회도 이러한 행위가 지역제로 생겨난 도시 내의 모든 광장 위에 새로운 구조물을 지을 수 있는 길을 터 놓는 결과가 될지도 모른다는 사실을 알고 있었을 것이다. 여하튼 그 수정안은 공청회의 반발로 철회되었다.

그렇다면, 이러한 계속적인 협상과 개정의 분위기가 뉴욕 도시 계획 위원회로 하여금 지역제의 기본 원칙까지도 망각하게 만들었단 말인가? 이 문제를 해명하기 위하여 우리는 트로이 목마식 논법(Trojan Horse Corollary)을 검토해 볼 필요가 있다.

건물 소유주의 고문 변호사들이 지붕 덮인 보행 공간을 백화점으로 전용(轉用)하려고 협상을 시작했을 때 그들의 주장이 지역제에 근거한 것은 아니었다. 사실 그들은 다음과 같은 논리를 펴고 있었다. 즉 "아무도 원치 않는 쓸모 없는 공공 공간과, 소매 지구의 활력을 강화해 주고 시재정에 세입을 증대시켜 주는 활기 있는 백화점 중에서, 여러분은 어느 것을 선택할 것인가?" 광장에 백화점을 지어야 한다는 그들의 주장은 "법이 강요하는 이 위험한 오픈 스페이스(그 안의 모든 나무 뒤에는 사악한 범죄가 도

사리고 있다.) 대신에, 여러분은 거리의 편익과 안전을 보장해 주고 활기 있는 근린 상가를 지을 수 있다."라고 계속된다. 게다가 개발업자도 가까운 도시 공원에 현금을 기부할 용의가 있다고 말하면서 "여러분은 공원뿐 아니라 상가도 함께 얻을 수 있다."라고 제의하였다. 커뮤니티 계획 위원회(The Community Planning Board)와 도시 계획국의 실무진들은 이와 같은 주장에도 설득력이 있다는 것을 인정하고 있었다.

이리하여 협상 증후군(the negotiation syndrome)에 트로이 목마식의 논법(the Trojan Horse Corollary)이 가세하게 된다.

트로이 목마식 논법
(The Trojan Horse Corollary)

백화점만큼 거리에 활기를 줄 수 있는 다른 공공 스페이스가 있겠는가, 백화점으로서 그만큼 좋은 장소를 다른 건물에서 찾을 수 있겠는가, 그리고 백화점만큼 시 재정에 세입을 증대시켜 줄 수 있는 다른 공공 스페이스가 있겠는가 라는 질문들에 대해서 확실히 대답할 수 있는 사람은 아무도 없었다. 사실, 백화점은 다른 개발업자와 협상 중에 있었음이 밝혀졌는데, 십중 팔구 지역제의 개정을 그 협상의 과업으로 삼고 추진해 왔었을 것이다. 같은 논법으로 공공 옥외 공간도 악성 범죄가 서식하지 않도록 설계될 수 있다. 백화점이 실제로 시민의 안전에 보탬이 된다 하더라도, 도시의 안전을 위하여 꼭 백화점을 지을 필요는 없다. 아뭏든 시 당국이 공공 광장을 더 이상 바라지 않는다면 광장에 대한 보상을 중지하는 것이 합당한 일이다.

트로이 목마식의 논법은 핵심이 되는 문제를 은폐할 수 있도록 만들어진 교묘한 것이었다. 즉 그 문제란, 지금은 철회되었지만 개발업자가 공익에 대한 보상으로 건물 바닥 면적의 상당량을 이미 추가해 받았다는 사실을 은폐하는 것이다.

트로이 목마식 논법의 또 하나의 측면은 설계가 훌륭하다는 점을 핑계삼아 건물 소유주에게 많은 이익을 안겨 준다는 사실이고, 이것은 보통 유명한 건축가를 이용하여 정당화된다.

1961년의 지역제법에 의하면 건물 높이가 도로 레벨로부터 80피트를 초과하는 고층건물은 건폐율 40% 이하로 규정되어 있다. 건물의 합리성이나 대지의 규모로 보아 40%의 제한이 건축에 너무 큰 제약이 될 경우에 대처하기 위하여, 사소한 사항이면 지역제법은 계획 위원회에 변경할 수 있는 권한을 주었다. 고층이 아닌 건물에 대해서는 상층부를 건축사선에 따라 후퇴하거나, **천공노출면**(sky-exposure plane)*1)이라고 알려진 가상적인 선에 의하여 건물의 용적을 제한할 수 있다고 생각된다. 그러므로 고층 건물의 규제에 대한 예외 규정은 건물 높이와 건축사선 후퇴의 완화, 혹은 천공노출면의 침범을 허용하는 것이라고 할 수 있다.

이러한 변경은 법에 위반된 것은 아니고 특별 허가(special permit)라고 알려진 하나의 법을 통하여 이루어진 것이다. 그것은 계획 위원회와 개발업자 간에 이루어지는 협상의 문제로서 재량권이 개재된 행위이다. 건폐율을 완화하고 천공노출면의 침범을 허용해 주었던 이 재량적인 허가 행위는 일정 기간을 두고 점차 축소되어 마침내 완전히 소멸되었다.

이 일련의 완화 행위는 5번로(the Fifth Avenue)와 그리니치 가(the Greenwich Street)와 같은 특별 지역제 지구 내에서 시작되었는데, 그 곳에서 일반적인 건축사선 후퇴 규제(setback regulation)의 주요한 변경은 전체적인 지구 개념의 일부로 허용되어 있었다. 이를테면 5번로 지구 내의 올림픽 타워(Olympic Tower) 건물은 5번로 편의 건축선(building line) 상에 수직으로 올려 세워질 수 있도록 허용되고 있다(천공노출면의 100% 침범). 왜냐하면 5번로의 맞은 편 건물이 지구 규정에 따라 건축사선이 후퇴(setback)되어 지어져 있기 때문이다.

또한 올림픽 타워는 대지 전체에 건물이 채워지도록 허용되고 있는데 그 이유는 옥외 광장 대신에 옥내 보행 공간(covered pedestrian space)이 마련되어 있기 때문이다.

다음 단계는 특별 지구 내에 있지 않은 건물에 대해서도 유사한 완화를 허용해 주는 것이었다. 57번가와 메디슨 로(Madison Avenue)의 모서리에 있는 아이 비 엠(IBM) 빌딩은 에드워드 엘 반스(Edward L. Barnes)*2)가 설계한

*1) (역자 註) 천공 노출면 : 일조 및 채광을 확보하기 위하여 건축물의 용적을 제한하는 가상적인 경사면

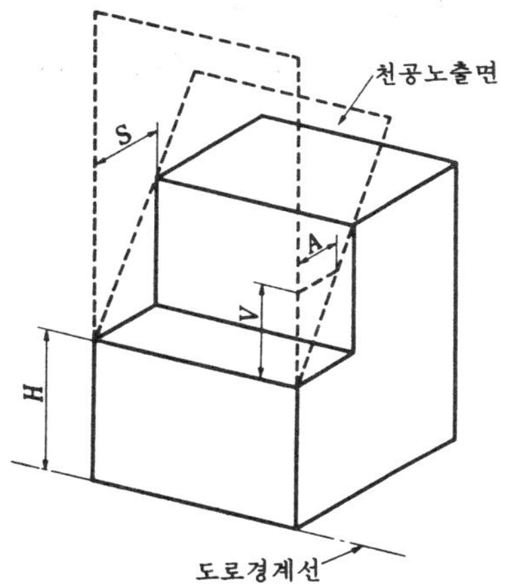

H : 도로경계선상에서의 천공노출면의 높이
S : 최초의 건축선 후퇴 거리
V : 수직 거리
A : 수평 거리
천공노출면의 경사 : $\frac{V}{A}$

*2) (역자 註) Edward Larabee Barnes (1915~): 미국의 건축가. 시카고에서 출생하여 하바드 대학에서 수학. 뉴욕에서 건축 설계 사무실을 열고 박물관, 쇼핑 센터, 교회, 사무소, 주거단지, 캠퍼스 계획 등 많은 건물을 설계하였음.

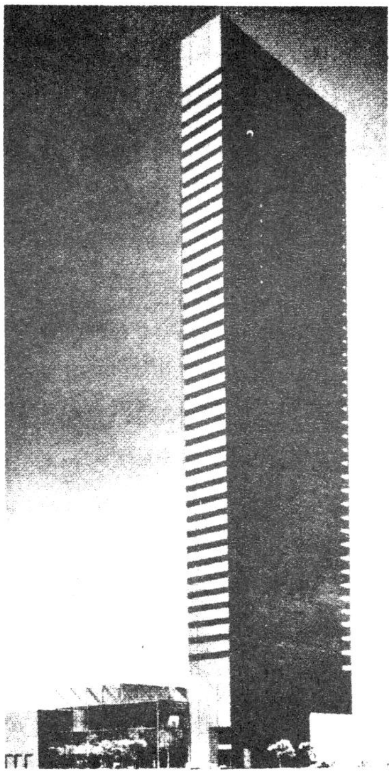

것으로 모서리 대지의 두 변에서 건축선상에 수직으로 건물이 세워져 있다. 그러나 제 3의 변에서는 건축사선 후퇴가 적용되고 있는데 그것은 브롱스 보타닉 가든(Bronx Botanic Garden)에 연결된 우아한 옥내 보행 공간에 대하여 여유를 두기 위함이다. 아이 비 엠(IBM) 빌딩은 천공노출면의 100% 침범을 제외하고는 일반적인 지역제의 요구 조건을 따르고 있다. 즉 이 고층건물은 40%의 건폐율을 점유하고 있다.

아이 비 엠(IBM) 빌딩의 정남쪽에 필립 죤슨(Philip Johnson)과 죤 버기(John Burgee)가 설계한 에이 티 앤드 티(AT & T) 빌딩이 있다. 이 건물은 3면이 건축선상에 곧바로 세워져 있고 건폐율은 55%이다. 에이 티 앤드 티(AT & T) 빌딩이 아이 비 엠(IBM)의 보타닉 가든(Botanic Garden)의 일조를 거의 차단하고 있다는 사실은 아이러니(irony)하다. 아이 비 엠(IBM) 빌딩이 천공노출면을 위반하도록 허가해 준 논리적 근거는 보타닉

상좌 : 에드워드 엘. 반스(Edward L. Barnes & Partners)가 설계한 아이 비 엠(IBM) 빌딩. 기존의 용적 규제(bulk control)가 철폐될 때까지 점차적으로 완화되고 있었던 뉴욕 시에 세워진 신건축 시리즈의 일부이다.

상중 : 필립 죤슨과 죤 버기(Philip Johnson & John Burgee)가 설계한 에이 티 앤드 티(AT & T) 빌딩. 건폐율이 55%이고 3개의 도로에 대하여 천공노출면 규제를 100% 침범하고 있다. 또한 층고가 유별나게 높고, 건물의 체적이 지역제에서 허용하는 것보다 더 큰 인상을 주고 있다.

상우 : 아이 엠 페이(I. M. Pei & Partners)가 설계한 499 파크 에비뉴(Park Avenue) 빌딩, 건폐율이 80%이고 2개의 도로에 대하여 천공노출면을 100% 침범하고 있다.

가든을 대지의 남쪽 면에 배치할 수 있게 하기 위함이었다. 그리고 에이 티 앤드 티(AT & T) 빌딩은 아이 비 엠(IBM) 빌딩과 어울리게 하기 위하여 대지의 전면으로 전진하여 배치하였는데, 알려진 바에 의하면 보타닉 가든에 대한 일조 차단을 최소화하기 위한 것이었다고도 한다.

이제 아이 엠 페이(I.M. Pei & Partners)가 설계한 499 파크(Park) 빌딩을 생각해 보자. 그 건물은 기준 및 탄원 심의 위원회(the Board of Standards and Appeals)의 허가를 받아 2개의 전면 도로에 천공노출면을 완전히 침범하고 있으며 건폐율은 80%에 달하고 있다. 이 일련의 사업 중 가장 마지막으로 지어진 건물이 울리히 프란젠(Ulrich Franzen)이 설계한 필립 모리스 빌딩(Philip Morris Building)이다. 이 고층 건물은 건폐율이 100%이고 3개의 전면 도로에서 모두 천공노출면을 침범하고 있다.

이 4개의 탁월한 건축물들은 각각 공공에 진정으로 이익이 되는 보행 공간을 지상층에 두고 있다. 어쨌든 이들은 전통적인 지역제의 규제가 무시된 일련의 행위를 보여주고 있다. 바로 이러한 것들이 문제가 아닐까?

상 : 에이 티 앤드 티(AT & T) 빌딩의 보행 공간.

하 : 필립 모리스(Philip Morris) 빌딩의 1층 공간과 42번가 및 그랜드 센트럴 터미널(Grand Central Terminal)과의 관계를 보여 주고 있는 단면도.

우 : 울리히 프란젠(Ulrich Franzen & Associates)이 설계한 필립 모리스(Philip Morris) 빌딩. 건폐율은 100%이고, 3개의 전면 도로에 대하여 100%의 천공노출면을 침범하고 있다.

그렇다. 1916년에 통과된 뉴욕 시(또한 전국에서) 최초의 지역제법을 돌이켜보면, 건물의 제한과 건축사선 후퇴의 규제는 지역제의 가장 기본적인 부분이다. 공공 지역제의 필요성을 인식시켜 준 건물들 중의 하나가 어네스트 알 그라함(Ernest R. Graham)이 설계하여 1915년에 완성된 에퀴터블 빌딩(Equitable Building, 브로드 웨이 120번지)이다. 이 건물은 36층까지는 건축선 위에 수직으로 세워져 있으며 5층 이상의 건폐율은 90%에 이른다. 원래의 지역제 기준과 비교하면, 필립 모리스 빌딩은 건폐율이 훨씬 더 높고 아이 비 엠(IBM) 빌딩과 에이 티 앤드 티(AT & T) 빌딩은 건축선 위에 수직으로 올라간 벽의 높이가 에퀴터블 빌딩보다 훨씬 더 높다. 이러한 행위들이 과연 사소한 위반들인가?

이와 같이 일견 기술적인 문제로 보이는 변경들이 개발업자에게는 막대한 금전적 이익을 의미한다. 그리니치 가의 규제는 고층건물의 건폐율을 40%에서 55%로 증가시켜 주었고, 거기다가 하나의 가치있는 행위*에 대하여 건물 바닥 면적의 20% 증가에 해당하는 변경을 허용해 주었다. 여러분들도 건폐율을 40%에서 80%나 100%로 증가해 주는 것이 개발업자에게는 얼마나 막대한 이익이 되는가를 알 수 있을 것이다. 또 이들 사소한 위반이라는 것은 499파크 빌딩과 필립 모리스 빌딩의 대지가 전부 개발되도록 허가한 것을 의미하고 있다. 그렇지 않았다면 이 대지들은 현대적인 사무소 건물을 짓기에는 너무 작았을 것이다. 만하탄의 미드타운 지구가 건물로 빽빽하게 들어차게 되는 것을 우려하는 사람들은, 이러한 사소한 위반들이 개발 가능한 대지에 적용되어 그 곳에 지어진 건물들은 체적이 더욱 더 커 보이게 된다는 사실을 알고 있음에 틀림없다. 왜냐하면 그 건물들은 1916년 지역제가 제정된 이후에 지어진 어떤 건물보다도 대지를 더 많이 점유하고 있기 때문이다.

커뮤니티 계획 위원회의 모든 심의와 도시 계획 위원회 및 시 의회의 공청회에도 불구하고, 대중 혹은 시민들의 감시인단들이 사태의 진행을 이해하게 될 때까지는 오랜 시간이 걸렸다. 내가 천공노출면을 완전히 위반한 건물 중

어네스트 그라함(Ernest Graham)이 설계한 에퀴터블 빌딩(Equitable Building). 뉴욕 시에는 어떤 유형으로든 건물에 대한 규제가 필요하다는 것을 시민들에게 확신시켜 준 건물이다. 이 사진의 왼쪽으로 보이는 것은 마린 미드랜드(Marine Midland) 빌딩과 체이스 만하탄 은행(Chase Manhattan Bank) 빌딩인데, 이들의 건물 높이는 에퀴터블 빌딩보다 높지만 건폐율은 단지 40% 밖에 점유하고 있지 않다.

* (역자 註) 개발업자가 광장 등의 공공 스페이스를 마련해 주는 행위

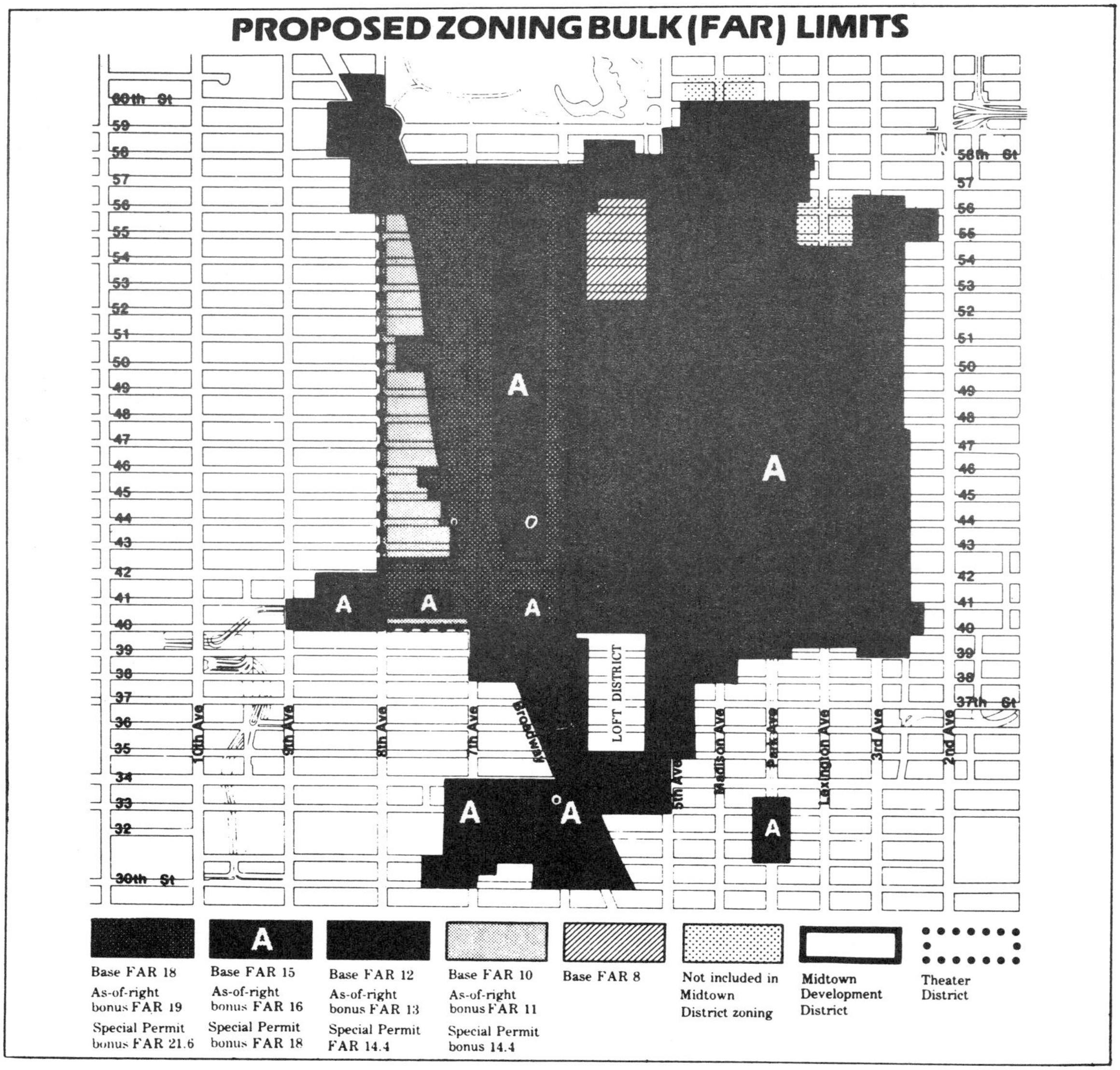

만하탄 미드타운 업무 지구의 새로운 지역제. 이 밀도 지역제는 동부 지역을 재조우닝하였으며 좀 더 균형있는 발전 패턴을 위하여 서부 지역의 경계를 확장하였음을 보여 준다.

의 하나를 설계했던 건축가에게 묻기를, 그의 계획안에 대하여 커뮤니티 계획 위원회가 어떤 반응을 보였느냐고 했을 때, 그는 "그 건물의 그림자가 다른 지구에 떨어지기 때문에 그들은 전혀 신경을 쓰지 않더군요."라고 대답하는 것이었다.

일단 새로운 고층건물들이 모두 착공하게 되자, 그 중 몇 개는 엄청나게 큰 건물로 시에서 허가해 주었다는 사

Retail and Street Wall Continuity

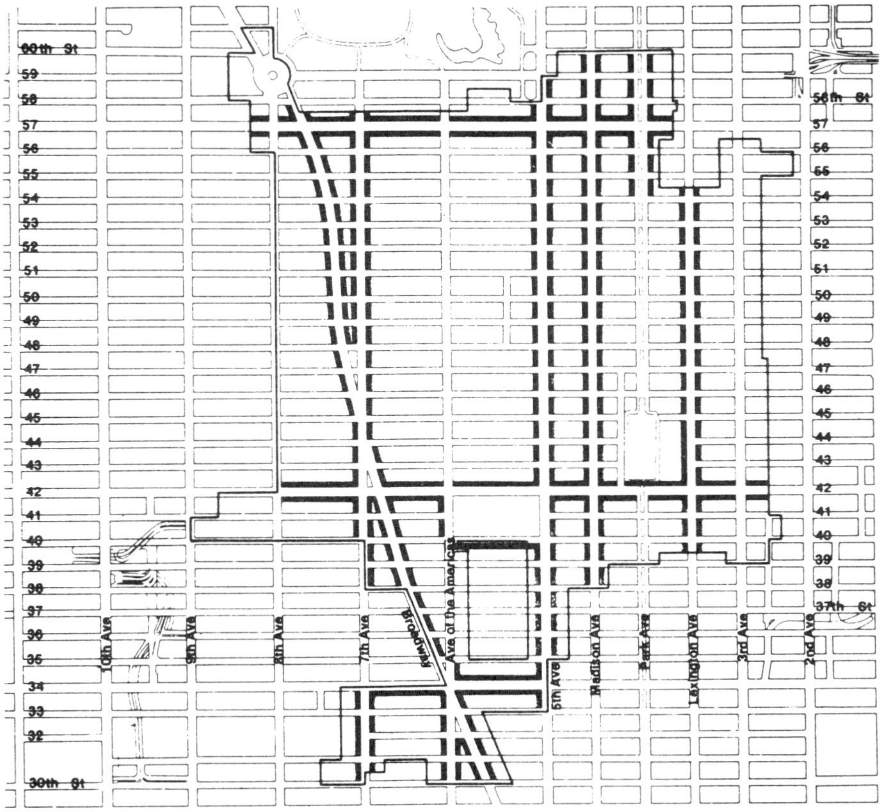

Retail and Street Wall Continuity Required

Street Wall Continuity Only Required

실이 명백해지기 시작했다. 신문에 비평적인 기사가 게재되고 시 예술 협회(the Municipal Art Society), 미국 건축가 협회(AIA)의 뉴욕 지부, 뉴욕의 건축가 연합(the Architectural League of Now York)과 공원 위원회(Park Council) 등 많은 시민 단체의 연합들은 시 당국이 그 때까지 진행되어 온 사태를 중대한 시각으로 검토해 보아야 한다고 촉구하기 시작했다. 도시 계획 위원회는 만하탄 미드타운의 지역제에 관하여 2년 동안의 연구를 착수했다. 실무진은 리챠드 번쉬타인(Richard Bernstein)의 지휘를 받

이 지도는 건물의 저층부가 건축선까지 나와야 되는 장소와 상가 전면에 소매 지역의 연속성이 유지되어야 하는 장소를 보여 주고 있다. 미드타운 전체가 특별지역제 지구로 정해지게 되었다. 이 규정들은 마이클 팔리(Michael Parley)를 도시설계 책임자로 하고 리챠드 번쉬타인(Richard Bernstein)의 지휘 아래 개발되었다.

고 마이클 팔리(Michael Parley)를 도시 설계 책임자로 하여 연구를 수행하였다. 위원회는 미드타운 지구의 연구가 진행되고 있는 동안에 특별 지역제법을 곧바로 통과시켰다.

연구의 결과로서, 만하탄 미드타운 업무 지구의 기본적인 지역제 문제를 다루는 종합적인 정책이 수립되었다. 도심지 동부의 가로(avenue) 전면은 안정 지역(stabilization area)으로 지정되었다. 기본적으로 허용된 건축 밀도는 1 500 %의 용적률로 확정되었다. 그러나 좀 더 어려웠던 것은 광장 및 기타 쾌적 시설에 대하여 주어지는 건물 바닥 면적 20 %의 보너스를 얻어 내는 일이었다. 그리고 광장에 대하여 보너스로 추가해 주는 바닥 면적의 최대치는 300 %에서 100 %로 감소되었다. 동부 지역의 중간 블럭은 사실상 용적률 1,200 %로 하향 조정되었다. 아메리카 로(the Avenue of the Americas)의 서부 미드타운 지역은 성장 지구(growth district)로 지정되어, 가로(avenue)변 대지의 기본 용적률이 1,800 %로 증가되었고, 보너스를 받으면 2,160 %까지 증가할 가능성이 있었으며, 그 밖의 정책들도 개발에 반영되도록 입안되었다. 처음으로 뉴욕 시는 세금 감면 정책이 지역제에 따라 조정되어야 한다는 것을 인식하게 되었고, 결과적으로 세금 감면의 가능성이 동부 지역에서는 감소되었으며 서부 지역에서는 증대되었다. 또한 가장 중요한 기존의 본격적인 극장 대지를 포함하는 특별 지역은 보존 지구로 지정되었다.

이 새로운 정책은 5번로(Fifth Avenue) 및 링컨 스퀘어(Lincoln Square) 특별 지구에서 중요한 요소가 되어 왔던 소매 및 가로변 벽면 규제를 채택하고 그 규정을 미드타운 사무소 지구 전체에 걸쳐 지정된 가로(avenue and street)들에 적용하였다. 지역제 민원 심의 위원회(the Board of Zoning Appeals)가 당해 지역의 규정보다 더 많은 바닥 면적을 개발업자에게 허용했을 때, 비록 링컨 스퀘어 지구의 원래 의도가 왜곡되었고 당해 건물들의 건축가들이 필요 이상으로 단호한 태도를 취하긴 했지만, 아케이드(arcade), 일률적인 처마선(cornice line), 그리고 브로드웨이 가로변에서 건물들이 대지 경계선까지

일률적인 가로 벽면 및 소매 지구의 연속성을 요구하는 지역제는 링컨 스퀘어 특별 지구에서 최초로 적용되었는데, 그 지역제는 아케이드도 역시 의무화하고 있다. 이 규제에 의하여 통일성은 이루어질 수 있으나 건축적인 특성은 보장할 수 없었다.

나와야 한다는 요구 조건들은 그 지구에 기본적인 통일성을 부여해 주었다. 링컨 스퀘어 지구의 용도군(use-group)에 관한 규정은 건물의 1층 상가에 적절한 임대자를 유치시켰다는 점에서 성공을 거둔 것이었다.

5번로 지구에서도 비록 건축사선 후퇴가 가로(avenue)의 서측에서만 적용되고 있었지만, 건물은 도로 경계선을 따라 지어져야 한다는 링컨 스퀘어와 유사한 요구 조건이 있었다. 또한 이 지구의 규제에는 유사한 용도군 및 소매 지구의 연속성에 관한 조항이 포함되어 있었다.

5번로 특별 지구의 규정에 따라 건축된 3개의 건물이 있는데, 그것은 베스트 앤드 코(the Best & Co)의 대지 위에 건축된 올림픽 타워(Olympic Tower), 데피나(DePinna)의 대지 위에 건축된 피아게 빌딩(Piaget Building), 그리고 보니트 텔러(Bonwit Teller)의 대지 위에 건축된 트럼프 타워(Trump Tower)이다. 보니트의 이 새로운 건물 속에는 특별 지역제 지구가 없었더라면 이루어지지 않았을 무엇인가가 담겨져 있다.

5번로 특별 지구가 지정될 때의 최초 가정, 즉 5번로는 재개발에 의하여 상처를 입기 쉬우리라는 가정이 옳았다는 것은 자명해졌다. 하나의 상황이 예견되고 그것에 대비하여 계획되었으나, 그 곳에 지어진 어떤 건물도 지구의 의도를 살려 내지는 못했다. 올림픽 타워의 갤러리아 공간은 지역제의 요구 조건을 지키지 않았고, 결국 시 당국은 건물의 준공 허가를 취소하겠다고 위협하여 그 공간을 개조시키는 데에 뜻을 이룰 수 있었다. 피아게 빌딩은 매스와 구성이 올바르게 처리되어 있으나, 공공 스페이스는 지구의 지시대로 이루어지지 않았다. 왜냐하면 그 건물은 팔레비 재단(the Pahlavi Foundation : 이란 왕가에 의하여 조종되었다.)의 소유였고 법적인 분규에 휩싸여 있었기 때문이다. 트럼프 타워는 엄청나게 규모가 큰 것으로 밝혀졌는데, 그 이유는 특별 지구에 기인하기도 했지만, 새로운 지역제법에 의하여 인접한 토지의 개발권을 병합하기가 쉬워졌기 때문이기도 했다.

미드타운에 관한 시의 새로운 정책은, 5번로 지구에서 옥내 공공 스페이스의 규정을 삭제하여 주거 공간에 적용

스키드모어, 오윙스, 그리고 메릴(Skidmore, Owings & Merrill)이 설계한 올림픽 타워(Olympic Tower). 사무소, 상업, 그리고 주거의 용도가 혼합된 복합 건물로서 5번로 특별 지역제 지구의 규정 아래 건축되었다.

서부 46번가에 있는 아메리카 팰리스(America Palace) 실험 극장의 입구. 특별 극장 지구의 장려적 규정에 따라 건축된 4개의 새로운 극장 가운데 하나이다.

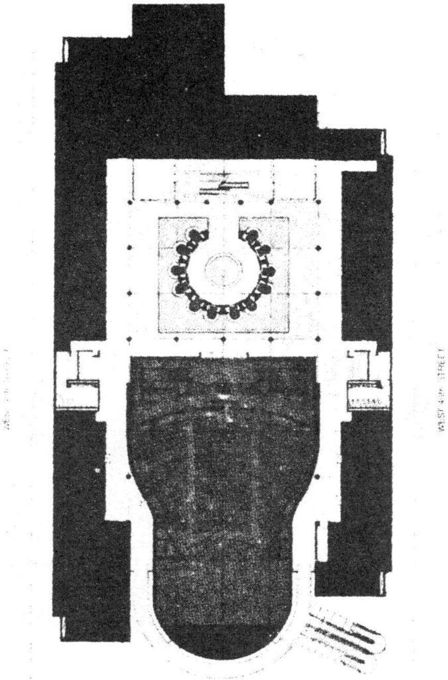

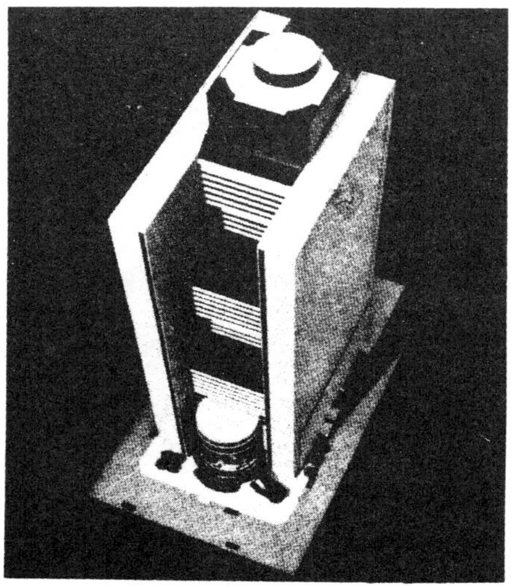

타임즈 스퀘어(Times Square)에 제안된 새로운 호텔. 존 포트만(John Portman)이 설계하고 개발하였다. 이 호텔은 내부에 훌륭한 극장이 포함되어 있지만 극장 지구에 지어져 결과적으로 헬렌 헤이즈(Helen Hayes)와 모로스코(Morosco) 등 기존의 중요한 극장들을 잃어 버리게 한 최초의 건물이다.

되었던 건물 바닥 면적에 대한 20% 추가의 보너스를 제거해 버렸다. 이러한 변경은 과거 10년 동안의 지역제법에 대한 정책적 맥락의 변화가 반영된 것이다. 옥내 공공 스페이스의 규정을 지구 규제 내에 두었던 이유는, 광장이 소매 지구의 연속성과 건축선에 따라 건물을 맞추어야 한다는 전제에 상반되었기 때문이다. 만약 옥내 공공 스페이스의 규정을 두지 않았더라면, 개발업자는 광장을 마련해 놓고 20%의 보너스를 받으려고 했었을 것이다. 주거 공간에 대하여 건물 바닥 면적을 추가시켜 주었던 보너스 규정은 개발업자로 하여금 백화점 공간을 계속 마련하도록 유도하기 위하여 지역제에 포함시켰던 것이다. 그러나 오늘날에는 시가 단순히 건축선과 상가를 규정하여 개발업자가 건축할 수 있는 건물의 연면적을 축소할 수 있을 뿐이다.

극장 지구(the Theater District) 규제는 미드타운 지역의 새로운 개발 정책 아래에서도 계속 유효할 것이다. 이 법은 지금까지 4개의 새로운 본격 극장, 즉 2개의 대규모 뮤지컬 코메디 공연장과 2개의 소규모 실험 극장을 짓게 하는 결실을 맺었다. 그러나 타임즈 스퀘어(Times Square)에 제안된 새로운 호텔은 기존의 본격적인 극장들을 위협하게 되었는데, 그 지구에 건축되었던 예전의 건물들과는 양상이 어딘가 달랐다. 그 호텔 내에는 지구 규제법에 따라 하나의 극장이 신설되었으나, 그와 동시에 호텔의 신축으로 인하여 모로스코(Morosco) 극장 및 헬렌 헤이즈(Helen Hayes) 극장과 오랫동안 영화관으로 쓰여져 왔던 또 하나의 극장, 그리고 소규모의 공연장인 비죠(Bijou) 극장이 철거되지 않으면 안 되었다. 새로운 미드타운 개발 정책에 의하면 기존의 중요한 극장은 보존 대상으로 지정된다. 지금은 기존의 극장을 수복하거나 보존 대상으로 지정된 극장 건물로부터 개발권을 이양받아도 건물 바닥 면적을 20%까지 추가하여 얻어낼 수 있다. 이 개선 사업은 극장 지구의 기능뿐 아니라 그 지역의 역사적 건물 조직을 보호해 주는 것으로서 이 역시 최초의 극장 지구법이 통과되었던 1967년보다 사적 보호에 훨씬 더 큰 역점을 두었던 지역제법에 대한 정책적 분위기가 초래한 결과이다.

미드타운 개발 정책에 의하여 착수된 지역제상의 다른 중요한 변경은 용적 규제에 관한 것이다. 용적 규제란 지금까지 자주 협상의 대상이 되어 왔고 계획을 결정할 때 신중한 주의를 요했던 고층건물의 규모와 건축사선 후퇴를 통제하는 규정이다. 최소한 만하탄의 미드타운 지역에서는, 계획 위원회가 어떠한 협상도 용납되지 않는 법전 제일 주의(rule-book-system)로 되돌아갈 태세를 갖추고 있다. 법전 제일 주의라 하는 것은 특별 지구의 예외 규정이 모두 허용되었을 경우에는 법령집에 표면상으로 나타난 규제보다 다소 제한이 적지만, 많은 예외 규정보다는 더 엄격한 것이다. 이 새로운 법은, 건축선 및 소매 지역의 연속성에 관한 규정이 있기 때문에 비록 광장에 대한 보너스를 받아 설계된 많은 건물들의 특색이라 할 수 있는 전정(front-yard)과 측정(side-yard)의 기본 취지로 되돌아가지는 못 했지만, 인접 건물에 햇빛과 대기를 확보해 주는 것을 가장 중요한 요소로 생각했던 전통적인 지역제의 접근 방법으로 되돌아간 셈이다. 햇빛과 대기를 확보하기 위한 건축사선 후퇴와 건축선에 맞추어 벽체를 올려야 하는 벽면 규제가 복합적으로 작용하여, 건물의 형태는 현대주의 미학에서 선호하는 단순한 형태보다는 조소적인 형태 쪽으로 기울어지고 있다. 1916년의 지역제는 건물의 형태가 외부의 조건에 의하여 결정되도록 부채질하였다고 한다면, 1961년의 지역제는 건물은 독립된 개체로서 그 내부 기능에 의하여 형태가 결정되어야 한다는 현대주의자들의 신조를 따른 것이었다. 새로운 규제는 몇 가지 미학적인 관점에서 볼 때 1916년의 지역제법으로 복고한 셈이다. 이 규제는 건축 실무에서 일어나고 있는 한 변화와 때를 같이 하고 있다. 그것은 "포스트-모더니스트"(post-modernist)의 미학적 경향인데, 최소한 포스트-모더니즘(post-modernism)이 있음으로 해서 새 규제는 쉽게 받아들여질 수 있었다.

다음 페이지들의 도해들은 이 같은 미학적인 경향을 다시 돌이켜 설명해 주고 있다. 맨 마지막의 그림은 일반적인 법령에 우선하여 적용될 수 있는 대안적인 성능 시방(alternative performance specification)의 결과를 보여

스왕크·헤이든·코넬 사무실(Swanke. Hayden Connell & Partners)이 설계한 트럼프 타워(Trump Tower)의 단면도. 이 고층건물은 5번로 특별 지역제 지구법에 따라 지어진 것으로 광장 대신에 옥내 보행 공간을 마련하고 있다. 이 건물은 외형상의 거대한 매스(mass)가 비평의 대상이 되어 왔으나, 그 건물의 크기가 증대된 원인은 특별 지구법으로 인한 건물 바닥 면적의 보너스라기보다는, 주로 새로운 법에 의하여 인접한 토지와 개발권을 통합하기가 쉬워졌다는 데에 있었다.

뉴욕의 미드타운에 새로이 제안된 지역제법에 근거한 일련의 도해(pp.124~126)는 에퀴터블(Equitable) 빌딩(지역제의 필요성을 시민들에게 확신시켜 준 계기가 되었던 건물)으로부터, 1916년의 지역제법과, 1961년 지역제법의 배경에 깔린 여러 가지 미학적 측면, 그리고 새로운 규제들을 거치면서 고층건물이 어떻게 발전되어 왔는가를 보여 준다.

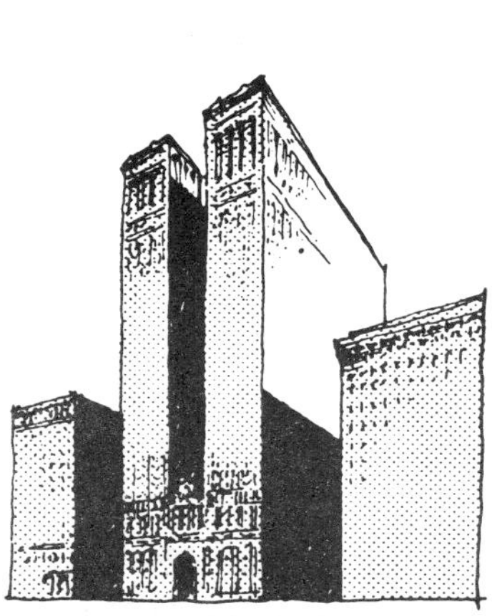

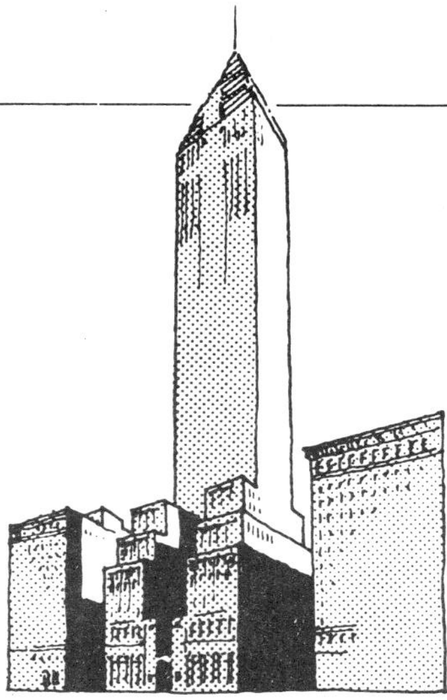

1. 뉴욕 시의 선구적인 1916년 지역제법은 주로 에퀴터블(Equitable) 빌딩과 같은 새로운 건물들에 대응하기 위하여 미국 최초로 나타난 규제였다. 브로드웨이 120 번지에 있는 에퀴터블 빌딩은 건축사선 후퇴 없이 대지 경계선상에서 수직으로 540 피트까지 올라간 건물이다.

2. 가로들(streets and avenue)이 어두컴컴한 협곡으로 변해 버리는 것을 막기 위하여, 1916년 법은 고도지구를 정해 놓고 있다. 이 규제는 건물의 높이를 전면 도로의 폭에 비례하여 그 한계를 정해 놓고 있기 때문에, 건물은 그것에 맞추어 건축선으로부터 후퇴하지 않으면 안 되었다. 건물은 1피트의 건축사선 후퇴에 대하여 'X' 만큼 더 높이 올라갈 수 있는데, 그 비율은 고도 지구의 규정에 따라 다르다. 뉴욕의 미드타운 지역에 지정된 가장 보편적인 2개의 고도지구에서 건축사선 후퇴의 비율은 각각 2 1/2 : 1과 3 : 1로서, 그 사면(斜面)의 경사각으로 환산하면 68.3°와 71.6°이고 두 각의 평균치는 대략 70°가량 된다. 고층건물에 관한 규제법은 건축사선의 후퇴 없이 높이 올라갈 수 있는 건물의 부분을 규정하고 있는데, 그것은 도로로부터 일정 거리가 떨어질 경우 대지 면적의 25%에 해당하는 부분까지 허용하고 있다.

3. 다른 필요성도 있었지만, 1916년 지역제법의 건축사선 후퇴 규정에 의하여 형성된 뉴욕의 스카이라인(skyline)이 대부분 결혼 케이크(wedding cake) 모양을 가지게 된 것에 대응하여 지역제법은 1961년에 전면적으로 수정되었다. 지금까지 건축사선 후퇴를 결정해 왔던 고도 지구 규제가 "천공노출면"(sky-exposure plane) 규제로 대체되었다. 대규모 사무소 건물이 넓은 바닥 면적을 가져야 한다는 요구를 만족시켜 주기 위하여, 천공노출면을 관통할 수 있는 건물의 고층 부분*은 25%에서 40%로 증대되었다. 건물의 용적을 규제하는 새로운 수단이 도입되었는데 용적률(FAR: floor area ratio)이 바로 그것이다. 사무소 건물에 대하여 기본적으로 허용될 수 있는 바닥 면적의 최대치는 대지 면적의 15배, 즉 FAR 15로 정해졌다.

注: 점선은 지역제에서 허용하는 건축 용적의 최대한계이다.

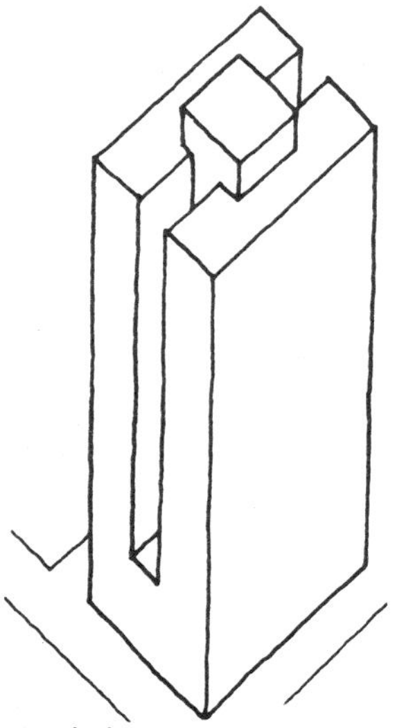

1. 1916년 이전의 건물, 브로드웨이 120 번지.

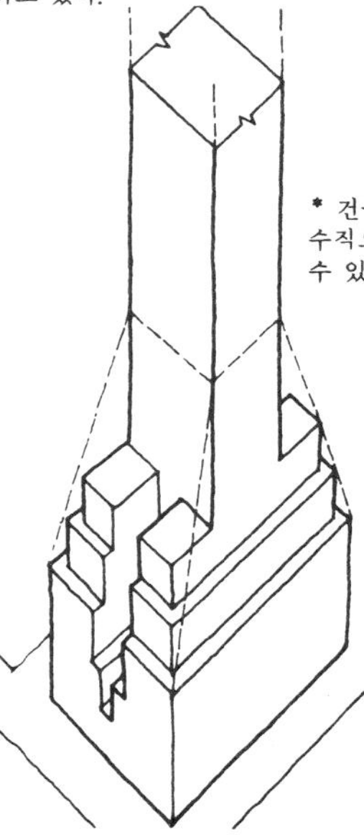

2. 1916년 지역제법에 의하여 지어진 **결혼 케이크** 모양의 전형적인 건물.

* 건물이 건축사선 후퇴 없이 수직으로 무한히 높이 올라갈 수 있는 부분.

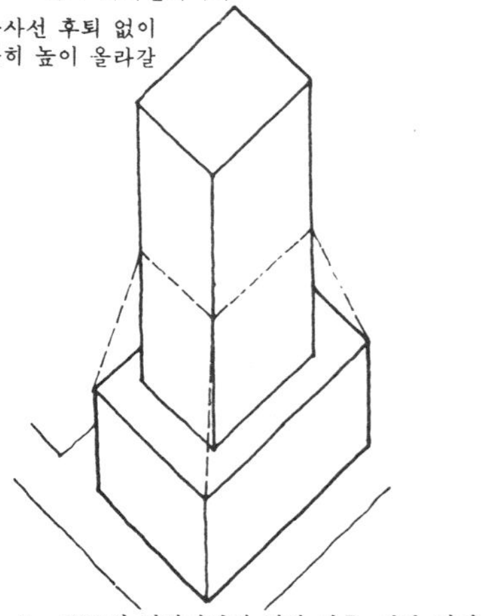

3. 1961년 지역제법에 의한 건물, 기단 위에 올려 놓은 탑의 모양을 하고 있다. FAR 15.

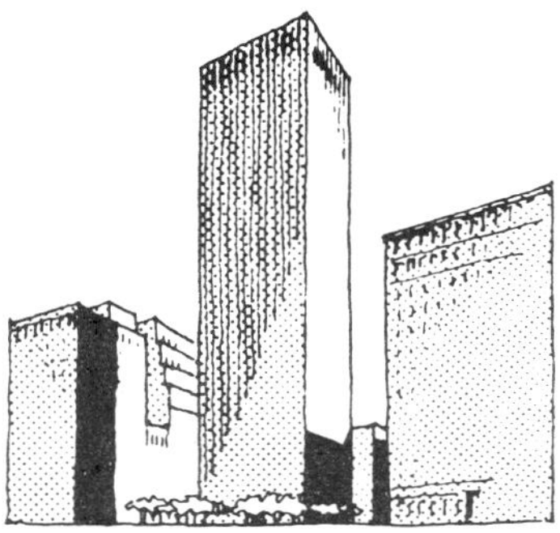

4와 5. 1961년 지역제법에 있어서 또 하나의 중요한 목적은 새로운 건물 주위에 보다 많은 오픈 스페이스를 확보하는 것이었다. 우아한 시그램(Seagram) 빌딩이 대표할 수 있는 "광장 안에 세워진 탑상건물"은 그 원형이 된다.

1916년의 지역제법에 따라 지어진 시그램 빌딩은 사실 건폐율이 25%밖에 되지 않으나, 광장에 대한 보상으로 건물 바닥 면적을 20% 추가받아 용적률이 1,800%(FAR 18)에 달하는 거대한 건물이 되었다. 이 건물은 장려적 지역제의 효시가 되었다.

주 : 점선은 지역제에서 허용하는 건축 용적의 최대 한계이다.

6. 다른 필요성도 있었지만, 5번로나 메디슨(Madison) 로와 같은 가로(avenue)의 연속성과 활력이 광장에 의하여 파괴되는 것을 방지하기 위하여, 장려적 보상 방식(incentive system)이 확대 적용되었다. 내부 공간과 때로는 내·외부가 복합된 공간에 대하여 보너스가 주어지면서, 용적률은 2,160%(FAR 21.6)까지 확대되었다. 모퉁이에 위치한 소규모의 대지에 대하여 고층건물 규제법의 제한 조건이 완화되고 **공중권**(air right)이 적용되는 사례가 점차 증가하고 있음과 더불어, 이러한 내부 공간에 주어지는 보너스는 가로의 개방감을 보호하기 위한 규제의 존립을 위협하는 큰 압력으로 작용하였다.

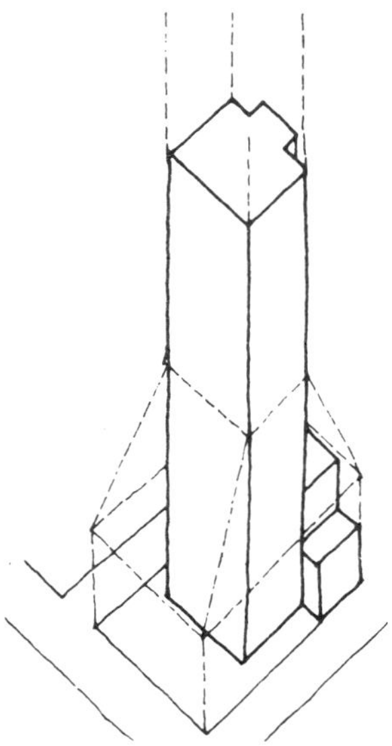

4. 시그램 빌딩

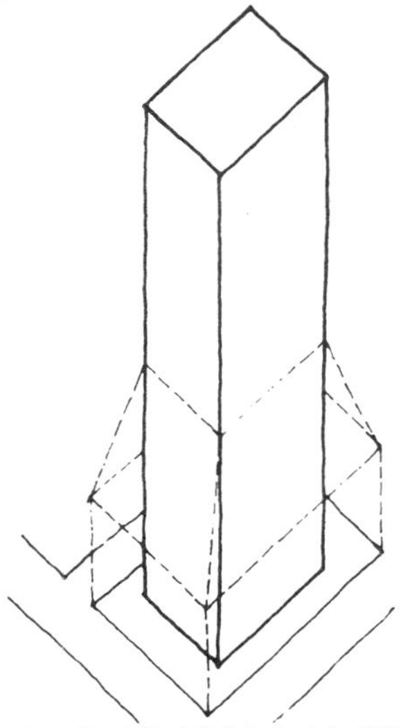

5. 1961년의 지역제법에 따라 광장에 대한 보너스를 받은 탑상 건물, FAR 18.

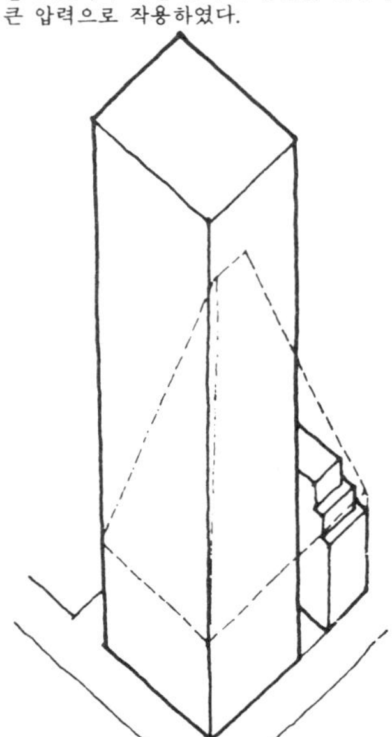

6. 특별 허용 건물

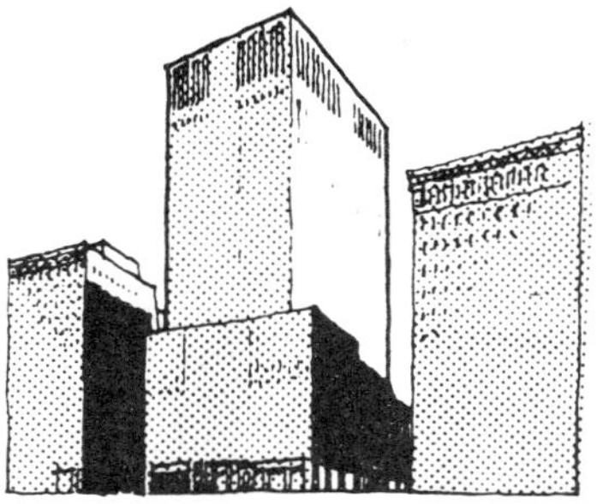

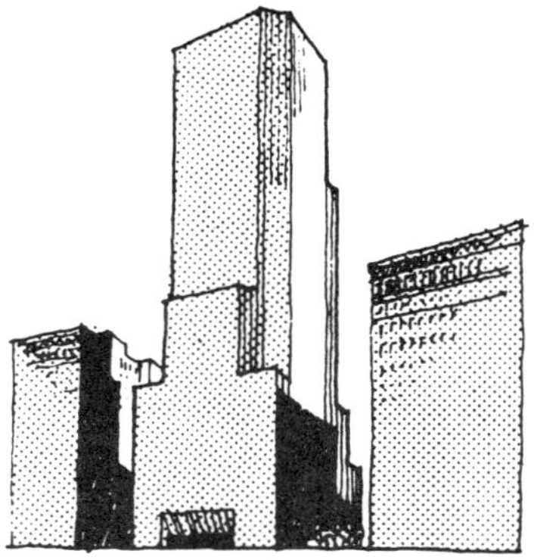

7. 8. 9. 지역제의 기본 원칙을 회복하기 위하여, 뉴욕 시의 건축 자문단은 지역제가 실시된 반 세기 동안 미드타운 지역이 어떻게 발전되어 왔는가를 검토하였다. 그 실제적인 발전 과정은 일광(daylight)에 대한 공공의 기대가 얼마나 큰 것인가를 밝혀 주었고, 새로운 지역제법의 기준을 설정하는 데 도움이 되었다. 1916년과 1961년의 지역제법은 건물의 매스(mass)가 도로로부터 후퇴할수록 건물 높이는 더욱 높아질 수 있음을 인정한 것이었다. 또한 건물의 고층 부분이 천공노출면을 관통할 수 있도록 허용하였다. 천공노출면과 건축사선 후퇴에 관한 규제는 여전히 건물의 허용 용적(building envelope)을 고정된 것으로 규정해 버리는 경향이 있었다. 새 지역제법은 미드타운 지역의 가로에 대한 실질적인 일광 기준과 개방성에 바탕을 둔 것으로, 일광 곡선(daylight curve : 첫 번째 단계)이나 하늘의 개방 비율(두 번째 단계)에 따라 측정된다. 두 가지 기준은 모두 미드타운 지구의 역사적인 발전 과정에서 나타난 실제적 상황에서 유추된 것이다. 이들은 일광 기준만 충족된다면 건물 설계에 있어서 많은 융통성을 부여해 주는 것이다.

주 : 마지막 그림의 "일광면"(daylight squares)은 일광 평가 도표상의 천공면(sky)과 동등한 부분을 의미한다.

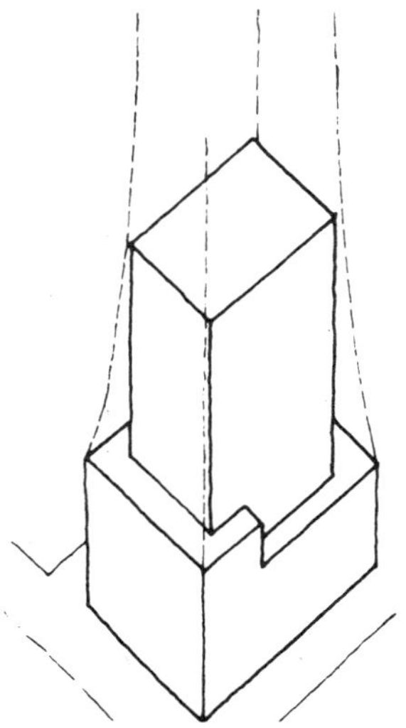

7. 새로운 일광 곡선(daylight curve tier)에 따른 건물, FAR 15.

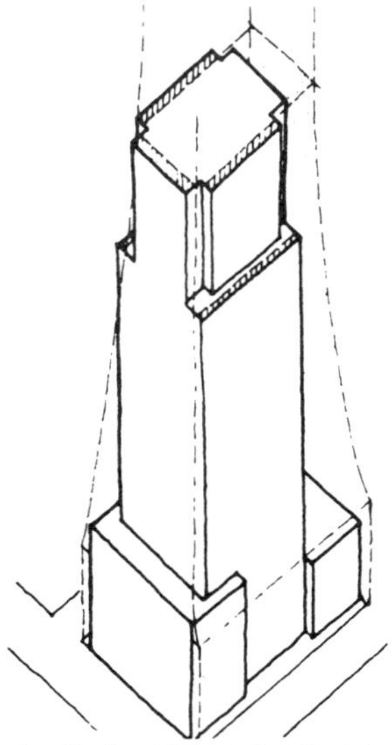

8. 새로운 일광 곡선에 따른 건물, FAR 18.

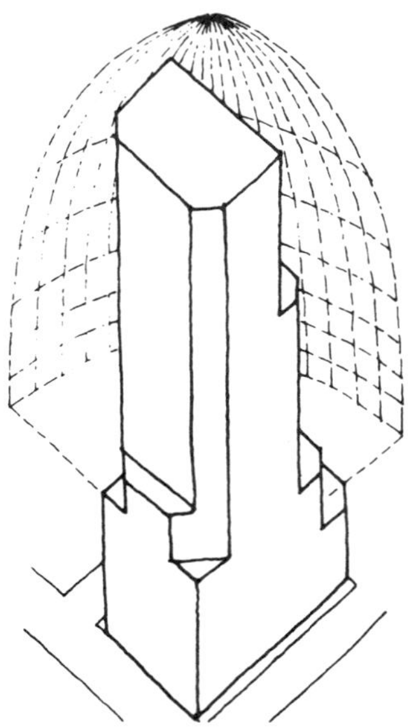

9. 새로운 일광 평가 도표(daylight chart tier)에 따른 건물, FAR 18.

준다. 건물을 도로에서의 가시각(可視角)에 연관시킨 건축사선 후퇴 곡선을 따르지 않는 대신, 가려져 있지 않은 하늘(sky)의 양이 얼마냐에 따라서 건물의 성능을 측정하자는 것이다. 이 방법은 컨설턴트(consultant)인 크와틀러/죤스-데이비스 브로디 사무실(Kwartler / Jones-Davis Brody & Associates)에서 고안한 일광 평가 도표(日光評價圖表)를 사용하고 있는데, 그 도표는 건물 내부의 일광 상태를 측정하는 월드램 다이아그램(Waldram Diagram: 고안자의 이름을 따르고 있다.)이라고 불리우는 방법에서 유래한 것이다. 제안된 개발 계획이 일광 평가 도표상의 적정치를 얻으면 일반적인 건축사선 후퇴 조건에 맞지 않는다 할지라도 건축될 수 있다.

새로운 미드타운 지역제 정책에 있어서 그 밖의 중요한 규정으로서는, 신축 건물에 설치할 수 있는 노외 지하철 출입구(off-street subway entrances)의 위치를 지도상에 명시하는 것과 광장 공간에 대한 요구 조건을 개선하는 것이 있다. 아마 이러한 새로운 방법들이 언젠가는 뉴욕의 로어 만하탄(Lower Manhattan) 및 기타 개발 강도가 높은 지역에 적용될 것이다.

한 문장의 지역제법(the one-sentence zoning resolution)과 협상 증후군(negotiation syndrome)의 시대는 영원히 사라졌다고 결론을 내리기 전에, 뉴욕 시에서 나타나고 있었던 또 하나의 중요한 경향을 살펴보아야 할 것이다. 뉴욕에서 대규모의 신개발 사업들은 뉴욕 시 지역제법의 테두리 내에서는 전혀 통제할 수 없는 권한을 지니고 있는 뉴욕 주 도시 개발 공사(the New York State Urban Development Corporation)의 소관으로 넘어갔다.

앞 장에서 설명한 바와 같이 로어 만하탄의 바테리 파크 시티(Battery Park City)는 복잡한 특별 지구법의 규제를 받고 있었다. 이 규제가 입안된 목적은 개별적인 건물에 대해서는 시 당국의 승인을 받지 않아도 바테리 파크 시티 당국이 직접 건축할 수 있도록 허가해 주기 위함이었다. 동시에, 그 규제는 지구의 전체적인 설계 개념을 설정하고, 부두의 진입로, 시각적 통로(view corridors)의 보존 및 지정, 보행자 동선 등과 같은 설계적 측면에서 공공의 이

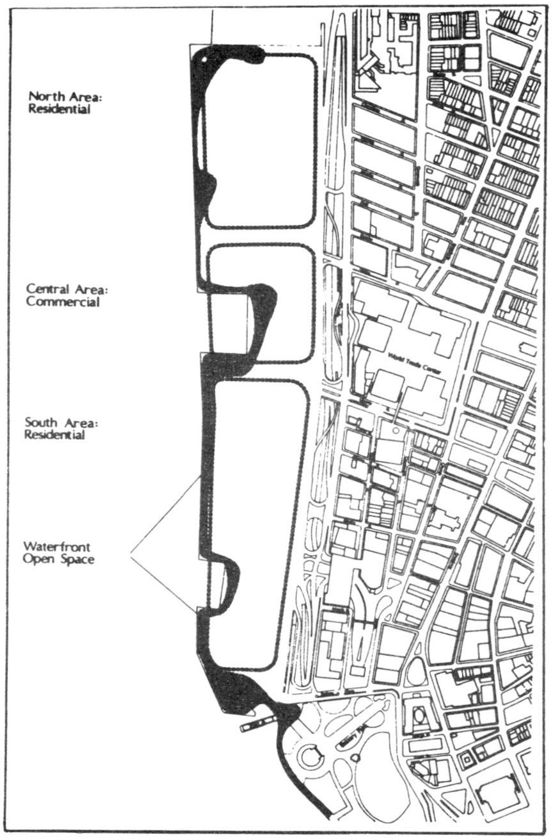

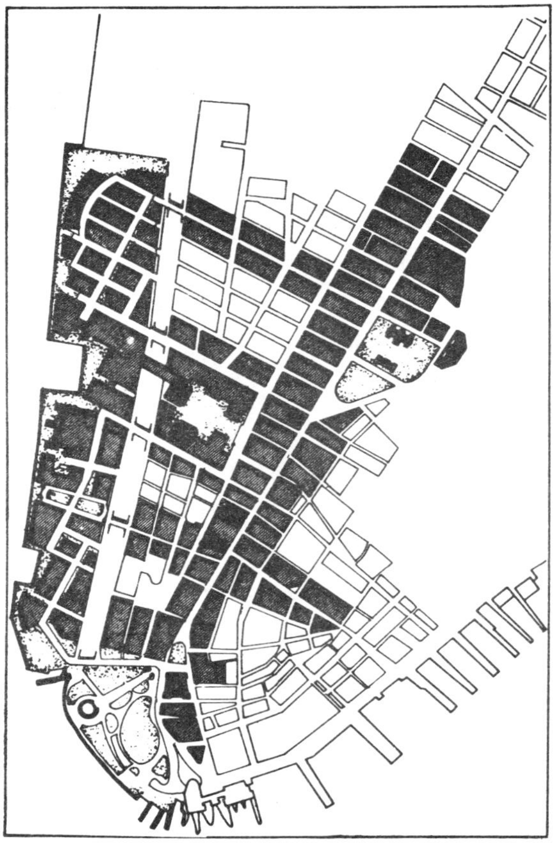

위 그림은 쿠퍼-엑스터트 사무실 (Cooper-Eckstut Associates)에서 설계한 바테리 파크 시 지구의 수정안으로서, 앞 장에서 논의된 특별 지역제 지구를 대신하는 것이다. 좌에서 우로 토지 이용 개념, 설계 원칙, 특별 장소(special places), 그리고 부분적 공간의 위치를 보여 주는 그림이다.

익을 보호하고자 하는 데에 그 의도가 있었다.

지역제와는 거의 무관한 여러 가지 이유에 의하여, 바테리 파크 시티 지구 개발은 1979년 가을까지 큰 진전을 보지 못했다. 바테리 파크 시티 당국이 공사 불이행 판정을 받게 될 위기에 처해 있을 때 주 의회는 그 위기를 구원할 계획을 마련했는데, 그 계획에는 도시 개발 공사(the Urban Development Corporation : U.D.C.)가 토지를 수용한다는 조항이 포함되어 있었다. 그 다음에 바테리 파크 시티 당국은 UDC로부터 그 토지를 임대하기로 되어 있었다. 이러한 전략의 결과, 현재 바테리 파크 시티 지구에서 시행되고 있는 개발은 지역제법을 전혀 따르지 않고 있다. 개발 규제는 원칙적으로 시장과 주지사 간의 합의 각서이고, 개개의 사업이 개발 규제를 **실제로** 준수하고 있는지 알아

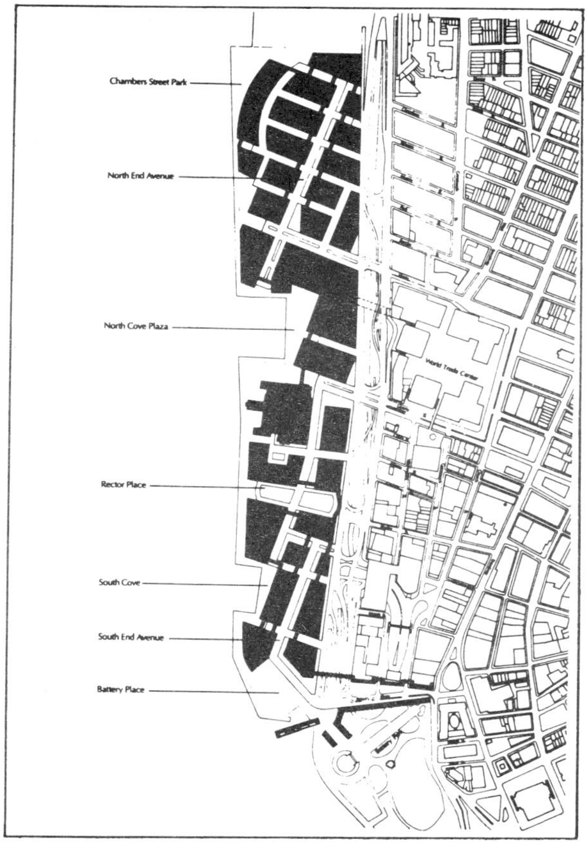

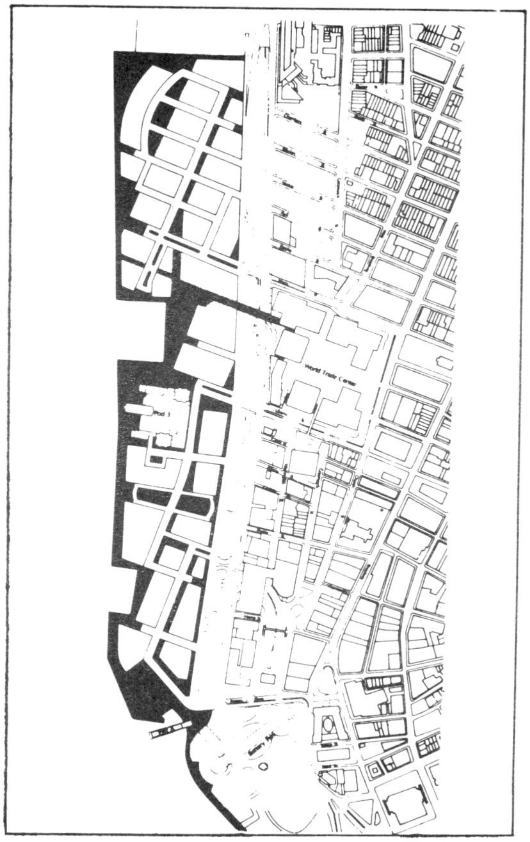

보기 위하여 시 당국에서 행정적으로 심의는 하겠지만, 이것은 일단의 구속력 있는 요구 사항이라기보다는 시 당국에 대한 의례적인 문제에 가까운 것이다. 그러나 나중에 건설될 부분은 뉴욕의 다른 고밀도 주거 지구와 유사한 지역제법을 따르게 될 것이다.

이 과정은 단순하고 간결한 표현으로 다듬어져 의회에 보고될 수 있었고, 공사 계약에 필요한 자금을 재조달하기 위하여 의회의 동의를 얻어내는 데에 중요한 역할을 했을지도 모른다. 개발업자도 역시 커뮤니티 계획 위원회의 심의와 도시 계획 위원회 및 예산 심의 위원회(Board of Estimate)의 동의를 받지 않아도 된다는 자유를 보장받을 수 없었다.

이 새로운 개발 규제는 도시설계 전문 회사인 쿠퍼-엑

상 : 바테리 파크 시티 지구의 상업 중심지에 대하여 쿠퍼-엑스터트가 내놓은 개발 규제는 전통적인 도시 재개발 원칙을 이용한 것이고 도해적인 투시도와 맞은 편 페이지의 도해적인 배치 계획으로 완성된다.

맞은 편 : 도해적인 배치 계획은 개발업자나 건축가가 선정되기 전에 건물 형태, 엘리베이터 코어의 위치와 기타 정확한 디테일을 보여 준다.

스터트 사무실(Cooper-Eckstut Associates)에 의하여 만들어졌다. 전에도 쿠퍼(Alexander Cooper)와 엑스터트(Stanton Eckstut)는 모두 시의 도시 설계 그룹 내에서 지도적인 역할을 담당했었다. 그들은 개발 조건의 변화에 대처하기 위하여 기존의 특별 지역제 지구를 혁신적인 것으로 수정할 수도 있었으나, 계획 개발(planned development), 가로 배치도(street maps), 공원, 관례적인 획지별 지역제(plot-by-plot zoning) 등과 같은 보다 전통적인 규제 형태로 되돌아갔다.

특별 지구의 중요한 부분이었던 시각적 통로(visual corridors)는 보존되었지만, 가로망 계획에 있어서는 전통적인 형태를 취하게 되었다. 민간 개발과 공공 이용의 혼합이 허용되어 있었던 복잡한 산책로 규제는 폐지되고, 모든 수변(水邊) 공간에 대한 간단한 배치도로 대체되었다. 전통적인 유형의 도해적 기법으로 표현된 배치 계획이 있기는 하지만, 법적으로 볼 때 그것은 의도적 표현(a statement of intent)이지 개발 규제는 아니다. 도해적인 투시도들이 있기는 하지만, 그것은 개발을 규정한다기보다는 가능한 개발을 설명해 주는 것이다.

그러므로 새로운 규제는 지방의 시공업자들에게 익숙해 있는 전통적인 개발 규제와, 건물이 설계되기 전에 그 구성과 매스를 규정하는 전통적인 도시 재개발 계획을 혼합한 것이다. 특별 지역제 지구의 혁신적인 면모는 관례적인 도시 재개발 방법에 의하여 찢어 발겨졌다. 이 지역제 기법이 폐기된 것은 실천성이 없거나 필요 이상으로 복잡하게 인식되었기 때문인지, 그렇지 않으면 도시 개발 공사(U.D.C.)가 활동하는 데 가급적 많은 재량권을 갖고 싶어 했기 때문인지는 아직도 명확하지 않다. 분명한 사실은, 개발 당국과 규제자가 본질적으로 동일한 실체가 될 때, 지역제에 대한 적대요소(敵對要素)는 제거되리라는 것이다. 왜냐하면 규제자가 사전(事前)에 협상 카드를 내놓을 필요는 이미 없을 것이기 때문이다.

도시 개발 공사는 시의 입법 과정을 통하여 재량권을 확보한 다음, 바테리 파크 시티 지구의 상업 중심지에 대한 좀 더 상세한 요구 조건을 제시하는 제 2 단계의 개발 규

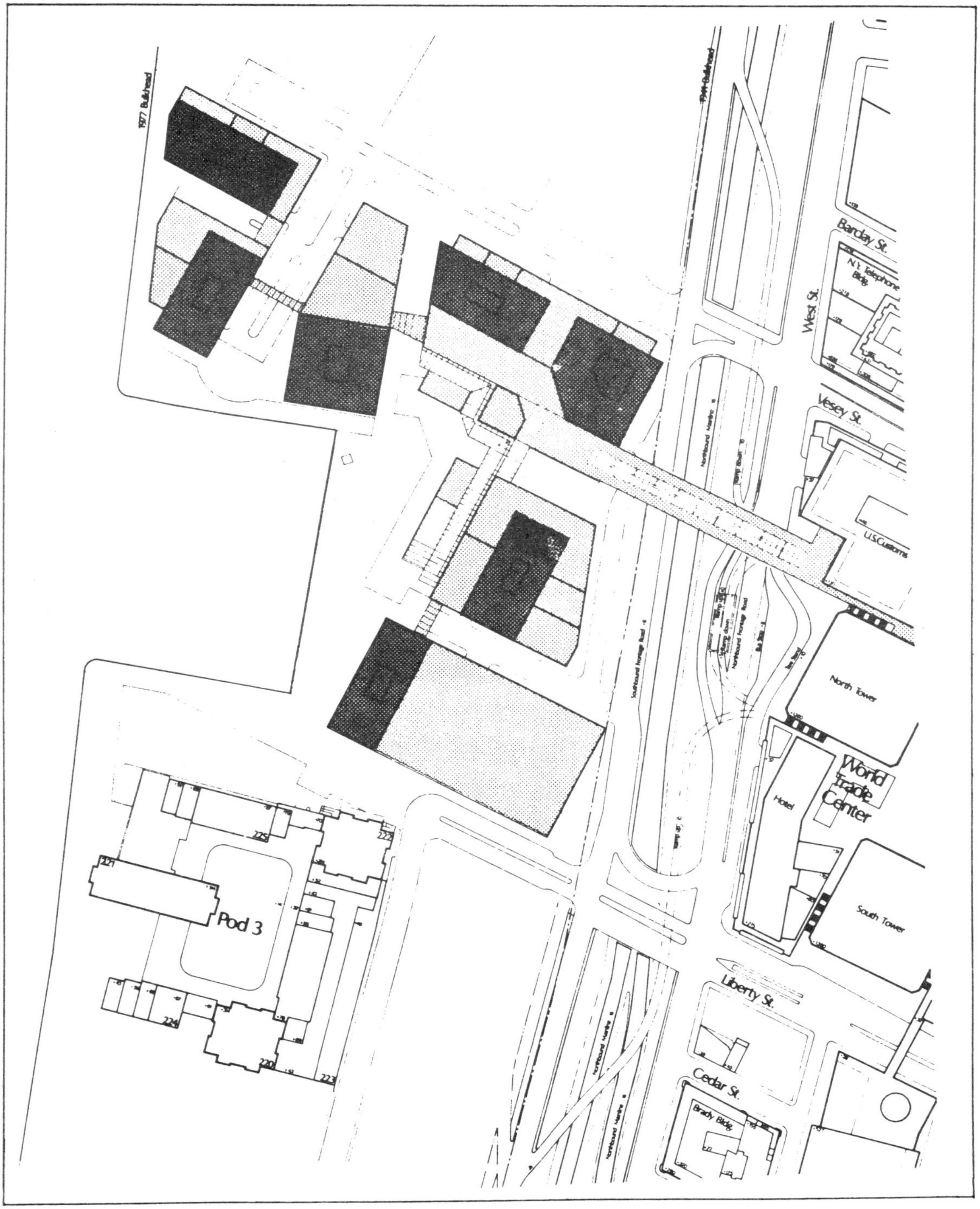
1977 Bulkhead
Barclay St.
West St.
N.Y. Telephone Bldg.
Vesey St.
U.S. Customs
North Tower
World Trade Center
Hotel
South Tower
Liberty St.
Cedar St.
Brady Bldg.
Pod 3
225
222
221
224
220
223

바테리 파크 시티의 상업 중심 지구에 대한 실시 설계. 올림피아·요크 부동산 회사는 시자 펠리(Cesar Pelli)를 건축가로 선정하였다.

상 : 세계 무역 센터(the World Trade Center)를 배경으로 하여 허드슨 강(Hudson River)에서 본 복합 지구의 전경.

하 : 배치 계획

맞은 편 우 : 리버티 가로부터의 출입구.

이 건축적 성과물은 훌륭한 것이다. 그러나 이 사업의 성공 여부는 그것의 설계와 시공이 한꺼번에 이루어질 수 있을 것인가에 달려 있다.

제를 마련할 것을 쿠퍼-엑스터트에게 위촉하였다. 쿠퍼-엑스터트가 안을 세워 UDC가 채택한 일단의 개발 규제는 뉴욕 시가 지역제 지구 내에서 과감하게 실현시키려 했었던 어떤 규제보다도 훨씬 더 상세하고 명쾌한 것이었다. 이 규제는 건물의 위치를 명시하고, 공공 스페이스에 대한 상세한 윤곽을 제시하고 있으며, 심지어 외부 마감의 조건까지도 설명하고 있다.

도시 개발 공사는 개발 제안에 대한 신청서의 일부로 이 규제를 출판하였다. 올림피아-요크 부동산 회사(Olympia & York Properties)가 개발업자로 선정되어 상업 중심 지구 전체를 개발한다는 의도에 입각하여 입찰하였다. 다음에 올림피아-요크 회사는 제한 현상 설계를 통하여 시자 펠리* 사무실(Cesar Pelli & Associates)에서 설계한 개발 계획안을 채택하였다. 펠리의 설계는 원래의 쿠퍼-엑스터트 개념과 다소 차이가 있는데, 그것은 개발 규제를 도해한 도면과 펠리 계획안의 평면 및 모형 사진을 비교해 보면 알 수 있다. 예를 들어 펠리는 공공 갤러리아(public galleria)에 새로운 방향성을 주었다. 그리고 강변에 평행한 공간을 두는 대신 공간의 주요한 요소가 강과 연결되도록 공간을 설계하였다. 이러한 변화는 강조를 위한 것이다. 그렇다고 해서 이것이 본래의 요구 조건에 역행하는 것은 아니다. 거기에는 고층 사무소 건물들이 극히 적지만 그 건물들의 연면적은 매우 큰 것이며, 이것 또한 개발업자가 요구한 변화 중의 하나이다. 펠리는 리버티 가(Liberty Street)의 양편에 조그마한 8각형의 건물을 각각 하나씩 더 배치함으로써 가로에서의 접근 방법을 재구성하였다. 이 계획안은 쿠퍼-엑스터트의 제안보다 배치 계획에 더 많은 통일성을 주는 것이다. 사실, 리버티 가 남쪽의 대지는 원래 미국 증권 거래소 건물의 신축 대지로 지정되었던 것인데, 마지막 순간에 상업 중심 지구(commercial core)로 추가하여 포함되었다.

바테리 파크 시티 지구 계획의 성패에 있어서 중요한 관건은 상업 중심 지구를 한꺼번에 개발하겠다는 의사가 올림피아-요크 부동산 회사의 심중에 있느냐 하는 것이었다. 그토록 많은 대규모의 건축 계획안이 허다하게 실패하고 말

*(역자 註) Cesar Pelli (1926~) : 아르헨티나 출신의 미국 건축가. Eero Saarinen, DMJM, Gruen 등과 함께 일했으며, 특히 유리를 사용하여 건축의 외관을 우아하고 유려하게 처리했음. 그의 대표작으로 Pacific Design Center, Battery Park City 등이 있음.

않지 않은가? 그 이유는 계획안들이 여러 사람의 건축주들을 위하여, 그리고 각기 다른 건축가들에 의하여 설계되었고, 오랜 기간을 두고 설계가 진행되어 그 사이에 개발의 여건이 달라졌기 때문이었다. 쿠퍼-엑스터트 계획안은 건축적으로 너무 구체적인 것이었기 때문에, 보통의 경우라면 일반적인 도시 재개발 계획이 겪는 그러한 운명을 맞이하게 되었을지도 모른다. 그러나, 결과는 그렇지 않았고, 그 계획은 도시설계의 위대한 성과를 이룩하게 한 장본인처럼 되어 버렸다. 쿠퍼-엑스터트 계획안이 좋은 것이었다면 펠리 계획안은 더욱 훌륭한 것이었다. 왜냐하면 설계자인 펠리가 보기 드물게 훌륭한 건축가였을 뿐 아니라, 그는 그 사업의 실질적인 건축주와 긴밀한 협조를 통하여 작업을 진행시켰기 때문이었다.

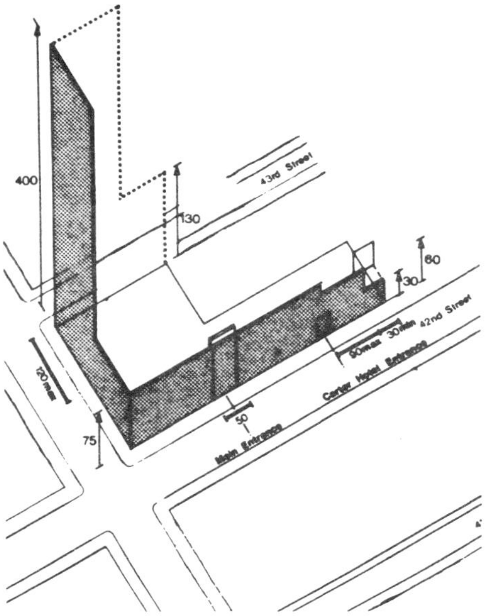

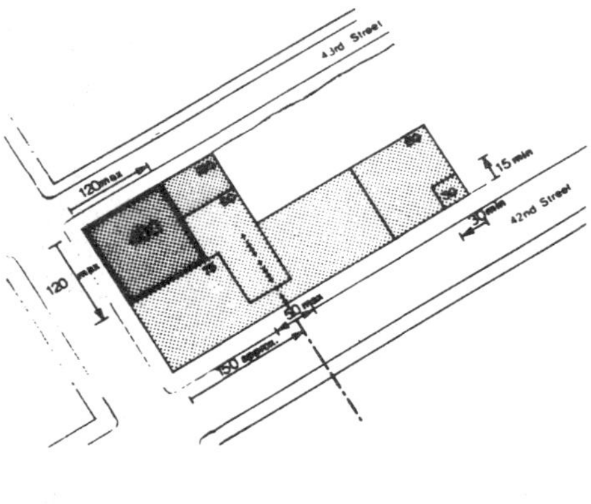

쿠퍼-엑스터트 사무실에서 작성한 만하탄 미드타운(Midtown)의 42번가 재개발 사업에 대한 개발 규제의 다이어그램. 이 규제는, 맞은 편 페이지에서 보여 주는 바와 같이, 거의 건축 설계의 계획 설계 단계(schematic phase)만큼 상세한 도면들로 되어 있다.

만하탄 미드타운(Midtown)의 42번가 재개발 사업에 대한 도시설계 규제는 분명히 자유 재량권이 내포되어 있으면서도, 외견상으로는 명백하고 변경될 수 없는 일련의 건축 규정으로 표현되어 있는, 극히 상반된 개념이 역설적으로 결합되어 있는 것이다. 브로드 웨이와 8번로(Eighth Avenue) 사이에 이르는 42번가의 재개발 계획의 개념은 원래 포드 재단(Ford Foundation)이 포함되어 있는 민간 단체 연합이 뉴욕 항만청(The Port of New York Authority)과 시 정부의 후원을 받아 자금을 지원한 연구의 결과였다. 최초의 계획안은 리챠드 와인스타인(Richard Weinstein)과 도날드 엘리옷(Donald Elliott)에 의하여 만들어졌으며, 이 계획안의 건축과 도시설계는 데이비스 브로디 사무소(Davis Brody & Associates)과 재클린 티. 로버트슨(Jaquelin T. Robertson)에 의하여 이루어졌다.

시는 이 사업의 시행권을 도시 개발 공사(UDC)에 넘겨주기로 결정하였고 UDC는 쿠퍼-엑스터트로 하여금 개발 규제의 계획 업무를 계속하도록 지시하였다. 쿠퍼-엑스터트는 원래의 설계 개념을 대부분 그대로 받아들였으나, 다만 그 개념을 건물의 형태, 엘리베이터 코어, 그리고 외장 재료까지 구체적으로 지정해 주는 일련의 상세한 지시서로 바꾸어 놓았다. 다시 말하면 계획 설계 단계(schematic phase of design)의 건축 입찰 도면에서 표현될 수 있는

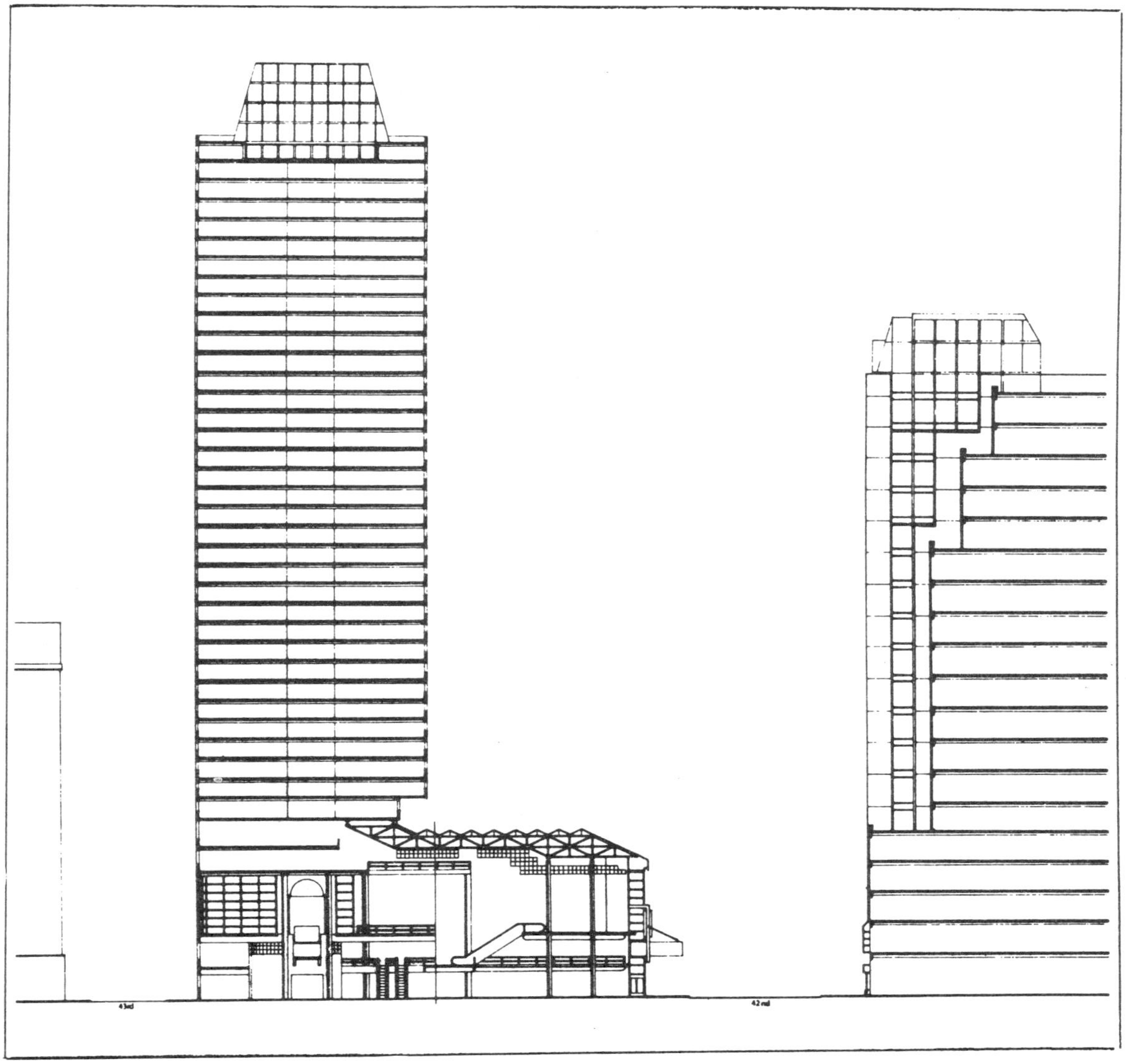

주정부의 권한으로…… 지역제에서 제외시켜 신개발을 시행하고 있다. 그러나 그 때에는 엄격한 개발 규제를 설정한다.

42번가 재개발 사업에 대한 본래의 설계 개념을 보여 주는 모형. 이 계획은 리챠드 와인스타인(Richard Weinstein)과 도날드 엘리옷(Donald Elliott)의 지휘 아래, 데이비스 브로디(Davis Brody) 사무실과 재클린 티 로버트슨(Jaquelin T. Robertson)의 도시 설계로 이루어진 것이다.

정도의 디테일까지 명시해 주는 규제로 변형시켰다.

42번가의 개발 계획안에 대한 UDC의 신청서에 의하면 본 사업에 대해서는 이 규제가 시의 지역제법의 역할을 대신하기로 되어 있다. 이 규제는 특수성보다는 일반성을 추구하는 지역제와 상반되는 것이며, 특별 도시 설계 지역제 지구(the special urban design zoning districts)의 기본 원칙이었던 도시 설계와 건물 설계를 분리하려는 의도와도 방향을 달리하고 있다.

뉴욕 시의 도시 설계 규제는 두 가지의 다른 방향으로 발전하고 있는 듯 하다. 한편으로는 예외 규정과 특별 규정의 수를 줄여 나가면서, 다른 한편으로는 실질적으로 이미 개발된 지역의 소규모의 대지에 대해서도 비교적 대규모의 지역에 적용되고 있는 본래의 도시 설계 지구 규제 가

운데 일부 기본 규정들을 확대 적용하는 좀 더 단순하고 일률적인 규제 방향으로 향해 나가려는 움직임을 보여 주고 있다.

바테리 파크 시티와 같은 매립 지역에서, 그리고 브로드웨이와 8번로 사이에 이르는 42번가 지구와 같은 도시 재개발 사업 지구에서 보여 주는 경향은 개발 사업이 뉴욕주 도시 개발 공사를 통하여 지역제와는 전혀 무관하게 시행되고 있는 듯 하다. 지금까지 UDC는 그 권한을 행사하여 전에 없이 상세하고 엄격한 설계 규제들을 설정해 왔다. 그러나 UDC가 행사할 수 있는 융통성의 권한은 완벽하리 만큼 큰 것이어서, 언제 어느 때라도 이 규제들을 수정하거나 폐기시킬 수 있을 것이다.

8
샌프란시스코 도시 설계 계획
(The San Francisco Urban Design Plan)

우리가 비교적 전통적인 형태의 지역제 규제라 할 수도 있고 혹은 상세한 건축적 요구 조건이라고도 할 수 있는 개개의 특별 설계 지구들에 근거한 지역제 정책이 아니라, 도시설계 문제에 근거를 둔 일관성 있는 지역제 정책을 알아보기 위해서는 뉴욕으로부터 샌프란시스코로 눈을 돌리지 않으면 안 된다.

샌프란시스코는 도시 설계가 중요한 공공의 문제로 부상된 도시가 되었다. 대부분의 도시들은 번화가에 새로 지어진 고층 사무소 건물들을 성장과 발전의 상징으로 여기고 자랑스럽게 생각하고 있다. 그러나 샌프란시스코 사람들은 새로운 건물들을 염려스럽게 관망할 줄 알게 되었다. 분명히 사람들은 그들의 도시가 예전의 풍물대로 남아 있기를 바라고 있으며, 도시의 스카이 라인이 "만하탄화"(Manhattanization)되어 가는 것에 대하여 우려해 왔다.

이러한 관심사를 반영하는 최초의 공적(公的)행위가 1963년에 나타났다. 즉 그 해 시의 감독 위원회(Board of Supervisors)는 도심 지역의 최대 허용 용적률을, 모퉁이 대지에 대해서는 2,500%에서 2,000%로, 그 밖의 대지에 대해서는 2,000%에서 1,600%로 삭감한다.

샌프란시스코의 장려 지역제
(San Francisco's Incentive Zoning)

1966년에 마련된 새로운 지역제법은 도심 지역을 4개의 기능 지역으로 나누어 놓았다. 즉, 용적률 700%인 서비스 지구, 용적률 1,000%인 일반 지구, 역시 용적률 1,000%인 소매 지구, 그리고 용적률 1,400%인 중심 사무소 지구가 바로 그것이다. 그러나 이들 지역 어디에서라도 개발업자가 바닥 면적의 보너스를 얻을 만한 쾌적 시설을 제공한다면 훨씬 더 높은 건축 밀도를 얻어낼 수 있었다. 이들 쾌적 시설 가운데에는 광장이 포함되어 있고, 그 규제는 뉴욕과 비슷하며 다른 점이 있다면 보너스의 최대 한도가 20%가 아니라 15%로 규정되어 있는 것이다. 또한 1961년의 뉴욕 시 지역제법은 단지 광장과 아케이드에 대해서만 보너스를 주었으나, 1966년의 샌프란시스코 시 지역제법은 광장과 그 밖의 9가지 건축 요소에 대하여 잠재적인 보너스 규정을 두고 있다. 9가지 건축 요소란 지하철에 관한 2조항, 주차장 개발에 관한 1조항, 보행자 접근로(광장은 제외)에 관한 3조항, 용적률 완화에 관한 2조항, 공공 전망대 시설에 관한 1조항을 말한다.

건물의 크기를 제한하는 전통적인 이유가 교통 혼잡과 "햇빛 및 대기"의 차단을 줄여 보자는 것이었으므로 보너스는 이들 기능 지역내의 환경 개선 사업에 대한 보상으로 주어졌던 것이다. 최고 밀도 지구는 마켓가(Market Street)를 따라 달리는 새로운 BART* 지하철 라인과 결부하여 설정되었다. 건물을 BART 지하철 역 보행 공간(station mezzanines)에 직접 연결시키는 경우 보너스는 최고 한도인 20%까지 주어진다. 건물의 대지 자체가 지하철 역 보행 공간으로부터 750피트 내에 있을 경우에는 10%의 보너스가 허용된다. 직접 출입할 수 있는 주차장에 대해서도 보너스가 주어지는데, 다만 주차장은 최고 밀도 지구의 외부에 있어야 한다. 측보도(side walk)의 폭을 확장시키면 15%까지 보너스가 주어진다. 이 측보도라 함은 광장과는 다른 것으로 그 경계선이 건축선으로부터 최소한 20피트는 떨어져야 한다고 규정되어 있다. 측면의 건축사선 후퇴(side setback)와 건물 고층부의 규모 축소에 대해서도 보너스가 주어지는데, 그것은 뉴욕에서라면 의무 규정(mandatory) 혹은, 도시 계획 위원회의 자유 재량권에 속하는 것으로 이와 동등한 효과를 얻기 위하여 제공하는 장려 대책이다. 관망대는 비교적 사소한 사항으로서 최대로 10,000평방피트까지 보너스를 받을 수 있다.

이 규정이 1966년에 채택되었을 때 그것은 미국의 도심지에 있어서 가장 혁신적인 토지 이용 규제의 표본이 되었다. 그러나 그 규정에는 건물의 전체적인 형태를 정해 주려고 했던 몇 가지 시도를 제외하고, 건물의 외관에 대

* (역자 註) BART : 만지역 지하철 계통 (Bay Area Rapid Transit System)

한 언급은 전혀 찾아볼 수 없었다. 그러므로 과거 지역제의 전통에서 보았을 때 그것은 기능적 지역제이지 미관적 지역제는 아니었다.

도심지에 대한 새로운 지역제가 오랫동안 여론을 만족시키지는 못했다. 특히 엠바카데로 센터(Embarcadero Center) 사무소 건물, 미국 은행 건물(Bank of America Building), 트랜스아메리카 타워(Transamerica Tower)와 같은 3개소의 도심지 계획은 평판이 좋지 못한 것으로 밝혀졌다.

이 사진은 시민들로 하여금 샌프란시스코 시에는 개발을 통제할 수 있는 새로운 방안이 필요하다고 결심하도록 동기를 만들어 준 건물들의 모습을 보여 주고 있다.

우측 건물 : 스키드모어, 오우잉스 앤드 메릴(Skidmore, Owings & Merrill)이 설계한 미국 은행 건물(Bank of America Building). 어떤 사람의 기준으로 보아도 잘 생긴 건물이지만 샌프란시스코의 많은 사람들은 그 건물이 너무 크고 색깔이 어둡다고 생각했다.

가운데 : 죤 포트만(John Portman)이 설계한 톱니 모양의 타워인 엠바카데로 센터(Embarcadero Center). 건물의 외양적 크기를 줄이기 위하여 매스를 도려 냈고, 이 건물은 공공이 후원한 도시 재개발 사업의 일부라는 사실에도 불구하고 사람들이 너무 거대하다고 생각하고 있다.

좌측 건물 : 홀리데이 인(Holiday Inn)과 트랜스 아메리카 빌딩(Transamerica Building). 이 건물들의 모양은 너무 기묘하다고 생각된다.

엠바카데로 센터(Embarcadero Center)는 정부가 후원하는 도시 재개발 사업의 일부이다. 그러므로 그 건물이 공공 정책을 반영하였다는 것은 명약관화한 일이다. 그러나 재개발 당국과 건축가인 죤 포트만*[1]이 주요한 비스타(vista)를 열어 놓으려고 주의를 기울였음에도 불구하고 많은 사람들은 그 사무소 건물들이 너무 거대하고 바다가 보이는 전통적인 조망을 가리고 있다고 생각하였다.

미국 은행 건물(the Bank of America Building)은 피에트로 벨루쉬(Pietro Belluschi)*[2]와 스키드모어, 오우잉스 앤드 메릴(Skidmore, Owings & Merrill)*[3]의 샌프란시스코 설계 사무소에 의하여 설계되었다. 그 건물은 교묘하게 계획된 것으로서, 신중하다 할 정도의 우아함과 풍부한 재료로 볼 때 그 건물은 어떤 도시에 있었다 하더라도 그 도시의 장식적 요소가 되었을 것이다. 그러나 샌프란시스코에서 그 건물은 높이에 비하여 너무 비대하고 어둡게 보였으며 그것의 갈색 화강석은 샌프란시스코 스카이 라인의 전통적으로 밝은 색채와 어울리지 않았다.

트랜스아메리카 빌딩(Transamerica Building)은 어느 것보다도 논란이 많았다. 그 건물은 유정탑(油井塔)을 상기시키는 뾰족한 형태로 신중하게 설계되어 그 자체만으로도 주의를 끌었다. 공공의 반발에 부딪혀 건물높이가 800피트로 줄었지만 분별있는 많은 샌프란시스코 사람들은 그 건물이 아직도 너무 높고 형태가 기괴하다고 생각하였다. 이렇게 눈에 띠는 도심지의 건물뿐만 아니라 차이나 타운(China Town) 변두리의 홀리데이 인(Holiday Inn) 건물과 샌프란시스코 주거 지역의 언덕 위에 서 있는 몇 개의 신축 아파트들도 많은 사람들에게 호감을 주지 못하였다. 이 고도(古都)는 빠르게 변화하고 있었으며 변화가 있을 때마다 어느 누구라도 알고 사랑했던 샌프란시스코라는 도시의 성격을 보존해야겠다는 감상은 깊어만 갔다.

새로운 지역제의 장려 규정이 적용되기 전인 1967년에 샌프란시스코 도시 계획국의 직원들은 도시 전체에 대한 도시 설계 계획안을 제안하였다. 개발 기금이 확보된 후 이 사업 계획은 1968년 말에 작업이 착수되어 단계별로 계속 진행되었고 1971년 5월에 비로소 완전한 계획안으로 공표되었다. 무명의 계획 요원들의 계획으로 시작되어 공표될 성 싶지도 않았고 입법화되기에는 더욱 미흡했던 이 계획안은 작업이 진행되는 동안 공공의 쟁점으로 뜨겁게 부각되었다. 왜냐하면 당시에 일반 대중들은 신개발을 달갑지 않게 생각하고 있었기 때문이었다.

도시 미화 운동(the City Beautiful Movement) 시대 이후로, 어느 누구도 도시 전체에 대해서는 설계 계획안을 만들어 내지 못했다. 다니엘 번햄(Daniel Burnham)만이 대지진과 대화재 이전인 1904년에 샌프란시스코 계획을 세웠지만, 그것은 시의 지도자들로 구성된 민간 그룹에게 위촉받은 것이어서 좋은 선례로 생각하기는 어려웠다. 도시 계획국은 사태가 진행됨에 따라 방법론을 강구하지 않으면 안 되었다.

이 도시설계 계획안에 관한 내력은 1967년부터 1974

*1)(역자 註) John Portman(1924~): 미국 남 캐롤라이나 태생의 건축가이면서 개발업자. 그는 공공의 이익에 관심을 두어 건축설계의 개념을 도시 설계의 개념까지 확대시키려고 노력하였으며, 거대한 실내 공간에 나무, 물, 보석과 같은 엘리베이터 등 흥미로운 건축 요소들을 대담하게 도입하였다. Peachtree Center, Embarcadero Center, Hyatt Regency Hotel 등 많은 작품을 남기고 있다.

*2)(역자 註) Pietro Belluschi(1899~): 이탈리아 태생의 미국 건축가. M.I.T.의 교수를 역임했음. 그는 20세기 건축 설계에는 팀 작업이 필요하다는 신념 아래, 자신의 설계 사무실을 설립하기보다는 다른 사무실과 협동하여 활동하였다. 사무소, 쇼핑 센터, 주택 등 많은 설계 작품이 있으나 특히 교회 설계가 유명하다.

*3)(역자 註) SOM: John O.Merrill (1896~1975)과 Louis Skidmore(1897~1962)와 Nathaniel A. Owings(1903~)이 1939년에 설립한 대규모의 건축 설계 회사로서 시카고, 뉴욕, 샌프란시스코, 포틀랜드, 워싱턴, 보스톤, 덴버 등에 각각 사무실을 내고 있다.

샌프란시스코 도시 계획 설계안의 **도시 패턴의 기본 원칙** 부분에서 발췌한 인용문과 그림. 원칙 No.2

지형을 강조하지 않는 가로 배치 및 건물 형태는 도시 형태 및 이미지의 명료성을 감소시킨다.

A : 언덕 위에 높고 날씬한 건물을, 경사면과 계곡에 낮은 건물을 배치하면 언덕의 형태는 더욱 강조된다.

B : 등고선에 평행한 도로를 따라 건물들을 배열하면 언덕의 형태에 조화되지 않는 강력한 수평의 띠를 이루는 패턴이 형성된다.

년까지 샌프란시스코의 도시 계획국장으로 있었던 알란 제이콥스(Allan Jacobs)가 "도시 계획을 하면서"(Making City Planning Work)* 라는 그의 솔직하고 재미있는 저서에서 말해 주고 있다. 제이콥스는 이 도시 설계 연구의 발상과 실무 작업이 건축가와 도시설계가로 훈련받은 젊은 계획 요원들에 의하여 이루어졌다고 밝히고 있다. 이 계획의 책임자는 리챠드 디 헤드만(Richard D. Hedman)이었고, 시민 자문 위원회가 여론의 반향판 역할을 하고 있었다. 결과적으로 이 위원회는 계획의 정책 및 원칙을 세우는 데 있어서 중요한 역할을 하게 되어 있었으나, 효과적으로 기능을 발휘하기까지는 오랜 시간이 걸렸다고 제이콥스는 말하고 있다. 제이콥스는 그 위원회가 위원들 자신의 견해만을 피력했을 뿐 선거구민의 의사는 충분히 대변하지 못했다고 생각하고 있다. 또한 다른 정부 기관들이 그 위원회에 초빙되어 참석하고 있었으나, 제이콥스는 그들의 참여가 유명무실했던 것으로 평가하고 있다.

도시 계획 연구원의 참여자들이 방법론을 설정하여 그들이 무엇을 성취해야 할 것인가를 결정하는 데에 약 1년이 걸렸다는 것은 틀림없는 사실이다. 이 첫해 동안에 3가지의 예비 보고서가 작성되었는데 그것은 계획의 배경(background), 기존의 계획 및 정책(existing plans

* American Society of Planning Officials, Chicago, 1978.

and policies), 계획의 목적 및 목표(goals and objectives)들이다.

이 연구의 전환점이 되는 1970년에 외부의 전문 용역 회사의 도움을 받아 두 가지의 중요한 예비 문서가 완성되었다. 이들 보고서의 하나는 기존의 도시 형태 및 이미지의 조사에 관한 것이고, 다른 하나는 설계 원칙의 목록이다.

형태와 이미지의 개념은 대부분 케빈 린치(Kevin Lynch)*[1], 특히 린치의 저서 **도시의 이미지**(The Image of City)에 근거한 것이다. 린치의 방법론은 도시 설계에 대한 공공의 잠재 의식을 조사하는 사회학적 설문서를 이용하여 전문가가 만들어 낸 형태를 평가하는 것이다. 그 개념을 이 사례에 결부시키는 역할은 도날드 애플야드(Donald Appleyard)가 담당하였는데, 그는 케빈 린치와 함께 일한 적이 있었고 그와 공동으로 **도로에서의 경관**(The View from the Road)*[2]이라는 저서를 펴냈었다. 자동차를 타고 가면서 지각되는 도시 형태에 관한 애플야드의 특별한 관심은 연구의 방향을 어느 정도 빗나가게 한 것도 사실이었다. 그는 근린주구를 다룬 부분에서 적주성(livability)은 통과교통(through traffic)과 역비례한다는 사실을 밝혀 내었다(이 연구에서 지각에 관한 자료는 설문서를 통하여

*[1](역자 註) Kevin Lynch(1918～): 시카고 태생의 도시계획가. 심리학적인 측면에서 도시 계획을 접근한 사람으로 The Image of City(1960), Site Planning(1962), A Theory of Good City Form(1981) 등의 저서가 있다.

*[2] Donald Appleyard, Kevin Lynch, and John R. Meyer, *The View from the Road*. Cambridge : M.I.T. Press, 1964.

샌프란시스코 도시 설계 계획안으로부터 발췌한 또 하나의 기본 원칙 No.6 : "가장 눈에 잘 띄는 건물들이 밝은 색으로 칠해졌을 때 그 도시의 시각적 통일성과 특성은 강화된다."

신개발에 대한 샌프란시스코 도시 설계 계획안의 기본 원칙 가운데 제 1 원칙

건물의 크기 및 형태가 도시 경관의 가시성(可視性)과 중요한 자연적 특성, 그리고 기존의 개발 상태와 어떤 관계를 갖느냐에 따라 그것이 도시의 이미지와 특성에 좋은 영향을 미칠 것인가 혹은 저해 효과를 미칠 것인가가 판가름된다.

A : 언덕의 정상 가까이에 있는 높고 날씬한 건물은 언덕의 형태를 강조하고 경관을 보호한다.

B : 언덕 위 또는 가까이 있는 과도하게 부피가 큰 건물은 자연 지형을 압도하고 경관을 차단하며, 일반적으로 도시의 특성을 훼손할 수 있다.

얻어진 것이다.) 최종 보고서 내용의 대부분은 근린주구에서 통과 교통의 저감 방안을 다룬 것이다. (p. 190 참조).

도시 계획국 요원과 전문 용역 회사인 오카마토 / 리스캄(Okamato / Liskamm)이 공동 작업하여 내놓은 형태 조사는 도시를 미학적 관점에서 볼 때 무엇이 옳고 무엇이 그른가를 가구(街區) 단위로 서술한 종합적인 연구 결과였다. 그것을 기초로 하여 도시 계획국 요원들은 도시 설계안의 가장 중요한 부분인 "도시 설계 원칙"을 또 다른 전문가인 토마스 알 아이달라(Thomas R. Aidala)와 협력하여 편찬하였다. 이 원칙들은 예를 들면 "가장 눈에 잘 띄는 건물들이 밝은 색으로 칠해졌을 때 도시의 시각적 통일성과 특성은 강화된다"와 같이, 종종 주관적인 색채를 띠고 있었다. 그 연구 보고서의 편집자인 피터 스버스키(Peter Svirsky)의 솜씨에 힘입어 현황 조사(inventory)와 원칙들은 주관적인 소지가 있기는 했지만 토지 이용에 관한 새로운 입법의 이론적 근거로 사용될 수 있었던 분명히 합리적이고 일관성 있는 정책의 기초가 되었다.

주관적이긴 했지만 합리적인 설계 평가 방법을 전반적인 정책으로 바꾸어 놓았다는 점이야말로, 샌프란시스코 도시 설계 계획안의 가장 큰 공헌이자 그 계획안이 신중하게 연구되어야 했던 이유라 할 수 있을 것이다. 전문 용역 회사인 마샬 카프란(Marshall Kaplan), 갠스 앤드 칸(Gans & Kahn)의 사회 조사를 포함하는 사회학적 근거는 계획가는 건물과 지형뿐 아니라 사람들에게도 관심을 갖고 있다는 사실을 입증해 주었으며, 그것은 아마 공청회 과정에서도 많은 도움을 주었을 것이다. 그러나 최종 보고서는 본질적으로 물리적 형태의 전문적 판단에 관한 것으로 나타났다.

도시 설계 계획안의 내용에는 실무에서 가장 중요한 요소인 건물의 높이와 용적에 관한 규제가 포함되어 있었다.

위치에 따라 달라지는 건물의 최대높이는 인접한 부동산 소유자의 전통적인 권리나 그보다 더 제한적인 지구별 개념에 의하지 않고 전반적인 도시 형태 분석에 의하여 결정되었다. 고층건물의 용적을 규제하는 새로운 수단도 도입되었다. 각 지구에서 고층건물의 최대 대각선 칫수(maximum diagonal dimension)를 정해 줌으로써 건물의 형태를 높이뿐만 아니라 스카이 라인에 대해서도 규제할 수 있었다.

도시 설계 계획안은 당시 샌프란시스코의 제조업자였던 알빈 더스킨(Alvin Duskin)이 이끄는 단체의 시도와 때를 같이 하여 공표되었다. 그 시도란 투표상의 발의권(initiative)을 통하여 개발에 훨씬 더 엄격한 제한을 가하려는 것이었다. 더스킨의 접근 방법은 극히 간단하다는 장점을 가지고 있었다. 그는 모든 건물의 신축을 6층까지로 제한하자고 제안하였다.

도시 설계 계획안이 완성되었던 때와 같은 시기에 더스킨의 발의(發議)를 위한 추진 운동이 진행되고 있었다는 사실은 그 계획안이 채택되는 과정에 많은 도움을 주었다. 더스킨의 발의와 비교해 볼 때 계획가들의 제안은 개발업계의 입장에서 보면 상당히 완화된 것으로 느껴지는 것이었다. 동시에 계획가들은 6층이라는 제한이 샌프란시스코의 많은 근린주구에서 건축 용적의 허용 한도를 실질적으로 증가시키는 요인이 될 것이라고 지적할 수 있었다. 그리하여 계획가들은 부동산업계에서 볼 때는 개발 규제를 보다 완화하는 듯하고 대부분의 근린주구의 신개발에 대해서는 보다 보수적인 듯한 다행한 입장에 서게 되었다.

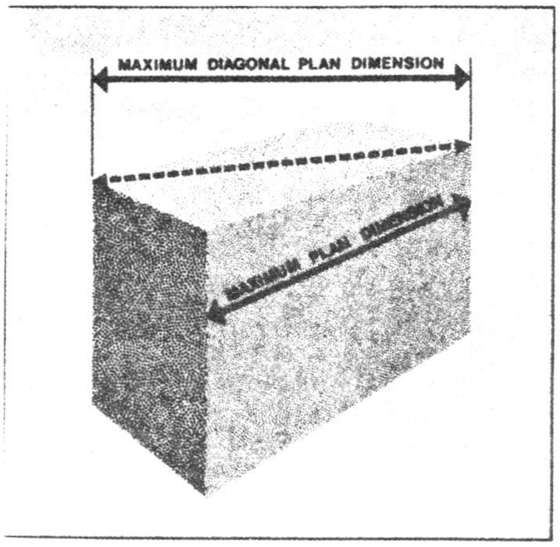

용적 측정 방법

최대 평면 칫수(maximum plan dimension) : 건물 벽면의 최대 칫수는 그 지역 내 다른 개발 상태의 보편적인 건물 높이와 동등한 높이에서 측정된다.

최대 대각선 평면 칫수(maximum diagonal plan dimension) : 건물 외피(外皮) 상의 가장 멀리 떨어진 두 지점 간의 수평 칫수는 그 지역 내 다른 개발 상태의 보편적인 높이와 동등한 높이에서 측정된다.

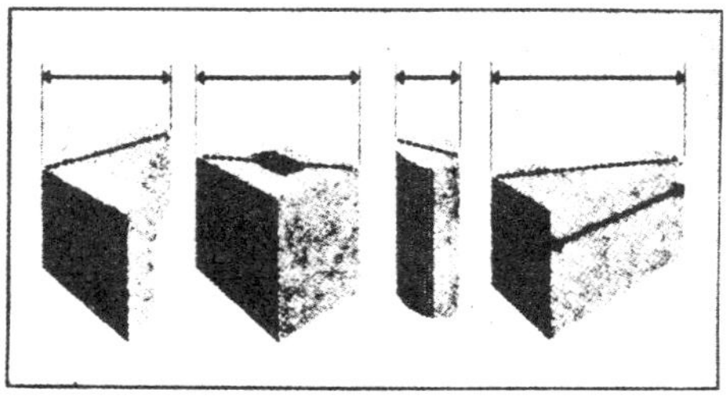

기타 건물 형태에 적용되는 용적 측정

샌프란시스코 도시 설계 계획에 관한 정책 중의 하나는 신축 건물의 용적을 기존 개발의 보편적인 스케일에 관련시키는 것이다. 이 작업의 메카니즘은 건물의 최대 평면 및 대각선 칫수를 규제하는 것이다.

샌프란시스코 도시 계획 위원회는 1971년 8월 하순에 도시 설계 계획안을 공식적으로 채택하였다. 위원회는 또한 계획안을 시행하는 데 도움이 되는 일단의 지역제 규제를 개방하자는 결의안을 통과시켰다. 그 사이에 계획상의 높이 및 용적 제한은 보다 관대한 기존의 지역제법을 대신하여 임시 규제로 채택되었다.(샌프란시스코 도시 계획 위원회가 임시 규제를 채택할 수 있는 권한은 시기를 놓치지 않고 변화에 대처할 수 있는 유용한 수단이다.)

더스킨의 발의는 그 해 11월의 표결에서 패배했지만 30%의 찬성을 얻고 도시 설계 문제를 발의한 무시할 수 없는 주장이었다. 더스킨과 그의 지지자들이 이번에는 도심 지역과 근린 지역을 구분하는 제안을 가지고 1972년 6월에 다시 발의하기로 결의하였다. 이 제안은 신축 건물의 높이를 주거 지역에서 40피트로, 도심 지역에서는 160피트로 제한하자는 것으로 원래의 발의보다는 다소 진보적인 것이었다. 두 번째 발의는 기존의 높이 제한이 30피트와 35피트였던 일부 근린주구에 있어서는 아직도 건물의 높이를 높여 주는 효과가 있었다.

시의 새 지역제 제안에 대한 공청회는 더스킨의 두 번째 발의 추진 운동과 같은 시기에 열렸다. 이번에도 역시 시의 제안은 더스킨의 발의에 비해서 온건해 보였기 때문에 우위의 입장에 서게 되었다. 더스킨의 발의 추진 운동에 의하여 발생되는 시민의 이해 관계도 역시 시의 새 지역제 제안을 공표하고 그 지지를 얻는 데 도움이 되었다.

도시설계 계획안은, 고층건물들이 계속하여 들어설 것이라고 계획가들이 생각하고 있었던 도심 지역과 고층건물들이 지어질 일부 신개발 지역 외에도, 샌프란시스코의 많은 지역을 대상으로 하고 있었다. 그 계획안은 공청회 과정을 거치면서 고층건물의 신축을 도심 지역의 중앙부에만 한정하는 더욱 더 보수적인 것으로 변하였다. 그 계획안은 도심 지역에서마저도 보다 보수적인 경향을 띠고 있었는데, 이를테면 최고 밀도 지역에 700피트의 절대높이 제한을 둔다는 것이었다.

더스킨의 두 번째 발의는 1972년 6월 6일 투표에서 43%의 지지를 얻었고, 결국 그 해 7월 31일에 샌프란

샌프란시스코 도시 설계의 최초 계획안에서 발췌한 이 지도들은 높이 제한 지구의 위치와 지구마다 허용되는 최대 평면 및 대각선 칫수가 여러 가지로 달라지고 있음을 보여 준다.

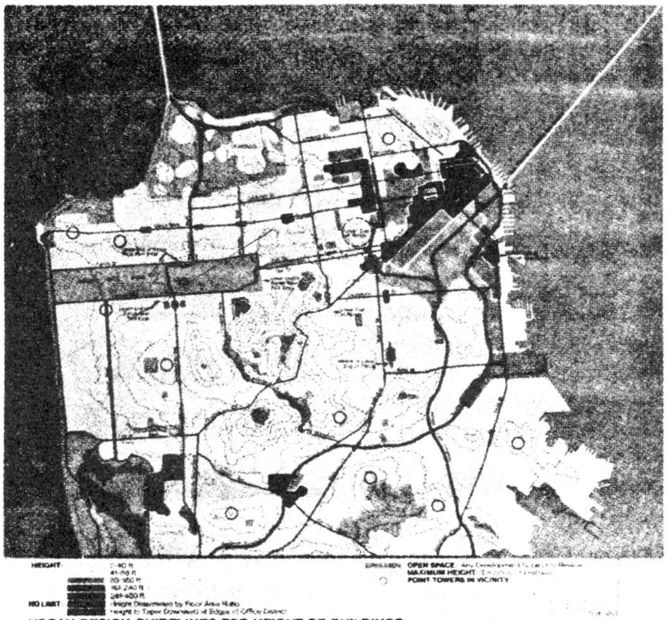

URBAN DESIGN GUIDELINES FOR HEIGHT OF BUILDINGS

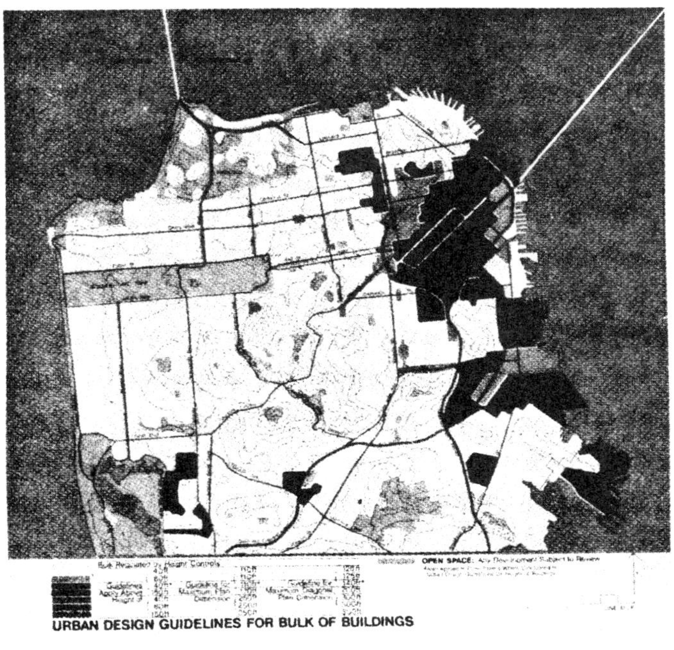

URBAN DESIGN GUIDELINES FOR BULK OF BUILDINGS

PROCESS FOR PRIVATE DEVELOPMENT UNDER OBJECTIVE ZONING STANDARDS

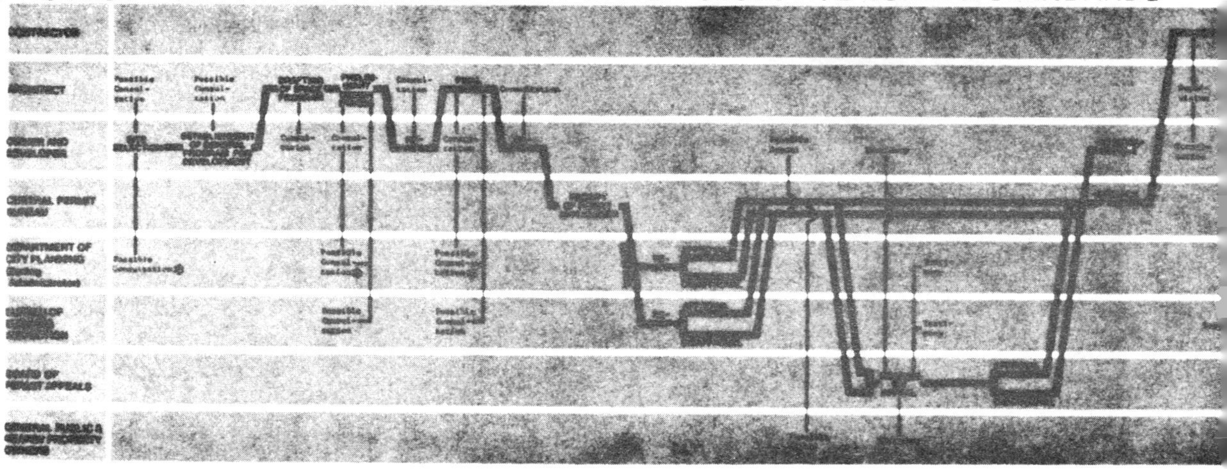

시스코 감독 위원회는 새 지역제법을 승인하였다.

샌프란시스코 도시 설계 계획안의 통과(The Passage of the Sanfrancisco Urban Design Plan)

알란 제이콥스(Allan Jacobs)가 그의 저서에서 지적한 바와 같이 이번만은 종합 기본 계획을 시행하기 위하여 제출한 지역제 법안이 예상한 계획 과정대로 진행되었다. 결국, 높이 제한은 더스킨의 발의에서 제안된 제한 조건들보다 현저하게 예민한 것은 아니었으나, 용적 제한에는 또 하나의 중요한 규제 요소가 첨가되었다. 도시 형태에 대한 엄밀한 문서화는 높이 제한과 새로운 용적 규제의 법적 근거가 되었고, 장려 조항과 같은 지역제의 다른 규정에서 허용하고 있는 수준 이하로 실질적인 개발을 억제하는 효과가 있었다.

캘리포니아 주의 환경의 질에 관한 법률(California's environmental quality legislation)은 정부 지원 사업뿐 아니라 민간 투자 사업에도 적용된다. 따라서 1972년 환경의 질에 관한 법률이 통과된 이후 중요한 건물을 신축할 때에는 환경 영향 심의를 받아야 했으며 도시 계획국이 심의 기관으로 지정되었다. 도시 설계 계획안은 심의의 개념적인 틀이 되고 있으며, 환경법(environmental legislation)은 계획의 법적 효력을 뒷받침하고 있다. 도시 계획 위원회도 그런 식의 절차를 이용하여 사무소 건물을 주로 짓는 개발업자들로 하여금 샌프란시스코 도심지의 다른 지구에 새로운 주거 단지를 건설하도록 유도하고 있다.

ROCESS FOR CONDITIONAL USES

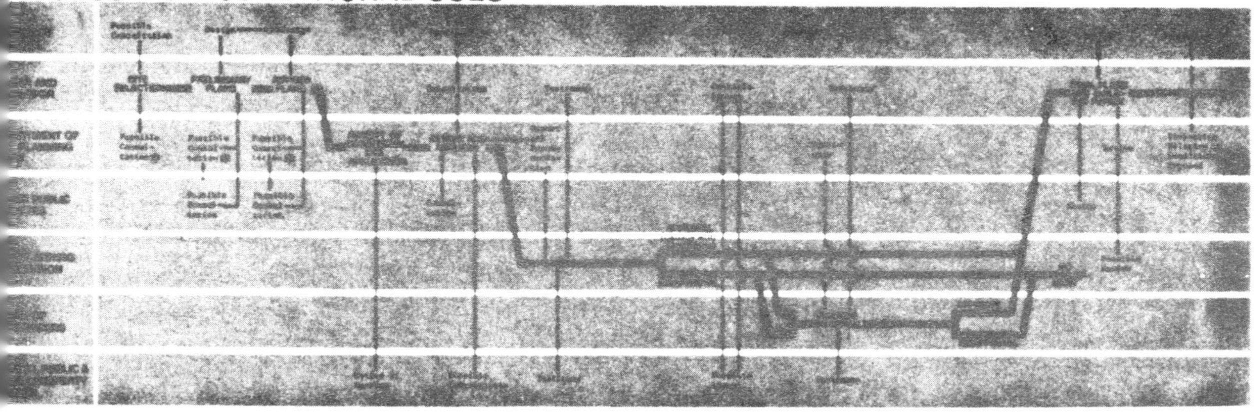

샌프란시스코 도시 설계 규제상의 승인 절차.

샌프란시스코의 도시 성장 반대론자들은 이 도시 설계 계획안을 흡족하게 생각하지 않았으며 최근인 1979년 가을의 선거에서는 훨씬 더 엄격한 높이 제한을 또 다시 내놓았다. 도심 업무 지구에 새로 지어지는 건물의 건축적 성격에 대해서도 역시 불만의 요소가 남아 있다. 최초의 도시 설계 계획의 책임자였던 리챠드 헤드만(Richard Hedman)은 샌프란시스코 도시 계획 위원회가 최초의 많은 건물들에서 발생되는 결함을 피하기 위하여 현재 개발 계획안의 심의에 사용하고 있는 건축적 원칙을 그의 저서에서 설명하고 있다.*

이 원칙의 내용 가운데에는, 신축(新築) 건물은 전통적인 가로 패턴을 강화하기 위하여 저층부의 건축선을 대지 경계선에 맞춘다든지, 이들 저층부는 "시각적으로 흥미를 끌어야 하고" 건축적인 측면에서나 가로의 공간적인 측면에서나 이웃 건물들과 관련시켜 설계해야 한다는 요구 사항들이 포함되어 있다. 또한 오래된 건축물이 건축적인 혹은 도시 설계적인 장점을 가지고 있는 경우, 건물의 전체 혹은 중요한 부분을 보존해야 한다는 새로운 요구 조건도 역시 포함되어 있다.

헤드만은 "꼭대기가 상자 모양을 한(box-top) 고층건물을 금지하고 스카이 라인상의 건물 위치를 고려하여 신중하게 형태가 설계된 건물만을 허가한다"는 정책에 제1의 우선 순위를 두고 있다. 그는 법정 도시 설계 계획의 내

* "A Skyline Paved With Good Intentions", by Richard Hedman, in *Planning*, Vol. 47, No. 8 (August 1981).

용에 포함되어 있는 700피트 높이 제한에 의하여, 거의 같은 높이를 가진 건물들이 울타리의 모습을 이루고 있는 샌프란시스코 도심지의 사진을 보여 주면서 이러한 관점을 설명하고 있다. 그러나 고층건물의 꼭대기 모양을 재조정했을 때 정말 큰 차이가 생길 것인가는 단언할 수 없을 것이다.

헤드만의 진정한 주장은 주변 관계(context)를 고려하여 건물이 설계될 수 있도록 도시 설계 계획을 보강할 필요가 있다는 것이다. 스카이 라인상의 건물 모양으로부터 낮게는 트럭 하역장의 위치에 이르기까지, 이와 같은 주변 관계에 대한 요구 조건들을 규정하는 것은 가능하다. 이 문제에 관하여 우리는 제 14 장에서 다시 논의하게 될 것이다.

9

계획 커뮤니티의 설계 방식

(Design Formulations for Planned Communities)

계획 커뮤니티(planned community)의 개념은, 지금은 폐기되었지만 정부가 신도시 개발을 위하여 장기 저리 융자를 제공하였던 연방 계획에 대한 반응으로, 1970년대 초 미국 전역에서 잠시 동안 유행했었다. 영국이나 스칸디나비아의 계획 커뮤니티들과는 달리, HUD(주택 도시 개발성)가 후원하는 이들 새로운 커뮤니티의 계획은 상호 연관성을 가진 일련의 국가 계획 정책들에 포함되어 있지 않았다. 심지어 신도시 개발을 정책적으로 추진하는 국가에서도, 계획 커뮤니티는 도로나 하수도와 같이 수입이 전혀 없는 시설을 위하여 "들어가기만 하고 나오지 않는 비용"(front-end costs)에 많은 자금을 쏟아 넣고 오랫 동안 빚을 갚아야 하는 사업으로 여기고 있다. 미국에서 개발업자와 정부는, 부동산 투기가 경쟁적으로 일어날 가능성이 있기 때문에 계획 커뮤니티는 종종 개발할 수 없을 정도로 오랜 시간이 걸린다는 사실을 알게 되었다.

그러나 계획 커뮤니티는 건물을 설계하지 않고 도시를 설계한다는 쟁점이 가장 순수한 형태로 나타나는 도시 설계의 궁극적인 문제를 표본으로 보여 주고 있는 것이다.

새로운 커뮤니티를 설계하는 과정은 건물을 설계하는 것보다 훨씬 범위가 넓고 많은 사람들이 관련된다. 그러나 건물 설계의 과정과 비슷한 일련의 알아보기 쉬운 단계들을 거쳐 진행된다. 건물을 설계할 때와 마찬가지로, 어느 시점에 있어서나 대세를 그르칠 가능성이 있다. 만일 대지가 잘못 선정되거나 프로그램이 옳지 못하다면, 그 사업은 이미 가망성이 없게 되어 버린다. 아무리 계획 설계(schematics)가 좋다 할지라도 그 개념이 기본 설계(design development) 과정 후까지 살아 남으리라는 보장은 없다.

계획 커뮤니티의 설계에는 크게 4단계의 과정이 있는 듯하다. 첫 번째 단계는 대지 선정과 프로그램 단계로서, 토지의 분석과 기본적인 토지 구성 원칙의 선택 및 평가가 포함된다. 다음 단계는 토지 이용 계획으로 이것은 물리적인 설계 개념을 어느 정도 구체화시킨다. 토지 이용 계획을 때때로 최종 상태의 계획(end-state plans)이라고 한다. 왜냐하면 그것은 상당히 먼 장래의 전체 개발 상태를 보여 주는 것이기 때문이다. 그러나 토지 이용 계획의 기초가 되는 원칙들은 단순히 표준적인 책략을 말해 줄 뿐이지 특정한 부지 및 프로그램과는 거의 관계가 없다. 세 번째 단계에서는 하부 구조, 획지, 건물 등에 관한 실시 설계(actual design)를 연구하고 단계적인 개발 과정을 계획한다. 마지막으로 네 번째 단계는 실제 구조물의 시공으로, 이 시점에서 건축 및 공학 설계의 관례적인 계약이 이루어진다.

4단계의 설계 과정 (A Four-stage Design Process)

이 4단계의 설계 과정을 서로 연결시켜 주는 기술은 분명히 최종 결과물의 질에 중요한 영향을 미친다. 가끔은 두 번째 단계와 세 번째 단계 사이에 진행상 큰 공백이 생기는데, 그 기간에 개발업자는 자금이 확보될 수 있는가, 지역제 및 환경 관계의 허가가 날 수 있는가를 탐색하면서 기다린다.

실시 단계의 개발 계획을 세워야 할 시기가 되면, 전체 계획안은 실제로 어떠한 일이 발생될 것인가를 정해 주는 틀이라기보다는 건전한 의도의 표현에 가깝다는 사실이 밝혀질지도 모른다. 만일 전체 계획(예를 들면, 가로망 계획)에 따라 내려진 결정과 실제의 근린주구 및 근린 중심의 설계 사이에 모순이 생긴다면, 설계의 질은 틀림없이 손상될 것이다.

우리는 설계 과정의 각 단계에 대하여 좀 더 상세하게 살펴본 후, 이 상호 관계의 문제로 돌아가기로 한다.

설계자는 대지를 분석한다든지 도로, 소로(pathway), 배수 체계, 오픈 스페이스 체계 등 물리적 "하부 구조"에 대한 구성 개념을 설정하는 데에 중요한 역할을 할 수 있

맞은편 그림 : 건축이 가능한 대지를 결정하기 위하여 생태학적 민감성을 분석하는 매카그(Mc Harg) 분석기법의 과정을 보여 주는 다이어그램. 루엘린-데이비스 사무소(Llewelyn-Davies Associates)가 설계한 텍사스 주 달라스 시 근처의 플라우어 마운드 신도시(Flower Mound New Town) 계획에서 발췌한 것임.

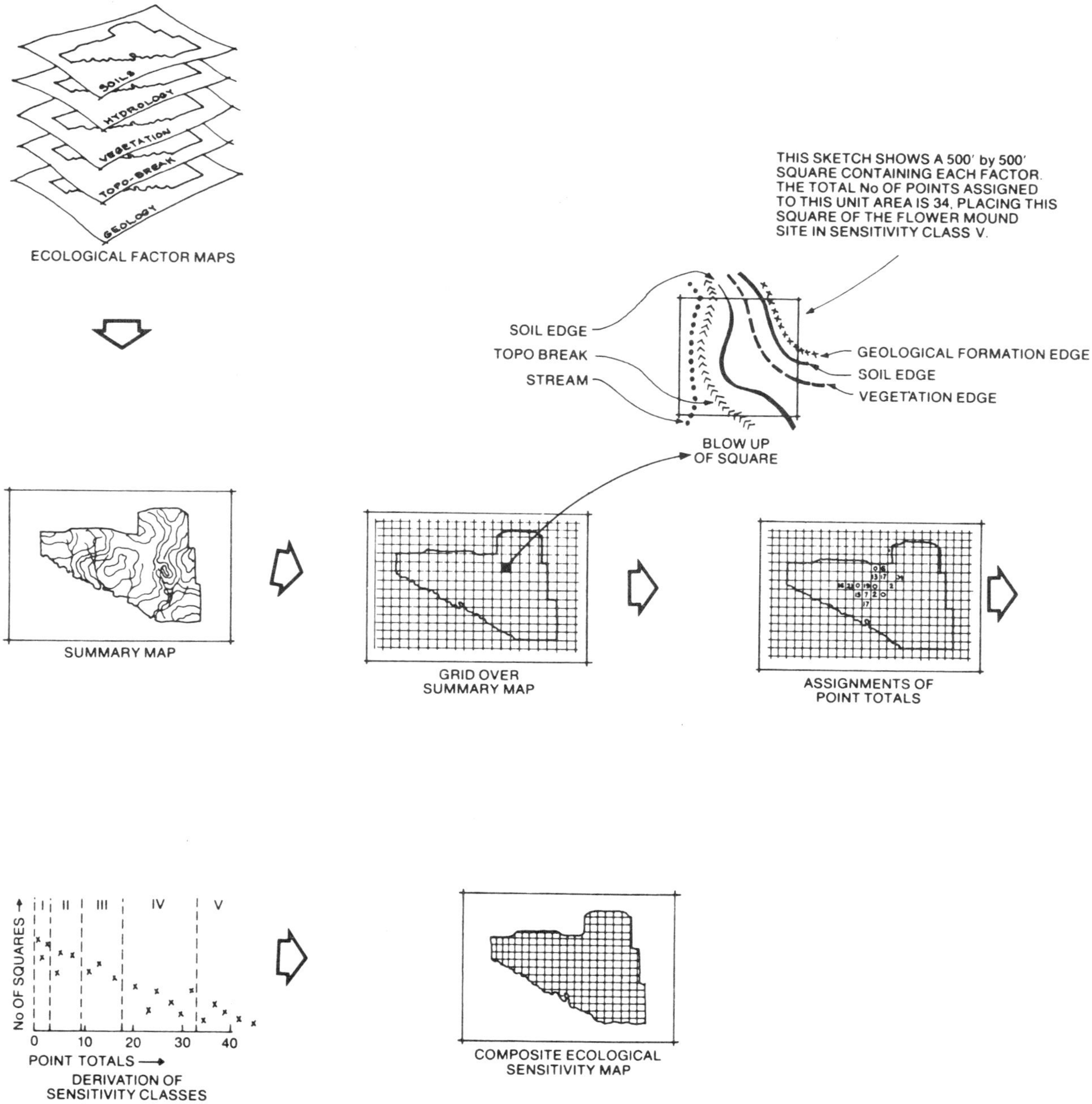
SOILS
HYDROLOGY
VEGETATION
TOPO-BREAK
GEOLOGY
ECOLOGICAL FACTOR MAPS
THIS SKETCH SHOWS A 500′ by 500′ SQUARE CONTAINING EACH FACTOR. THE TOTAL No OF POINTS ASSIGNED TO THIS UNIT AREA IS 34, PLACING THIS SQUARE OF THE FLOWER MOUND SITE IN SENSITIVITY CLASS V.
SOIL EDGE
TOPO BREAK
STREAM
GEOLOGICAL FORMATION EDGE
SOIL EDGE
VEGETATION EDGE
BLOW UP OF SQUARE
SUMMARY MAP
GRID OVER SUMMARY MAP
ASSIGNMENTS OF POINT TOTALS
I II III IV V
No OF SQUARES
0 10 20 30 40
POINT TOTALS
DERIVATION OF SENSITIVITY CLASSES
COMPOSITE ECOLOGICAL SENSITIVITY MAP

지만, 설계의 모든 과정에 항상 참여하지는 않는다. 불행하게도 설계자는 일반적으로 대지가 선정되고 기초적인 개발 계획의 대안이 어느 정도 만들어진 후에야 비로소 설계 과정에 참여하게 된다.

대지의 설계 분석
(Design Analysis of the Site)

대지로 개발하기 위하여 특정한 토지의 상태를 분석하는 교묘한 기법을 대할 때, 가끔 아이언 매카그(Ian Mcharg)라는 이름을 연상하게 된다. 그는 조경 건축가 및 도시계획가이며, 전에 필라델피아의 웰레스(Wallace), 로버츠(Roberts), 매카그(Mcharg), 토드(Todd) 회사 (그 후 WRMT로 불리었으며 현재는 WRT로 부르고 있다)의 동업자였다. 매카그는 그의 기초 이론을 **자연과 설계**(Design With Nature)*라는 저서로 펴냈다. 이 이론들은 얼핏보기에도 매우 사리분명한 것이어서, 어째서 이 이론들이 오랫동안 실무에 적용되지 않았던가 하는 이유가 쉽게 납득되지 않는다.

* New York : Natural History Press, 1969 : Pbk., Doubleday / Natural History Press, 1971.

본질적으로, 매카그는 대부분의 단지 계획 기법들이 자연을 정복하기 위한 수단으로 이용되고 있다고 지적하고 있다. 그러나 자연 상태의 대지는 자연력들이 복합되어 평형 상태를 이루고 있기 때문에 대지를 덮고 있는 숲을 베어 버린다든지, 언덕의 기슭을 불도저로 밀어 내거나, 강물을 인공수로(culvert)로 끌어내는 일들은 표토의 침식, 지하실의 침수, 도로의 파괴 등 응분의 재해를 초래하게 된다. 더우기 그로 인하여 조류(鳥類) 이동 패턴의 장애, 기후의 변화, 새로운 식생 패턴, 지하수위의 변화 등 자연 생태 체계의 광범위한 혼란이 야기될지도 모른다.

매카그는 자연에 역행하는 설계보다는 자연에 순응하는 설계를 제안하면서, 그렇게 하자면 대지의 각 부분이 자연 생태 체계 내에서 담당하는 역할을 분석하고, 저해 효과를 크게 미치지 않으면서 개발을 유지할 수 있는 토지 위에만 건물을 지어야 한다고 말하고 있다. 153페이지의 다이어그램은 텍사스 주 달라스 시 근방의 플라우어 마운드 신도시(Flower Mound New Town) 계획에 적용되었던 매카그 분석기법을 보여 주는 것으로, 매카그의 전제를 받아들였던 또 다른 전문 용역 팀에 의하여 작성된 것이다. 다음 페이지의 식생도(植生圖)는 뉴 올리안즈(New Orleans)

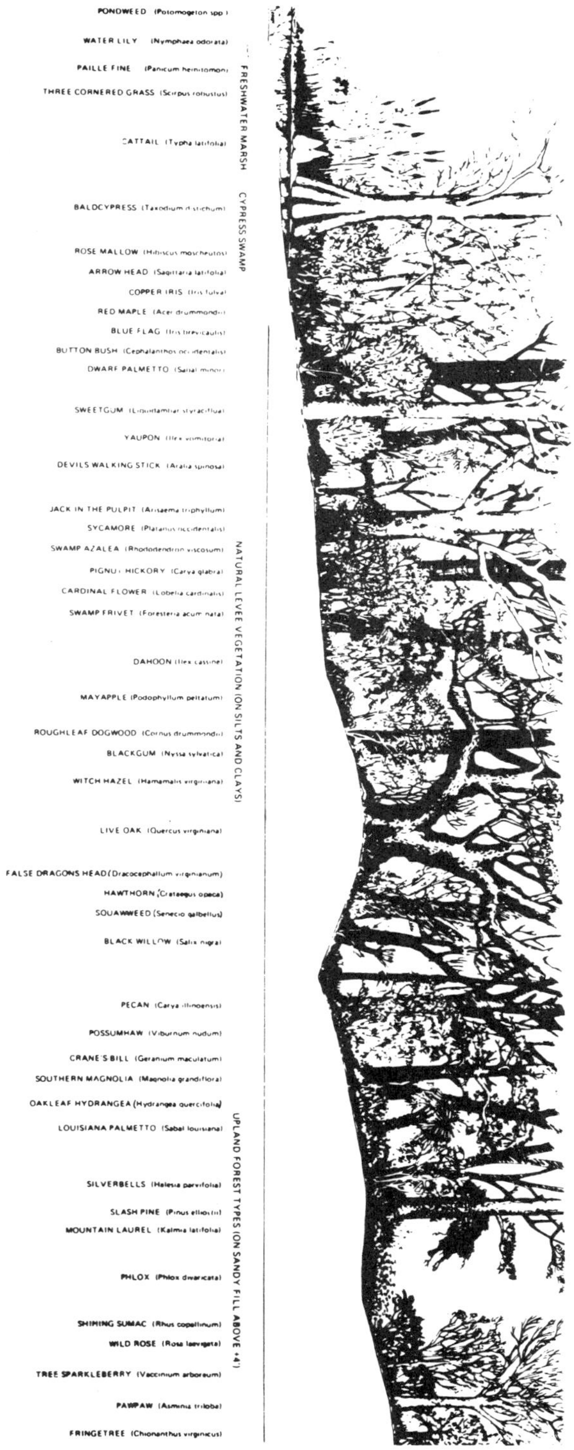

우 : 아이언 매카그가 당시 관여하고 있었던 회사에 의하여 작성된 다이어그램. 뉴올리안즈 근방에 제안된 계획 커뮤니티의 부지에서 주로 서식하고 있는 자연 식생 체계를 보여 주고 있다.

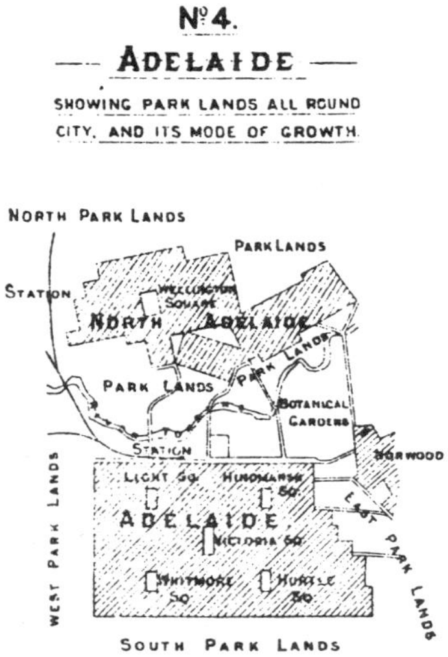

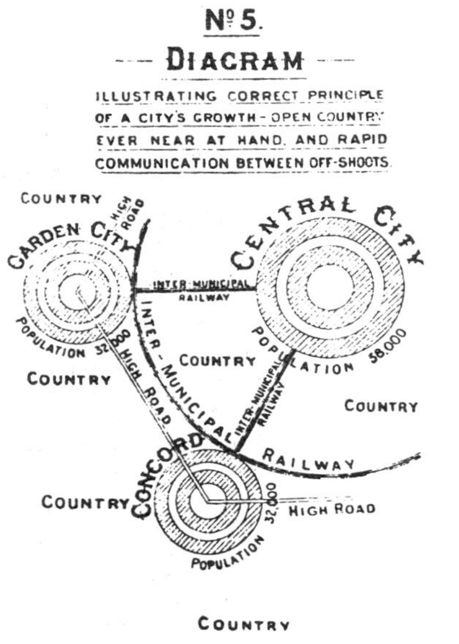

에베네저 하워드의 미래의 **전원 도시**(Garden Cities of Tomorrow)의 다이어그램. 하워드가 그린벨트와 위성 도시의 개념을 설정할 때 코로넬 윌리엄 라이트의 아델라이데 계획이 어떠한 영향을 미쳤는가를 보여 준다.

주의 폰챠트레인(Pontchartrain)에 제안된 신도시의 부지에서 주로 서식하고 있는 자연 식생 체계를 보여 주기 위하여 매카그 회사가 작성한 도면이다.

예비적인 생태 분석은 나중에 많은 어려움을 덜어 줄 수 있다. 텍사스의 산 안토니오 랜취(San Antonio Ranch)에 제안된 새로운 계획 커뮤니티의 경우, 그 곳에 도시가 입지함으로써 필연적으로 산 안토니오 시 전체의 상수원(上水原)이 오염되리라는 사실을 시민들이 알게 되었을 때는 이미 그 계획이 예비 승인을 받았기 때문에 계획을 중지시키기 위해서는 소송을 걸어야만 했다. 계획 부지 소유자 중의 한 사람은 비지니스 위크(Business Week) 신문 지상을 통하여 "만일 내가 이 사업이 지금과 같은 악몽에 빠져들 것이라고 꿈이라도 꾸었다면, 나는 신도시 건설에 대하여 결코 생각하지도 않았을 것이다."라고 말했다. 정도가 그보다 심하지 않을지는 모르지만, 다른 계획 커뮤니티에서도 그와 유사한 일들이 발생되었다.

계획 커뮤니티에 관한 기본적인 구성 아이디어 중의 어떤 것들은 이제 광범위하게 통용되고 있기 때문에, 사람들은 그것을 설계의 해결안으로 생각하지 않고 기본적인 가정 정도로 생각하게 되었다.

도시의 성장이 적정한 규모까지 유지되어야 하는 자족적(自足的)인 계획 커뮤니티의 개념은, 1898년에 에베네저 하워드(Ebenezer Howard)가 그의 저서 "**미래 : 진정한 개혁에 이르는 평화로운 길**"(*Tomorrow : A Peaceful Path to Real Reformation* , 나중에 *Garden Cities of Tomorrow*로 개칭되었음)에서 제안하였다. 하워드는 여러 가지 모형적 기업 도시(model company town)들과, 1836년 코로넬 윌리엄 라이트(Colonel William Light)가 계획한 오스트레일리아의 아델라이데(Adelaide) 계획으로부터 차례로 영향을 받았다. 라이트는 아델라이데의 도시 주변부 전체를 대상(帶狀) 공원(a belt of parkland)으로 계획하였다. 그는 대상 공원을 설치하여 도시 지역을 교외 지역으로부터, 특히 원래 계획되어 있었던 노드 아델라이데(North Adelaide) 지역으로부터 분리시켜 놓았는데, 노드 아델라이데 역시 주변이 공원으로 둘러싸여 있었다.

하워드는 아델라이데의 사례에서 착안하여 하나의 도시 설계 이론을 만들어 내었는데, 그것은 커뮤니티 주위를 둘러싸서 커뮤니티들을 서로 분리시켜 주는 그린벨트 및 자연경관 지역의 원리를 우리에게 시사해 주는 것이었다. 그 밖에도 오늘날의 계획 커뮤니티의 개념에는 자연적인 가로 및 경관 설계, 차도와 보도의 분리, 근린주구의 개념이 있다.

계획 커뮤니티에서 나타나는 지구내 도로(local street)*[1]의 곡선 처리와 자연적 경관 설계는 1세기 이상을 거슬러 올라가 후레데릭 로 옴스테드(Frederick Law Olmsted)*[2]가 설계한 일리노이즈의 리버사이드(Riverside) 계획에서 찾아볼 수 있고, 그 전에도 영국풍의 정원 설계에서 나타나는 굽이치는 길과 신중하게 처리한 자연주의 사상으로부터 그 유래를 찾아볼 수 있다. 컬데삭(cul-de-sac) 도로와 상호 연결된 녹도(green way) 패턴은 반 세기 이전에 클레어런스 스타인(Clarence Stein)과 헨리 라이트(Henry Wright)가 뉴 저지(New Jersey) 주 훼어 론(Fair lawn) 시의 계획 커뮤니티인 래드번(Radburn)에 적용하였다.

하나의 국민 학교를 필요로 하는 주거 지역을 주택수로 환산하여 단위 규모를 설정한 근린주구 개념은 다시 반 세기 이전으로 거슬러 올라가 클리어런스 페리가 뉴욕 시의 제1차 지역 계획(the First Regional Plan for New York)에 발표한 에세이에서 유래를 찾아볼 수 있다. 페리는 포리스트 힐즈 가든즈(Forest Hills Gardens) 설계로부터 영향을 받았는데, 그것은 러셀 세이쥐 재단(Russell Sage Foundation)의 후원으로 1900년대 초반에 착수된 교외 계획이었다.

하나의 아이디어가 오랜 시간이 지났다는 이유만으로써 그것은 이미 쓸모 없게 되었다고 의심을 품어서도 안 되며, 설사 사회 변화가 가속화된 시대라 할지라도, 그 아이디어에 의혹을 품을 만한 아무런 이유도 없다.

지금은 고인이 된 영국의 계획가 리챠드 루엘린-데이비스*[3]는 계획 커뮤니티에서 적용되는 근린주구의 적절성에 대하여 의문을 제기한 것으로 유명하다. 그는 계획 커뮤니티

*[1] (역자 註) 일반적으로 가로망 체계의 위계는 고속 도로(express way), 주 간선 도로(major arterial), 분산 도로(collector street), 지구내 도로(local street), 접근 도로(access way)의 순으로 나뉘어진다.

*[2] (역자 註) Frederick Law Olmsted (1822~1903) : 커넥티 커트 출신의 19세기 미국 최고의 조경 계획가. 뉴욕의 Central Park, 보스톤의 공원계통 등 많은 미국 도시들의 공원을 계획했음.

*[3] (역자 註) Richard Llewelyn-Davies (1912~1981): 영국 출신의 건축가이면서 도시계획가. 런던의 University College에서 건축과와 도시계획과의 교수를 역임했음.

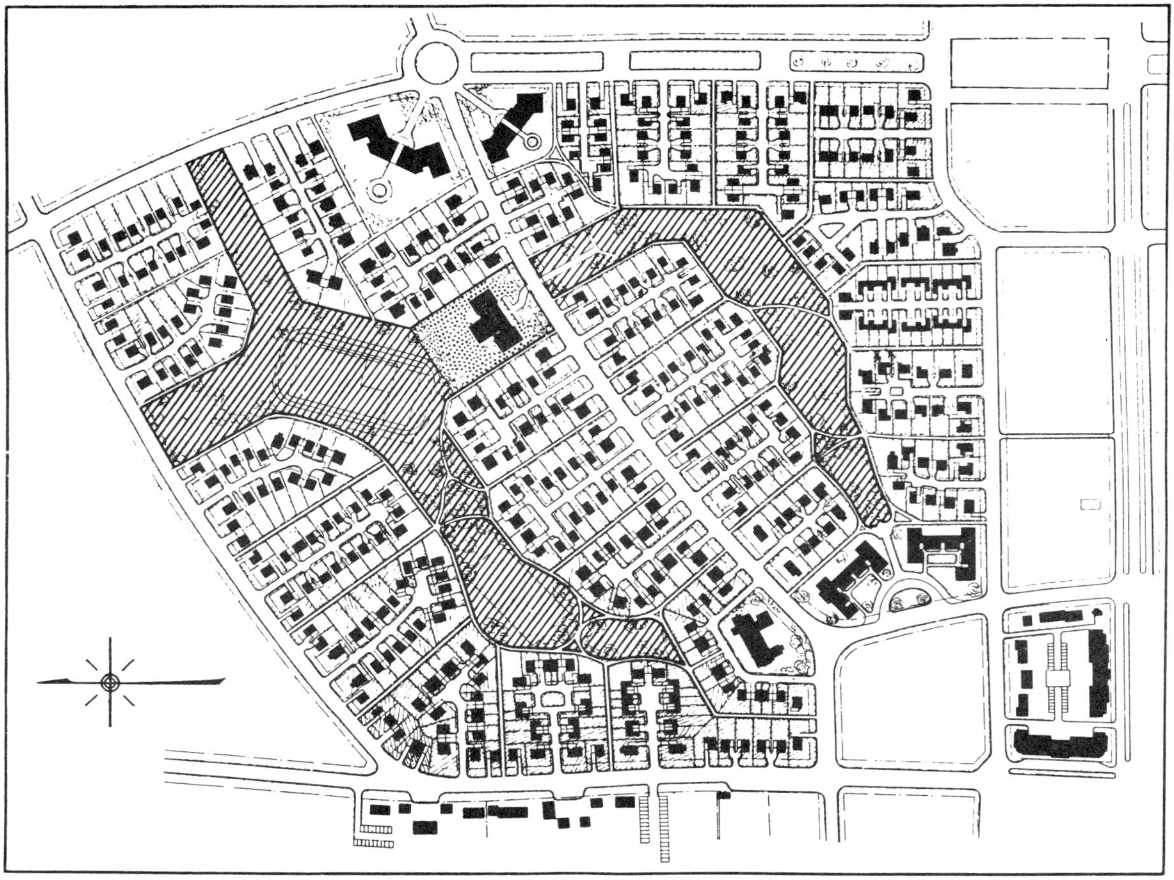

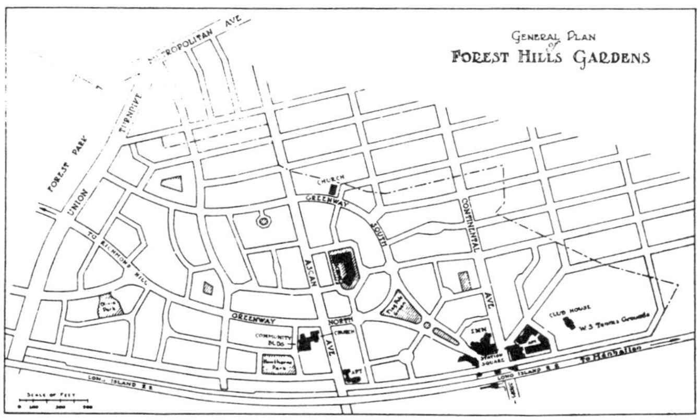

상 : 클레어런스 스타인과 헨리 라이트가 차도와 보행녹도를 구분하여 설계한 뉴저지 주 웨어론 시의 유명한 래드번(Radburn) 계획.

좌 : 그로스베너 애터베리 (Grosvenor Atterbury)와 옴스테드 앤드 옴스테드(Olmsted & Olmsted) 회사가 설계한 포리스트 힐즈 가든즈(Forest Hills Gardens)계획의 다이어그램. 이 계획은 클레어런스 페리(Clarence Perry)가 근린주구 개념을 설정하는 데 영향을 미쳤다.

의 개념을 그린벨트로 둘러싸인 자족적(自足的)인 실체로써 생각하는 데에 회의를 품었으며, 자동차 시대에 있어서 그러한 고립은 비현실적인 것이라고 믿었다. 그는 차라리 계획 커뮤니티를 상호 관계 있는 보다 커다란 체계(network)의 일부분으로 생각하려고 했다.

최근에 영국과 미국에서 배척된 아이디어들이 양국을 오가면서 이화수정(異花受精)되어 가는 양상을 보면 매우 흥미롭다. 즉 미국은 무정형한 도시 성장에 불만을 느끼고 새로운 자족적 커뮤니티의 개념을 수입하고 있으며, 영국은 과도하게 경직되어 보이는 계획 커뮤니티의 구조를 완화시켜 줄 수 있는 방법을 미국에서 찾고 있다.

루엘린-데이비스(Llewelyn-Davies)가 제시한 구성 패턴은, 미국의 중서부 지방이면 어디서라도 비행기의 창 밖에서 볼 수 있는 모양 즉, 경관을 가로 세로 1마일의 격자로 일일이 나누어 놓은 모양과 매우 흡사하다. 오른쪽의 그림은 텍사스 주의 플라우어 마운드(Flower Mound) 신도시와 뉴욕 주의 오더번(Audubon) 신도시에 적용했던 루엘린-데이비스의 설계 방식을 보여 주고 있다(본래 이 개념은 영국의 밀턴 케인즈(Milton Keynes) 신도시 계획에서 구체화되었다).

미국에서 위계 질서에 따라 도로를 설계하는 것은 계획 실무의 표준이 되었다. 가장 넓은 도로는 간선 도로(arterial)로서 읍이나 시의 중요한 요소들을 서로 연결해 준다. 분산로(分散路, collector)는 간선 도로보다 다소 폭이 좁은 도로이며 그 기능은 지구내 도로(local street)나 접근로(access street)로부터 교통을 받아서 간선 도로로 전달해 주는 것이다. 접근로(access street)는 2차선만 필요하며 측보도(side walk)나 도로 경계석(hard edge)이 없어도 된다. 도로의 위계 질서가 출현한 것은 모든 도로가 간선 도로로 취급되었던 일률적인 격자형 계획(uniform gridiron plan)에 대한 반발이었다.

그에 반하여 루엘린-데이비스의 개념에는 도로의 위계가 지구내 도로와 간선 도로의 2종류만 설정되어 있고, 근린주구가 1마일 평방의 격자 내에 있을 수도 있고, 간선 도로의 어느 한 쪽에 면할 수도 있도록 근린주구의 성격에

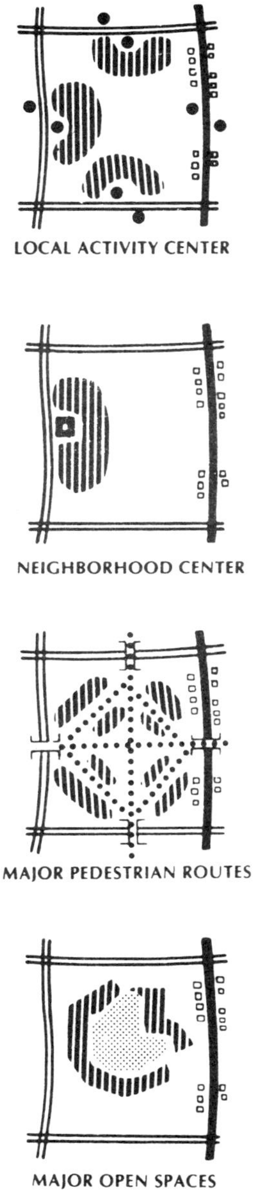

이 다이어그램은 루엘린-데이비스 사무실에서 개발한 계획 커뮤니티의 구성 원칙을 보여 주고 있다. 이 도면들은 루엘린 사무실에서 설계한 뉴욕 주 버펄로(Buffalo) 근방의 오더번(Audubon) 신도시 계획에서 발췌한 것이다.

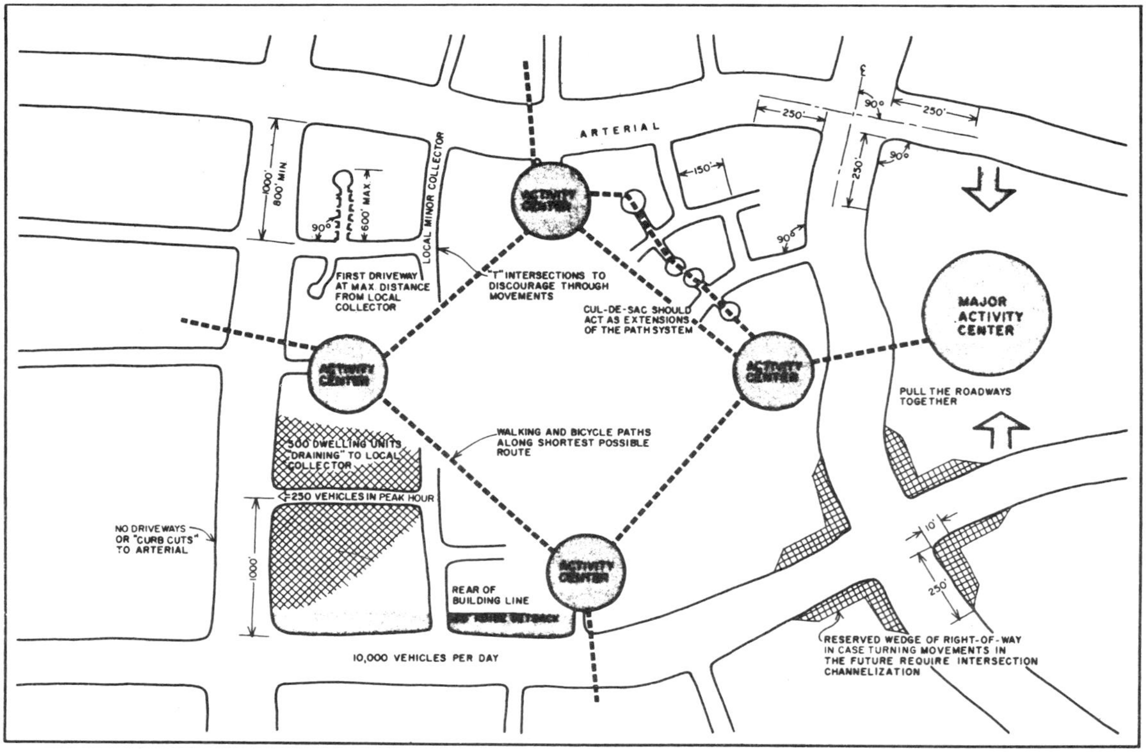

상 : 이 도면은 알 에이취 프랫 사무실(R. H. Pratt Associates)과 알란 엠 부리스 사무실(Alan M. Voorhees & Associates). 이 앞 페이지의 다이어그램과 같은 리챠드 루엘린-데이비스의 기초 이론을 발전시켜, 플라우어 마운드(Flower Mound) 신도시에 적용한 계획안이다.

우 : 클레어런스 페리의 근린주구의 다이어그램. 1926년 뉴욕 시 제1차 지역 계획에 발표되었다.

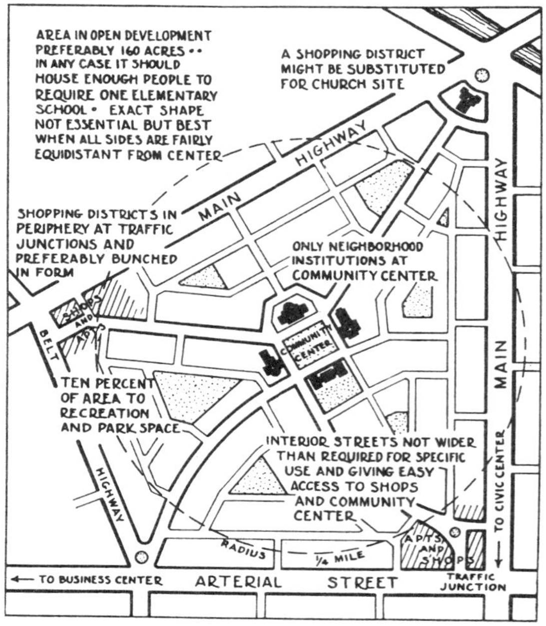

융통성을 계산해 넣었다.

플라우어 마운드 제1단계 개발 계획의 도면을 살펴보면, 루엘린-데이비스가 별 의미 없이 도로의 위계를 구분했을지 모른다고 생각하게 될 것이다. 근린주구의 개념이 없이 계획된 플라우어 마운드 개발 계획과 컬럼비아(Columbia)주의 레스턴(Reston) 개발 계획, 그리고 근린주구를 기초로 하여 대부분의 계획을 결정했던 기타 커뮤니티의 개발 계획 등을 비교해 보면 강한 유사성이 있는 듯 하다.

어쨌든, 다이어그램으로서의 플라우어 마운드 (Flower Mound)나 오더번(Audubon) 개발 패턴은 위계 질서가 확고하게 정해진 도로 체계보다 훨씬 더 움직임에 융통성을 부여할 수 있는 1마일 평방 격자 패턴의 도로 체계를 사용함으로써, 일반적인 계획 커뮤니티보다 더욱 더 묘듈화된 주요 활동 배분을 보여 주고 있다.

뉴 올리안즈 시내의 비(非)시가화 지역(unbuilt land)에 제안된 새로운 커뮤니티인 폰챠트레인(Pontchartrain) 계획은 광범위한 생태 분석과 토지 이용 구조의 모듈시스템을 적용하여 얻은 실제적인 결과를 보여 주고 있다.

그 신도시는 전에 늪(swamp)이라고 했으나 현재는 습지(wetland)라 부르게 된 8,400에이커의 대지 위에 세워졌다. 그 대지는 보존 지역으로 되어 있었지만 결국에는 개발되리라고 기대되었던 32,000에이커의 토지의 일부에 포함되어 있었다.

뉴 올리안즈의 시가지 대부분은 본래 이와 같은 토지에 건설되었는데, 배수관(drainage culvert)을 매설하고 성토(盛土)함으로써 경관 지역을 건축 가능한 획지로 변경할 수 있었다. 그러나 이렇게 상투적이고 공학적인 방법은 그 지역의 자연적 생태에 심각한 파괴를 유발하고 주위의 습지에 악영향을 미치게 된다.

그 대신, 전문가들이 제시한 대안은 운하와 석호(潟湖)가 상호 연결된 네트워크를 기초로 한 자연 배수 시스템이다. 부지의 많은 오픈 스페이스에 수로(水路)를 설치함으로써, 나머지 지역은 건물을 세우고 지반을 조정하여 자연 배수시킬 수 있었다. 또한 부지의 상당 부분을 자연 상태로 보전하였는데, 형질을 변경하더라도 무리한 변경은 하

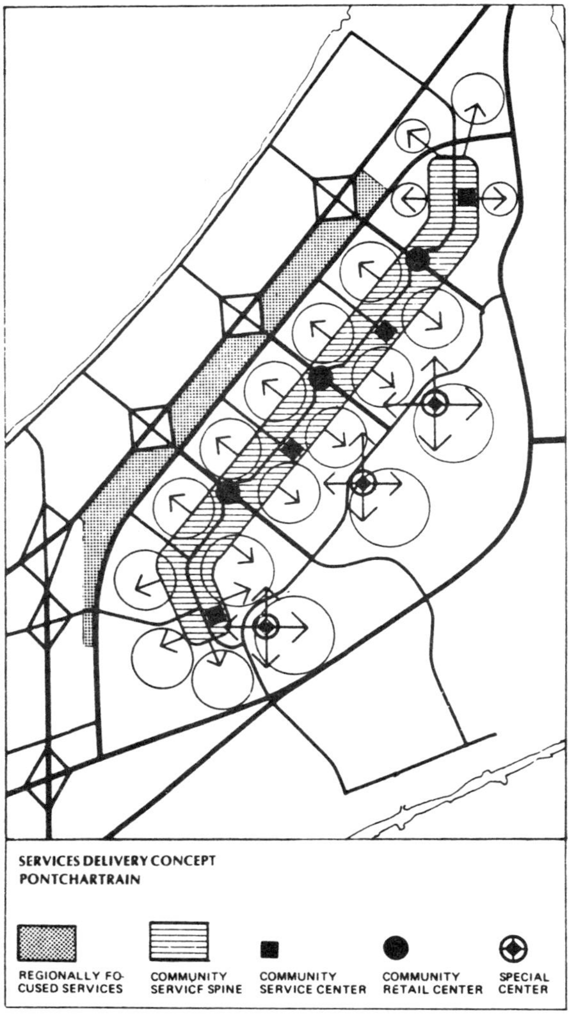

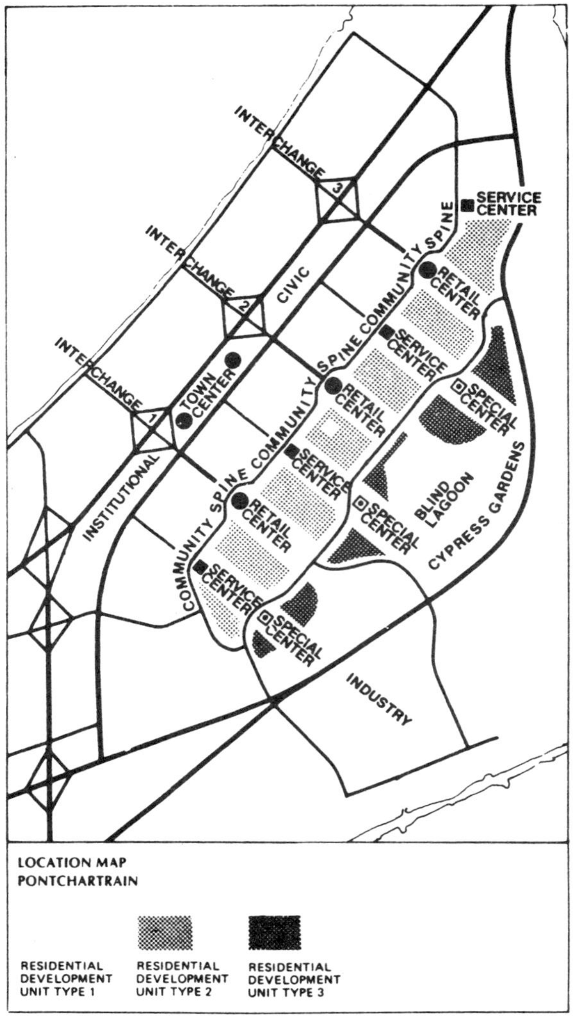

이 4가지 도면은 윌레스(Wallace), 매카그(McHarg), 로버츠(Roberts)와 토드(Todd)가 설계한 뉴 올리안즈(New Orleans) 근방의 폰챠트레인(Pontchartrain) 신도시에 대한 구성 개념을 보여 주고 있다.

지 않았다.

폰챠트레인 계획은 지하수위가 높고 규모가 작은 개발사업에서 종종 사용했던 원칙을 대규모의 사업에 적용시킨 예이다. 사실 그 곳에는 플로리다(Florida) 주의 웨스트 팜 비치(West Palm Beach)와 포트 로더데일(Fort Lauderdale)과 같은 지방에서 자주 발견되는 부동산 호수(the real estate lake)라고 알려진 호수가 있다. 이 호수들이 지도상에는 청색으로 나타나 있긴 하지만 사실상은 갈색인 곳이면서도, 예를 들어 배가 지나갈 때 물결이 제방을 침

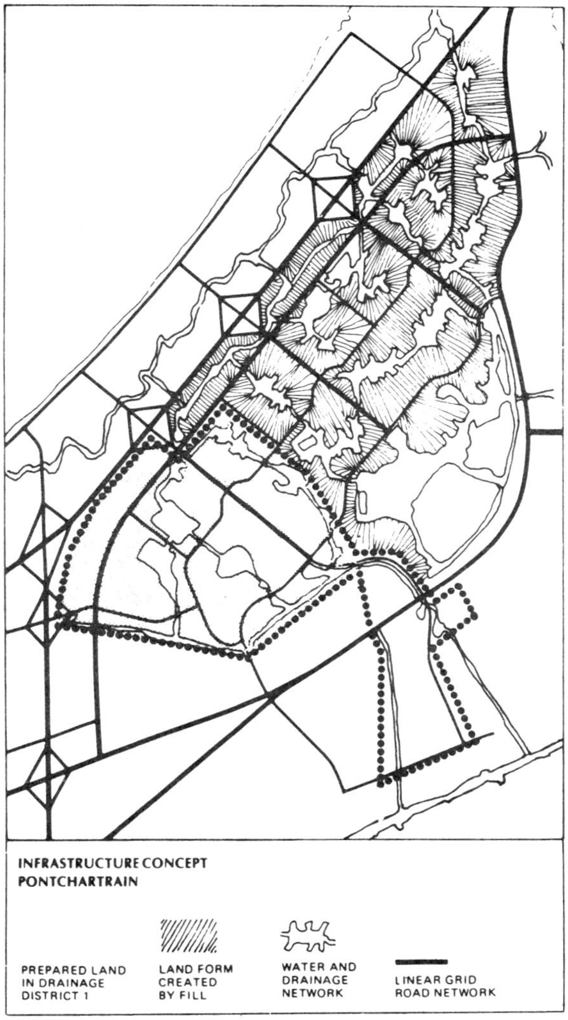

INFRASTRUCTURE CONCEPT PONTCHARTRAIN

CIRCULATION CONCEPTS PONTCHARTRAIN

식할 염려가 있기 때문에, 레크레이션(recreation)으로 이용할 수 없는 곳도 종종 있다.

폰챠트레인 계획에 있어서 흥미로운 것은, 배수 방법과 기존의 고속 도로 인터체인지 3개가 전체 커뮤니티 계획의 기본이 되는 모듈화된 개발 개념을 설정하는 데에 쓰여졌다는 것이다.

계획 커뮤니티의 설계 과정 중 제 2단계와 제 3단계 간의 관계, 다시 말하면 개념적인 구성과 실제의 물리적 개발 개념간의 관계는 극히 미묘하다.

시장성이 없는 것으로 밝혀진 주택 유형의 계획에 집착하여 너무 건축적인 측면에 치중한 나머지 설계를 조급하게 서두르는 것은 과오를 범할 가능성이 있다. 종반 단계에 가서 잘 해결되지 않는 구성 개념을 선택하여 건축 설계를 소홀히 하는 것도 역시 과오를 범할 가능성이 있다. 가장 중요한 개념의 결정은 도로망 배치이다. 많은 토지계획가(land planners)들은 부지에 나가 "부지를 걸으면서"(walking the site) 즉, 도로를 지형 및 토지의 성격에 맞추어 조정함으로써 계획 커뮤니티의 도로망 구성을 발전시킨다.

어떤 설계자들은 보다 자기 주관적이고 인위적인 계획을 좋아한다. 데이비드 크레인 사무실(David Crane & Partners)은 이른바 "8벡터 그리드"(8 vector grid)라는 것을 즐겨 사용했는데, 그것은 뉴욕 주 도시 개발 공사(the New York State Urban Development Corperation)에 의하여 개발된 뉴욕의 시라큐즈(Syracuse) 근방 리샌더(Lysander) 시가지에 적용되었다.

8벡터는 한 정방형의 4변과 그 정방형의 대각선으로 이루어지는 다른 정방향의 4변을 의미한다. 리샌더의 부지는 비교적 평탄하다. 또한 그 지세에는 기하학적이고 인공적인 인상이 벌써 강하게 나타나 있다. 크레인의 설계는 이러한 지세의 특성을 체계적이고 기하학적인 패턴으로 바꾸어 시가지 전역에 적용시키고 있다. 더불어 도심부(town center)는 또 하나의 강력한 기하학적 건축에 의하여 주의를 끌고 있다. 즉 직각인 "L"자의 형태로 설계된 복합 상가가 아파트 건물군의 곡선과 주(主)간선 도로의 곡선이 이루는 강한 4분원(分圓) 곡선과 교차한다.

계획 커뮤니티의 설계자들은 자기의 아이디어를 시행 단계까지 끌고 나갈 수 있는 기회를 항상 가지지는 못한다. 또한 일반적으로 하나의 설계 회사가 계획 커뮤니티의 모든 건물을 설계해 내지도 못한다.

커뮤니티 계획의 기본 구성 개념 (A Basic Organizing Concept for Planned Communities)

이제 다시 익숙한 문제에 돌아가 보자. 즉 모든 건물을 설계하지 않고 어떻게 커뮤니티를 설계할 것인가? 이 문제를 해결하려는 가장 야심적인 시도 중의 하나가 테헤란의 새로운 도심지인 샤헤스탄 팔레비(Shahestan Pahlavi)

지구를 위하여 만든 설계 규제인데, 그 지구는 재클린 로버트슨(Jaquelin Robertson)의 지휘 아래 루엘린-데이비스 인터내쇼날(Llewelyn-Davies International) 회사에 의하여 계획되었다. 고(故) 샤(Shah)의 정권과 연관시켜 이 계획안을 생각해 볼 때, 그 제안이 원래의 형태대로 실현되리라는 가망은 없었다. 그럼에도 불구하고 그것은 시행의 핵심이 되는 문제를 매우 인상적인 방법으로 처리하고 있는 하나의 문서인 것이다.

샤헤스탄 팔레비(Shahestan Pahlavi) 지구는 대부분이 미개발의 구릉지인 1 200에이커의 군사 유보지에 계획되었다. 그 지구는 1968년의 테헤란 마스터 플랜에 의하여 정부 청사, 중요한 사무소 및 상업 중심 지구, 대사관 지구 및 기타 요소들이 들어서는 새로운 도심의 부지로 확장되었다.

고속도로 및 전철의 연결, 가로망 체계, 개발 지역의 위치 등은 대부분 그 부지에 나타난 산마루 및 골짜기의 체계에 의하여 결정되었고, 부지의 저지대는 대부분 영구적인 오픈 스페이스로 지정되었다.

공원, 수송 및 주요 도로망의 배치가 설계를 확정시키는 데에 큰 영향을 미쳤다. 그리고 초기의 정지 작업이 대부분 샤(Shah) 정권이 넘어지기 전에 완성되었기 때문에 장래의 토지 이용에 관한 모든 일들은 그 영향을 받을 것이다. 그 계획은 주요 간선 도로들에 각각 나무를 심고 수로(水路)를 설치하는 독특한 방법으로 조경하도록 되어 있는데, 그것은 건물들이 지어지기 전이라 할지라도 도시 설계에 통일성을 주기 위함이었다.

주된 광장의 둘레는 전통적인 아케이드를 패턴화한 "선형"(liner)으로 처리하여 통일성 있는 화사드(facade)를 표현하려고 했다. 따라서 다양한 건물들은 그 뒷쪽에 배치될 것이다. 그 밖에, 설계의 통일성을 더해 주는 전통적인 방법으로 광로(boulevard)에 면해 있는 콜로네이드(colonnade)와 가구(街區)의 중앙부까지 확장된 갤러리아(galeria) 등이 역시 사용되었다.

설계 규제는 의무적 요구 조건(mandatory requirement), 자유 재량적 지침(discretionary guideline), 그리고 도해

우상 : 샤헤스탄 팔레비(Shahestan Pahlavi) 개발 지구의 의무적 토지 이용 규제.

우중 : 동일한 부지에 추가된 부가적 의무 규제. 검은 실선은 건물 벽면(build -to planes)이고 대쉬 라인(dashed line)은 아케이드를 나타낸다. 점으로 표시된 부분은 조경해야 하는 지역을 나타내고, 사선 부분은 최소 30m 폭을 가진 시각적 통로(visual corridor)를 나타내고 있다.

우하 : 버스 및 지하철 정류장과 오픈 스페이스로서 바람직한 장소를 나타내 주는 자유 재량적 지침.

좌하 : 도해적으로 표현된 실제의 배치도.

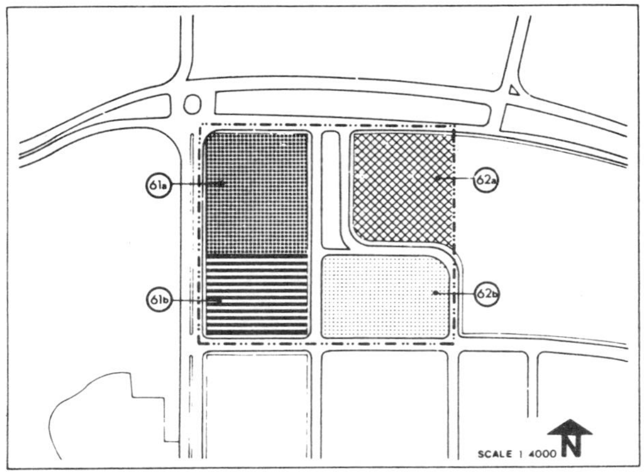

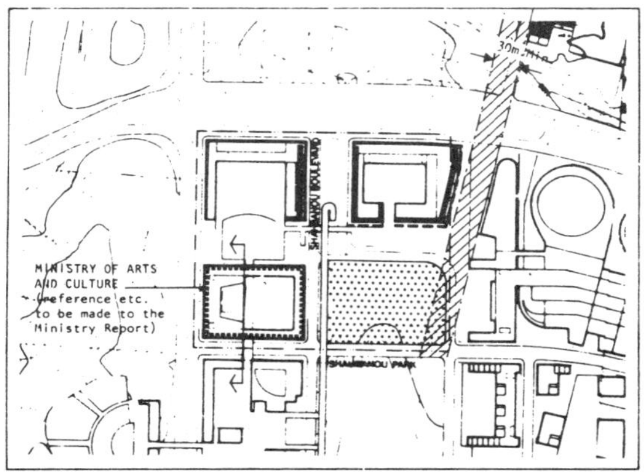

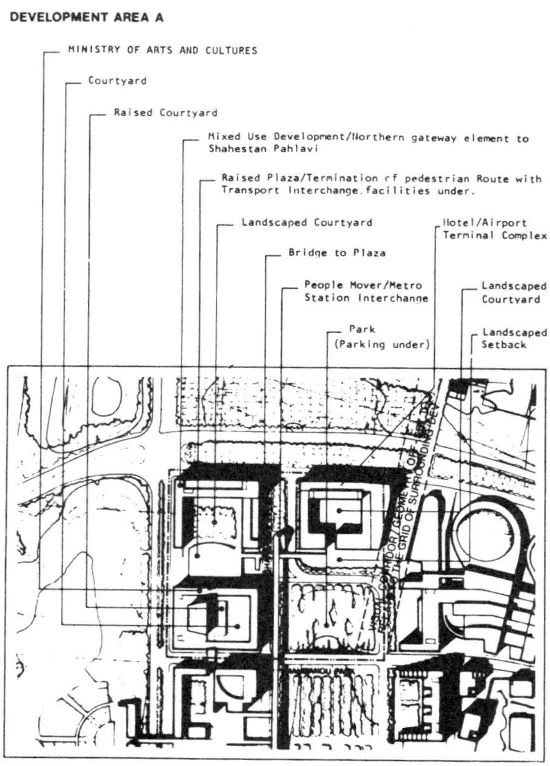

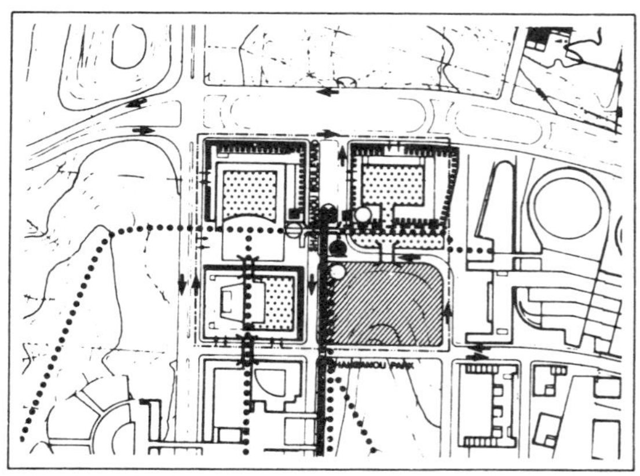

적 설계 규제(illustrative design)로 구분된다. 의무적 요소는 가장 전통적인 것으로 바닥 면적 제한, 허용 용도 일람표, 소요 주차 비율 등이 있다. 자유 재량적 지침은 개념상 뉴욕 시의 특별 지역제 지구와 유사한 것이고, 도해적 설계 규제는 건물 고층부의 배치, 부속 건물 매스의 위치 및 옥내 주차장의 위치, 조경 공간의 설계, 지하철 시스템 출입구의 구조 등과 같은 문제를 다루고 있다. 협약(agreement)과 협상에 대한 관념이 서구의 개념과는 차이가 있을 듯한 이란에서, 이러한 규제 시스템이 실행되었으리라는 것은 분명하지 않지만, 그것이 많은 의미를 던져 주고 있다는 것은 사실이다. 건축 설계는 개발 규제 시스템의 일부에 포함되지만 그것은 실제적 요구 조건인 좀 더 일반적인 성능 기준(performance standards)을 그림으로 보여 주는 것이다. 공원 및 도로에 대한 공공 투자도 역시 설계 규제의 중요한 요소이며, 대부분이 정부 청사 계획이라는 사실도 또한 설계를 확정시키는 데 도움을 주었을 것이다.

데이비드 크레인(David Crane) 사무실이 작성한 리샌더(Lysander) 지구와 플라우어 마운드(Flower Mound) 지구의 개발 규제는 훨씬 밀도가 낮고 느슨한 전원적 스케일(scale)이지만, 샤헤스탄 팔레비 지구와 어딘가 유사한 기법을 따르고 있다. 오른쪽 그림에서 보여 주는 일반 도로(road)와 소로(pathway)의 공통 평면은 특정한 설계 기준인데, 엔지니어와 조경 건축가가 협력하여 작성하였다.

플라우어 마운드(Flower Mound)에 대한 토지 구획 정리 규제는 뉴욕 시 특별제 지구와도 역시 공통점이 많은 기법을 사용하였다. 설계자는 건축선(build-to line)을 설정하고 건물 입지에 관한 몇 가지 요인을 규정하였으며, 그리고 조경 기준도 설정하였다. 그러나 주택에 셔터를 설치할 것인가, 아니면 다이어먼드 모양의 격자창(diamond-paned window)을 설치할 것인가 하는 등의 문제에 대해서는 아무런 언급이 없다. 계획 커뮤니티에서 회수되지 않는 과외의 비용(extraordinary front-end costs)을 반대 급부적으로 메우기 위하여 어떤 수입이 있어야 한다는 재정적 압력은 말로만 떠드는 (back-seat-driving) 건축업

토지 구획 정리 개발에 대한 설계 규제(Design Controls for Subdivision Development)

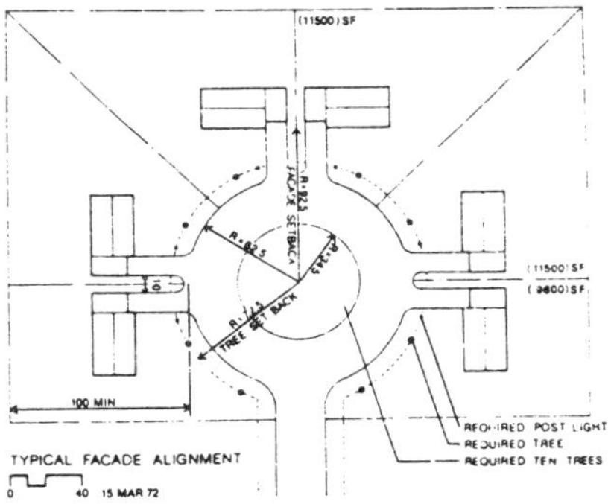

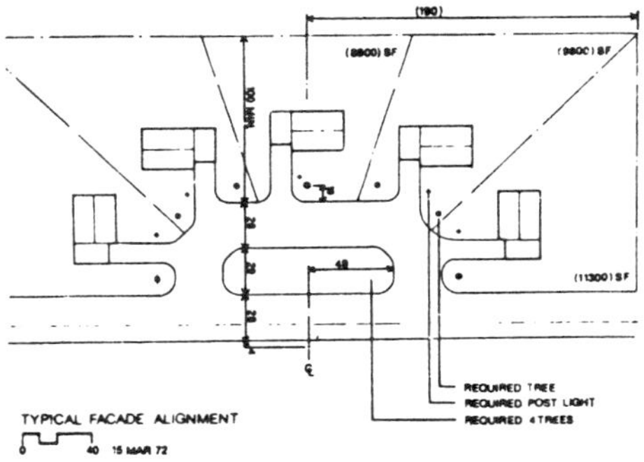

텍사스 주 달라스 부근의 플라우어 마운드 신도시 개발을 위하여 토지 구획 정리 개발업자에 대한 설계 기준의 두 가지 예.

자에 대한 억제력으로 작용한다. 이러한 규제들은 분명하고, 비교적 객관적이며, 사전(事前)에 쉽게 이해하고 합의할 수 있다는 이점을 가지고 있다.

자연 자원이 상대적으로 궁핍한 시대에 접어들게 됨에 따라, 보존과 효과적인 토지 관리의 문제는 점차 더 큰 중요성을 갖게 될 것이다. 우리는 환경 문제에 관한 지역 및 주(州) 규모의 계획과 지역제법이 더욱 필요하게 되리라는 사실을 예상할 수 있다. 신개발에 있어서 도시 및 환경 설계의 이용이 더욱 많아질 것이며, 이와 같은 설계 규제의 방법이 더욱 발전되리라고 예상하는 것은 타당한 생각이다. 이러한 추세에서 본다면, 앞으로 더 많은 커뮤니티가 계획 커뮤니티로 변해갈 것이다.

제 3 부

설계 및 개발 전략의 요소 (THE ELEMENTS OF A DESIGN AND DEVELOPMENT STRATEGY)

10
토지 이용 전략
(Land-Use Strategies)

오늘날 우리가 새로운 것보다는 과거와의 연속성에, 환경의 통제보다는 자연과의 균형에, 쉴 새 없는 변화보다는 안정성에 점차 더 큰 가치를 두고 있는 까닭에, 토지 이용 정책을 수립하고 관리하는 방식에 있어서도 근본적인 변화가 일어나고 있음을 체험하고 있다. 토지 이용 정책이 사실상 지역제의 지도와 법조문에 따라서 수립되지 않고 지역제의 예외 규정을 통하여 수립될 경우에 있어서까지도, 지역제법은 토지 이용을 통제하는 가장 중요한 방법이 되어 왔다.

지역제의 논리적 근거는 토지 이용의 분리이며, 여러분이 일요 신문이나 두 세 가지 식료품을 사려고 몇 마일을 자동차로 달려야 하는 경우도 있을지 모르겠지만, 최소한 여러분의 집 곁에 사무소 건물이나 공장 건물이 어느 날 갑자기 출현하게 되는 것을 방지하자는 데 있다.

분리의 원칙에는 그 지구 내의 모든 구조물들이 종국에는 신축되거나 개축될 것이라는 전제가 포함되어 있다. 만일 한 지역이 고층 사무소 지구로 지정되었다면, 오래된 극장이나 철도역은 졸지에 장애 요소로 변해 버릴 것이고 마침내는 다른 것으로 대체될 것이다. 만일 전원 풍경의 지역이 지역제 지도상에서 질서정연한 직사각형의 골격으로 표시되어 있다면 결국 그 지역은 경관적 가치나 생태학적 가치는 무시된 채 주택이나 공장들이 들어찬 지역으로 변해 버릴 것이다.

그렇지만 우리가 아무 데나 건물을 세운다든지 모두 새로 짓고 싶다는 것은 아니다. 우리는 사적 보존의 가치를 중시하게 되었고, 그 지역에 새로운 용도가 지정되었을 때

적합하지 않게 될지도 모르는 오래된 건물의 재사용 방안을 모색하게 되었다. 우리는 미개발의 토지를 잠식하거나, "모든 골짜기는 높아질 것이며 모든 높은 곳은 낮아지리라"하는 성경의 예언을 실행하려는 듯한 부류의 부동산 개발을 장려해서는 안 된다는 것도 깨닫게 되었다. 경관 가운데에는, 현재 그 지역이 어떤 내용의 지역제에 의하여 규제되고 있는지는 몰라도, 절대로 개발되어서는 안 될 부분이 있을 수 있고, 그렇지 않은 지역이라 할지라도 자연 지형 및 기존의 미기후에 순응하여 알맞게 개발되어야 한다. 동시에 토지 이용 규제는 가치 있는 오랜 건물을 보존하고 적절히 재사용하도록 장려하는 것이어야 한다. 즉, 토지 이용 규제가 보존 및 재사용을 장려하는 일에 역행해서는 안 된다는 것이다.

에너지 자원의 부족을 우리가 자각하게 됨에 따라서 토지 이용은 분리해야 바람직하다는 지금까지의 가정도 수정되어 가고 있다. 우리는 걷거나 자전거를 타고 목적지까지 가야 할 필요도 있다. 따라서 토지 이용은 수송로(transportation corridor)와 좀 더 밀접한 관계가 있어야 한다. 인공 조명과 인공 환기의 기술이 크게 진보한 것은 지역제가 처음 고안된 이후의 일인데, 이같이 부족한 에너지를 사용하여 인공적으로 기후를 조절하게 된 오늘날에 와서 과거 어느 때보다도 수월하게 여러 가지 용도를 단일 건물에서 복합적으로 수행할 수 있게 되었다는 것은 매우 역설적인 사실이다.

결국 우리는 이와 같은 새로운 현실을 감안하여 토지 이용 규제를 변경해 나갈 것이다. 그러나 규정을 바꾸는 일은 간단하지 않을 것이다. 환경 지역제(environmental zoning)는 지방 자치에 관한 논쟁이 뒤따르는 지역 혹은 주(州) 규모의 계획을 의미한다. 랜드마크적인 건물들을 보존하기 위하여 랜드마크 건물 지구를 지정하는 것이 합법적이라는 것은 당연하다. 대법원은 그랜드 센트럴 스테이션 사건의 판결에서, 랜드마크의 지정이 종합적으로 집행된다면 그 자체가 하나의 종합 기본 계획이 되는 것이라고 견해를 밝혔다. 지역제의 합법성을 판단하는 중요한 시험 중의 하나는 과연 그 지역제가 종합 기본 계획으로 구

이 그림은 샌프란시스코 도심지의 토지 이용이 정부의 개입으로 완전히 변화된 모습을 보여 준다. 뒷편의 오른쪽에는 엠바카데로 센터 계획(Embarcadero Center Project)의 사무소 건물들과 호텔이 있다. 중간에는 금문교 계획(Golden Gateway Project)의 고층 건물과 고층 아파트들이 있다. 앞 쪽은 금문교 계획 중 가장 최근에 세워진 타운 하우스(town house) 지역이다. 공원과 테니스 코트도 역시 새로 생긴 것이다. 가장 아래 쪽의 오른편 구석에는 한때 이 지역의 성격을 대표했던 오래된 창고 건물이 있다.

상 : 금문교 개발 지구의 타운 하우스를 포디엄(podium) 레벨에서 본 극적인 경관.

맞은 편 상 : 금문교 개발 지구에서 가장 최근에 건설된 부분의 상가와 사무실 건물. 타운 하우스의 포디엄 역할을 하는 주차장 구조물로 둘러싸여 있다. 이 개발 지구 중 앞서 건설된 부분에는 도로 레벨의 옥내 차고만이 있을 뿐이다. 그래서 도로 레벨은 쓸모 없이 연속된 벽을 이루고 있다.

맞은 편 하 : 이 단면도는 주택과 주차장, 상점, 사무실의 관계를 보여 준다. 설계 : 피셔-프리드만 사무실(Fisher Friedman Associates).

체화될 수 있는가 하는 것이다. 사적 지구는 토지 이용 규제의 한 부분으로 받아들여지게 되었다. 그러나, 개발권 이양의 가능성을 배제하면서 재개발의 잠재력을 축소하기 위하여 개개의 랜드마크적인 건물들의 배치를 재작성하는 것은 아직은 시험되지 않은 지역제의 기법이다.

개발의 주도권을 민간 부동산 시장에 맡기지 않으려고 하는 최근의 경향은 지역제가 처음 제정되었을 당시의 상황보다 훨씬 심각하다. 현재 지방 당국은 여러 가지의 개발 장려 대책을 쓰고 있다.

즉, 토지 병합, 토지가 병합된 후의 토지 조성금(land subsidies) 혹은 "토지의 감가불하"(減價拂下, write-down), 이자에 대한 보조, 세금 감면, 연방 커뮤니티 개발 기금(Federal Community Development funds) 혹은 도시 개발 행위 보조금(Urban Development Action Grants : 도처의 지방 정부에 설치되어 있음.) 으로부터의 직접적인 보조 등이 그것이다. 반드시 이같이 생각하고 있지 않을 사람도 있겠지만, 이러한 행위들은 토지 이용 정책의 일부인 것이다.

그러므로 지방 당국은 지역제에 구체적으로 담겨져 있지 않을 수도 있는 보존 및 환경적 목표를 고려하여 토지 이용 전략을 세울 필요가 있다. 또한 보존할 가치가 있다고 생각되는 기존의 이용을 보호하고, 그냥 두면 개발되지 않을 새로운 이용을 장려함으로써, 부동산 시장의 기능을 조절할 수 있는 토지 이용 전략이 필요하다.

대부분의 지방 정부들은 함축적인 토지 이용 전략 즉, 보편적으로 수긍할 수 있는 몇 가지 정책 목표들을 가지고 있다. 피츠버그(Pittsburgh) 시에서는 시장이 그의 정책 목표를 **일자리와 주택**(jobs and housing)이라는 2단어로 분명하게 밝혀 놓을 수 있었다. 새로운 일자리의 개발을 촉진하고, 근린 주거 지역의 주거 환경과 생활의 질을 개선하자는 것이 시의 정책이다. 그와는 다른 지역, 이를 테면 대저택들로 가득 차 있는 교외 지역에서는, 소수 기업의 본사나 **무공해** 공장(clean industry) 지구를 유치함으로써 세입원만을 증대시키고 주거 분위기는 보존하는 것을 시의 정책으로 삼을 수도 있을 것이다.

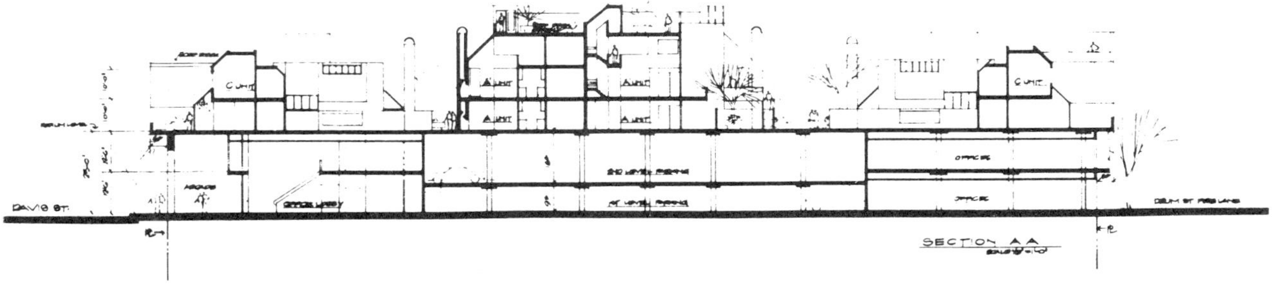
SECTION AA

성공적인 토지 이용 전략을 마련하기 위해서는 지금까지 정부기관에서 관례적으로 생각해 왔던 것보다 부동산 시장을 좀 더 세심하게 이해하는 것이 필요하다. 지방 정부는 부동산 개발업자가 흔히 처해 왔던 정책적 입장에 스스로 빠져들 수도 있다. 예를 들면, 남 캐롤라이나 주의 찰스턴(Charleston) 시에서, 토지 이용 정책은 도심의 경제적 기반의 강화를 추구하면서 동시에 도심 지역의 적주성(livability)도 향상시켜야 한다는 여론이 있었으나, 정작 대규모의 호텔과 회의장의 건축이 제안되었을 때에는 이 두 가지 목표 간의 갈등이 피부에 와 닿을 정도로 심각하게 느껴졌다.

결국 지방 정부는 전략적 관점에서 생각하고 문제의 상호관계를 이해하며, 목표는 변함이 없지만 전술은 시간에 따라 조정되어야 한다는 사실을 인정하지 않을 수 없게 되었다. 지방 정부는 전통적인 토지 이용 계획 대신에 토지 이용 전략을 세워야 한다.

만일 전략 목표가 도심지의 소매 지역을 보호하는 것이라면, 종래의 주차장과 도시 미화 계획 이상의 전략이 필요할지도 모르며, 변두리 지역에 쇼핑 센터 건설의 촉진을 중단하는 것도 필요할지 모른다. 만일 제안된 쇼핑 센터가 시 경계를 벗어난 교외 지역에 있게 된다면, 쇼핑 센터 건설에 대한 정부의 보조를 중단하는 것과 같이 합법적인 전술을 쓰는 것이 필요할 수도 있다.

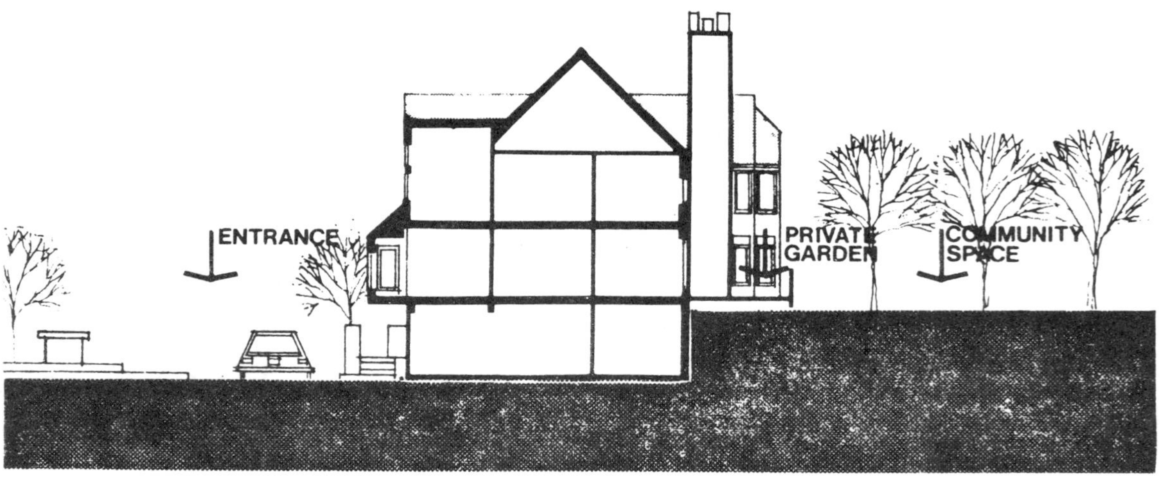

만일 전략 목표가 도심 지역에 중·상류 주택의 건설을 촉진시키는 것이라면, 경제적 장려 대책이 중요해질 것임은 자명한 사실이다. 그러나 다시 생각해 보면, 그러한 중·상류 주택이 건설될 가능성이 있는 몇몇의 다른 지역을 폐쇄해 버리는 것도 고려해 봄직한 일이다.

지방 정부가 계속해서 간섭주의 정책을 쓰게 된다면, 전략 목표들 간의 모순은 점점 더 많이 나타나게 될 것이다. 도시 내에 오래된 공장을 존속시키기 위하여 필요한 공간을 확장하려면, 부근의 주택들을 철거할 필요가 생길지도 모른다. 이러한 현상이 민간의 부동산 거래를 통하여 발생된다면, 그것이 공적인 문제는 아니다. 그러나, 당국이 도시 개발을 통하여 공장 부지들을 병합한다면, 거기에서 일어나는 갈등은 공공 정책의 문제가 된다. 어떤 경우에는 모든 사람들이 만족할 만한 해결을 찾지 못할 수도 있고, 경우에 따라서는 다수의 목표를 만족시켜 주는 토지 이용 전략의 개발이 촉진될 가능성도 있다. 예를 들면 소매 상가의 연속성을 보호하기 위하여, 소매 지구 내에 건축되는 사무소 건물들은 저층부에 상점을 두어야 한다고 지방정부가 요구하는 사례가 점차 일반화되어 가고 있다. 광장이 중요한 소매 지구에 있을 필요는 없으며, 특히 전면을 은행이 차지하고 있는 광장이라면 더욱 그러하다. 이러한 광장의 설치를 피하는 정책이, 광장이 주는 눈에 보이지 않는 명성은 얻을 수 없겠지만, 건물주에게는 경제적으로 합당한 것이다. 토지 이용 전략이 소유주의 직접적인 경제적 이해에 상반될 경우, 그것을 보상할 장려 대책(incentives)이 마련되어야 할 것이다. 제 6 장에서 설명한 바와 같이, 뉴욕 시의 극장 지구(Theater District)는 이러한 유형의 토지 이용 전략에 대한 초기의 사례이다.

간섭주의적 토지 이용 전략을 채택하면 많은 전통적 지역제 및 계획의 관례들은 무용지물이 되어 버린다. 역사적으로 볼 때, 도심부에서 기존의 지역이 연간 300,000평방피트의 비율로 새로운 사무 공간에 흡수되어 왔고, 시당국이 적극적으로 도심지의 소매 기능을 보호하고 도심지 주택을 장려하고 있다는 사실을 감안한다면, 도심지의 일급 토지 중 100여 에이커 정도가 최고 밀도의 사무소 지구

맞은 편 : 미네아폴리스(Minneapolis) 도심지의 로링 파크 확장 사업 지구(the Loring Park Extension)를 따라 신축된 민간 타운 하우스의 단면은 주택의 사적(私的) 정원 레벨과 도로를 분리함으로써 각 주택의 안전을 유지할 수 있는 방법을 보여 주고 있다.

하 : 이 사진은 주택 단지의 일부를 보여 주고 있다. 참신한 도심지 주택을 창조하는 것은 많은 도시에 있어서 중요한 토지 이용의 목표가 되며 안전은 짚고넘어가야 할 문제 중의 하나이다. 설계 : 프로데릭 벤츠/밀로 톰슨 사무실(Frederick Bentz/Milo Tompson & Associates.Inc)

로 지정된다 하더라도, 그것은 이미 대단한 일이 아니다. 또한 역사적으로 볼 때, 연간 150호의 비율로 고소득층 아파트에 흡수되어 왔다면, 약 10,000호의 아파트가 하천의 양쪽 제방을 따라 줄지어 선 모습으로 아름답게 그려진 연구 계획안이 공공 정책에 대단한 지침은 되지 못한다. 지금은 용도가 변경되었지만, 공장으로 설계된 오래된 벽돌조 창고들이 사적지 국가 등록부(the National Register of Historic Place)에 등재되어 있다. 그 건물들은 역시 사용되지 않고 있다. 시간은 지역제 지도를 바꾸어 놓는다.

이제 토지 이용 계획은 보존 및 생태학적 목표를 고려하지 않으면 안 되게 되었고, 경제적, 정치적, 사회적 타당성을 다루는 토지 이용 전략에도 관련시켜야 한다. 전통적인 토지 이용 분리는 예를 들면, 사무소 건물 내의 소매 기능을 장려한다든지 공업 용도를 주거 용도로 전환해 나가는 등, 새로운 유형의 복합 용도 지구(mixed-use district)의 방향을 추구해 나가지 않으면 안 될 것이다.

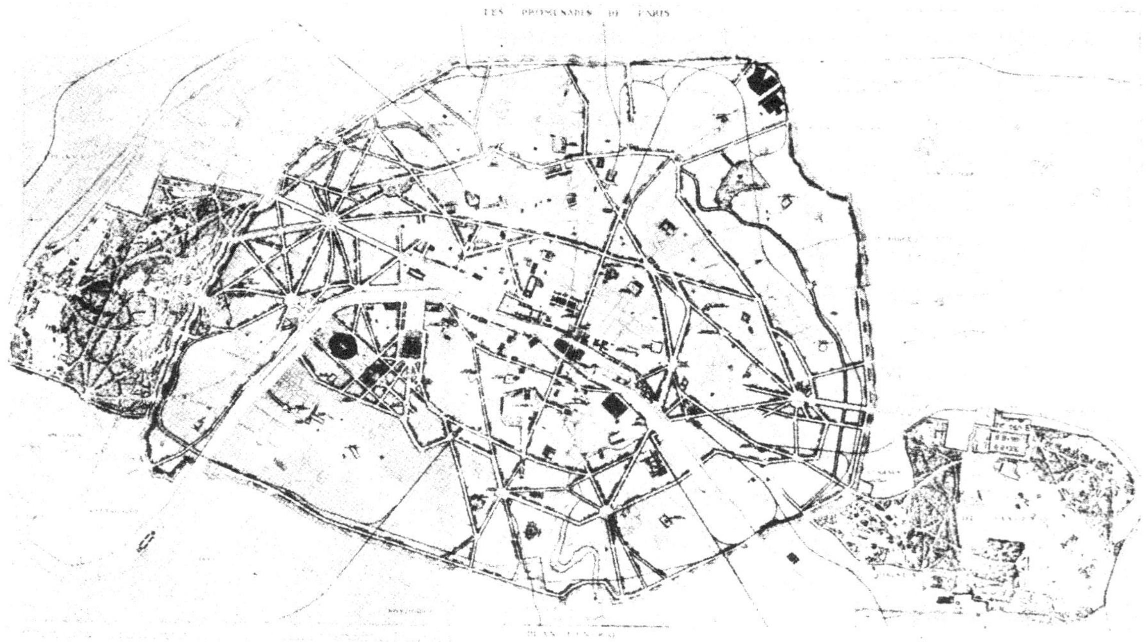

11

공공 오픈-스페이스 정책
(A Public Open-Space Policy)

공공 오픈 스페이스에 관한 정책을 논의할 때, 우리는 먼저 바론 오스만(Baron Georges-Eugène Haussmann)의 업적부터 살펴보아야 할 것이다. 그는 나폴레옹 3세(Napoleon Ⅲ)가 통치하던 제2제국 시대의 1852년부터 1869년 사이에 세느(Seine) 현의 지사를 지냈던 사람으로 그의 파리 개조 사업은 오늘날에도 종종 악평을 받고 있다. 주요 공원들의 위치는 물론이고 새로 건설될 광로(boulevard)의 대체적인 배치 계획에 이르기까지 오스만에게 지시를 내렸던 사람은 바로 전제 군주인 나폴레옹(Louis Napoleon) 자신이었기 때문에, 비평가들은 파리가 전제적·군사적 목적을 위하여 개조되었다고 곧잘 주장한다. 불바드(boulevard)는 군대를 시내 곳곳에 이동하고 시민들이 바리케이드(barricade)를 치지 못하게 하는 목적 외에 어떤 의미를 가지고 있는가? 비평가들의 말을 빌리면 파리는 바로크(baroque)식 궁정의 수렵림처럼 공식적인 사냥 행렬이 통과할 수 있도록 나무를 베어 버리고 오솔길(allé)을 닦는 식으로 정리되었다. 이러한 해석 가운데 한 가지 진정한 사실이 있다면, 오솔길(allé)은 고대인의 불바드(boulevard)의 하나라는 것이다. 그러나 지도를 보는 사람이면 누구든지 파리의 불바드가 시내의 일상 교통에 도움을 주고자 하는 데에 주 목적을 두고 있었다는 사실을 알 수 있을 것이다. 불바드는 1850년대에 이미 건설되었던 철도역을 구도시의 주요 중심지에 연결시켜 주고 있다. 가로수가 우아하게 열지어 있는 불바드도 역시 군사적 방편으로서만은 설계되지 않았다. 오스만과 그의 동료들이 설계에 적용했던 요소들은 어느 것도 그들 스스로가

상 : 1890년경의 파리의 불바드(Parisian boulevard). 사람이 걸어 올라갈 수 있는 정도로 건물 높이의 최대 한도를 정하여 높이가 일정한 처마선을 이루게 하고 있다.

맞은 편 : 이 지도는 바론 오스만이 나폴레옹 3세 정부에서 파리 세느 현의 지사로 있었을 당시에 건설된 불바드와 공원들을 보여 주고 있다. 파리의 도심부를 향해 그어진 검은 선들은 철도이다. 이 철도역들이 많은 불바드들에 의하여 어떻게 도심부에 연결되고 있는가를 유의하여 보기 바란다.

1909년 번햄(Burnham)의 시카고 계획 중에서 관청 지구(civic center)에 제안된 건물군의 상세도.

번햄은 파리의 일률적인 처마선을 엘리베이터가 있는 건물에 적용시켰는데, 건물 높이의 한도는 대개 14층으로 정하였다. 이 계획의 개념에서는 법적·경제적 강제 규정도 없었고 계획을 강제적으로 시행하지도 않았다. 그러나 워싱턴(Washington D.C.)에서는 법적인 고도 제한을 두어 계획을 시행하였다.

* *Haussmann : Paris Transformed*, New York : Braziller, 1971.

발명한 것은 아니었고, 그들은 다만 기존의 설계 요소들을 매우 명확한 방법으로 결합시켜 놓았을 따름이지만, 그들의 설계 방법은 오늘날까지 도시의 설계에 널리 영향을 미쳐 왔으며 사실 지금도 우리에게 영향을 미치고 있다.

오스만이 예전의 파리를 파괴하였다고 비평하는 것도 역시 유행처럼 되어 버렸다. 그러나 하워드 살만(Howard Saalman)이 그의 탁월한 에세이*에서 지적한 바와 같이, 오스만이 착수한 개혁의 규모를 생각하면 파리의 상당히 넓은 지역이 옛날의 모습대로 보존되어 남아 있는 것도 사실이다. 그리고 그 후에 유진 헤나드(Eugène-Henard)나르 코르비제(Le Corbusier)가 제안한 파리 개조 계획이나 1950년대와 1960년대에 미국에서 시행된 일반적인 도시 재개발 사업과 비교해 보면, 오스만의 조치는 매우 선별적으로 내려진 처사였다.

오스만은 우리에게 도시의 새로운 이미지를 남겨 주었고 그 이미지는 헬싱키(Helsinki)에서 바르셀로나(Barcelona)에 이르기까지 전유럽과 미국에 적용되었으며 1892년~1893년의 컬럼비아 세계 박람회(the World's Columbian Exposition) 이후 미국을 휩쓸었던 도시 미화 운동(the City Beautiful Movement)에서도 중요한 역할을 하였다. 오스만이 계획의 시행 수단으로 강력한 독재를 행사하였다는 것은 의심할 나위가 없으나, 그 이미지 자체는 군사적이거나 전제주의적인 것이 아니었다. 우리는 하나의 자가

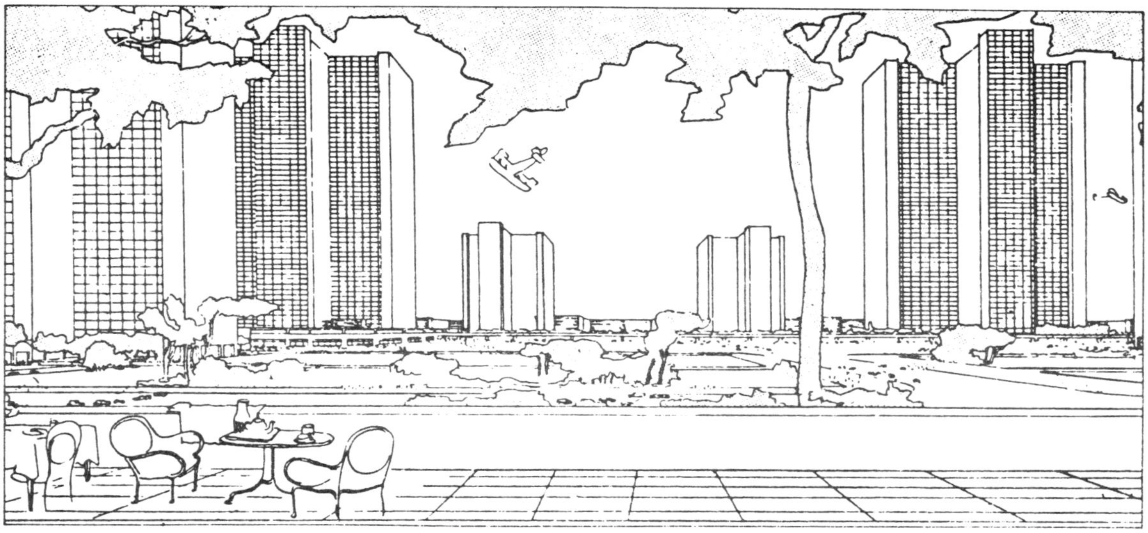

당착에 빠지게 된다. 다시 말하면 파리의 연속성, 거침없이 뻗어나간 불바드(boulevard), 대칭을 이룬 공공 광장, 그리고 이와 같은 공공 광장과 불바드를 중요한 공공 건물들에 초점을 맞추어 배치하는 방법 등은 우리가 바라고 있는 일이지만, 대부분의 새로운 건설 사업을 강력한 수용권에 의존하는 공공 기관에 선뜻 넘겨 버리려고 하지는 않을 것이다. 우리는 미국의 거의 모든 도시에서 오스만의 파리(paris)적인 요소들을 찾아볼 수 있다. 즉 가로수가 정연한 불바드, 영국풍 정원의 구불구불한 오솔길이 있는 거대한 공원, 불란서 아카데미 스타일(the French Academic style)의 공공 건물 등이 바로 그것들이다. 이러한 파리풍의 터치(touch)는 모두 지방 정부의 재정 지원에 의하여 이루어졌는데, 그 터치가 한정된 지역에만 적용되었다는 사실로 미루어 볼 때 우리는 정부 당국의 능력에도 한계가 있음을 알게 되는 것이다. 제 5 장에서 살펴본 바와 같이, 오스만적인 냄새가 깃든 1909년 번햄의 시카코 계획이 민간 부동산 시장에 맡겨져 시행되었을 때, 그 계획을 일관성 있게 시행할 수 있는 방안은 없었다. 따라서 공공 부분의 요소들은 완성된 것들이 많았으나 민간 자본이 주도한 부분은 전혀 마무리짓지 못하였다.

오늘날 우리가 공공 오픈 스페이스에 대하여 이야기할

르 코르비제가 1922년에 작성한 이 도면을 보면, 그가 고층건물의 가능한 높이와 형태를 얼마나 잘 이해하고 있었으며 건물을 고층화함으로써 보상받을 수 있는 오픈 스페이스는 어떤 모습이 될 것인가를 알 수 있다. 여기서 유의할 점은 르 코르비제가 일률적인 건물 높이와 건물 형태를 통하여 설계의 일관성을 추구했다는 것이다. 이러한 개념은, 때때로 독재적인 사회주의 국가에서 나타나긴 하지만, 강력한 정부의 규제 없이는 성립되지 않는다. 이러한 계획에서 가로 전면은 일관성을 상실하게 되며 어떤 새로운 것도 그 곳을 채워 주지는 못한다.

빅터 그루엔(Victor Gruen)이 1958년에 설계한 1980 플랜에서 제안된 미시간 주 카라마쥬(Kalamazoo)의 번화가인 버딕 스트리트 몰(the Burdick Street Mall)은 미국에서 최초로 실현된 도심지 보행자 몰(pedestrian mall)이다.

때, 역시 생각해 보아야 할 것은 1922년 르 코르비제의 보아상 플랜(Voisin Plan)에서 볼 수 있는 파리의 또 다른 모습이다. 공원 속에 높이 솟아오른 탑과 같은 르 코르비제의 환상은 비록 전통적인 도시를 파괴하는 것이었지만, 오스만도 미처 생각하지 못했던 요소 즉, 오스만 시대가 끝날 무렵에 개발되기 시작하였던 고층 사무소 건물로 나타나고 있다. 공원 속의 고층 건물이라는 유행은 오스만의 불바드 개념이 그리하였듯이 한동안 전 세계를 휩쓸었다. 고층건물의 도시를 얼마간 경험해 본 오늘날, 우리는 가로 전면의 연속성이 도시 설계의 중요한 요소라는 사실을 잘 알고 있다. 우리는 엘리베이터가 출현하기 이전인 오스만 시대의 건물이 연출해 냈던 연속성을 사무소, 호텔, 아파트 등 고층 건물이라는 영구적인 실체에 결부하여 새로운 이미지를 개발할 필요가 있다.

얼마 전 파리에 갔을 때 나는 불현듯 뜻밖의 사실, 다시 말하면 거리에 주차장이 보이지 않는다는 사실에 확연하고도 깊은 충격을 받았다. 일률적인 처마선, 가로수, 그리고

빅터 그루엔(Victor Gruen)이 1956년에 설계한 텍사스 주 포트 워드(Fort Worth) 도심지에 대한 지구 수복 계획의 조감도. 중심 시가지의 둘레를 돌아가는 루프(loop)형의 고속 도로를 통하여 주차 시설로 진입하며 거기서 몇 분 내에 차량 통행이 금지된 보행자 지역(pedestrian precinct)으로 걸어갈 수 있다. 이 제안이 포트 워드에서 시행되지는 않았으나 그 개념은 도심지의 활력을 교외의 쇼핑 센터에 대항할 수 있을 만큼 끌어 올리는 데 이바지한 매우 영향력 있는 수단이었음이 판명되었다. 그루엔은 1964년에 이 계획을 약간 변경시켜 캘리포니아 주 프레스노(Fresno) 도심지에 실현시켰다. 도심지 몰(Mall)이 형성된 많은 다른 도시에서 주차장과 고속 도로 진입의 중요성이 망각되는 경우가 가끔 있다.

축에 의한 기하학적 계획 말고도 파리의 가로 경관에서 가장 중요한 장점 가운데 하나는 거의 모든 획지가 건물로 채워져 있다는 것이다. 파리의 중심지를 미국의 전형적인 도심지와 비교해 보면 분명히 다른 점이 있다. 미국에서는 가장 크고 가장 밀집하게 개발된 도심지나 가장 중요한 가로 연변을 제외하면 나머지 다른 가구(街區)들은 모두 주차장처럼 보인다. 주차장은 경제성으로 보면, 그 장소에 건물을 지어 활용하는 것보다 더 매력적인 경우가 종종 있다. 소도시의 번화가에 있는 주차장을 생각해 보자. 주차장의 경영자가 1대의 주차 공간을 하루 사용하는 데에 3달라씩 받고 1년에 250일 동안 영업한다고 가정해 보자. 1대의 주차 공간을 300평방 피트로 본다면, 평방 피트당 연간 벌 수 있는 임대료는 2달라 50센트가 될 것이다. 건물에 대한 세금은 없고 토지에 대한 세금만 내면 된다. 운영 비용도 매우 적고 자본 비용(Capital Costs)은 실제로 조금도 없다. 건물 전체에 대한 세금, 난방, 그리고 기타 운영비 등을 부담해야 하는 데도 건물의 일부분만 사용하고 있는 경우와 비교해 보면 주차장은 가장 구미당기는 업종이다. 이러한 경향에 젖어 있는 주차장의 현실을 해결하기 전에는, 도시의 공공 오픈 스페이스에 대한 어떤 정책도 진실로 성공하지 못할 것이다. 우리는 주차장 못지 않게 경제적으로 구미당기는 토지의 잠정적인 이용 방안을 강구할 필요가 있으며 좀 더 명확한 근거에 의하여 주차장을 처리하는 주차 정책(제13장을 참조)도 필요하다. 그리고 정부는 건물을 보호하거나 건물 소유자로 하여금 건물을 헐어 내고 그 토지를 주차장으로 이용하려는 생각이 들지 않도록 조치를 취할 필요가 있다. 도심지의 공지(空地)에 대하여 높은 세금을 부과한다면 아마 그렇게 할 수 있을 것이다. 주차장을 철폐시킬 수 없다면, 주변에 조경 처리를 한다거나 영구적인 구조물들을 세워서라도 주차장의 삭막한 모습이 눈에 띄지 않게 가리어 줄 수 있는 방법을 강구해야 한다.

공공 오픈 스페이스의 골격으로서 가로망의 중요성

(The Importance of Streets as Public Open-Space Armature)

공공 오픈 스페이스 계획에 대한 두 번째 기본 요소는 공공 오픈 스페이스의 골격으로서 가로망이 얼마나 중요한가를 인식하는 것이다. 그 말은 오스만의 방법이나 도시 미화 운동으로 되돌아가자는 것은 아니고, 민간 부동산 시장의 경기에 따라 가속적으로 개발이 일어나고 있는 도시에서 유일하게 변하지 않는 요소는 가로망이라는 사실을 이해하자는 것이다.

가로 환경 자체를 개선하기 위하여 할 수있는 일들은 많다. 우리는 특히 도심지 소매 지구에서 가로와 연결된 보행자 몰(mall)과 보행 통로의 건설에서 많은 경험을 쌓아가기 시작하고 있다. 미국 최초의 보행자 몰은 미시간 주 카라마쥬(Kalamazoo) 도심지의 버딕가(Burdick Street)에 건설되었는데, 그것은 1958년에 그루엔 사무소에 의하여 설계되었다. 카라마쥬 계획은 그루엔이 1956년에 설계한 유명한 포트워드 계획(the Fort Worth plan)의 계획 요소를 구체화시킨 것인데, 포트워드 계획은 끝내 실현되지는 않았지만 차량 교통과 보행 교통을 종합적으로 분리시킨 계획이었다. 그런데 포트워드 계획은 제2차 세계대

맞은 편: 유럽에서는, 특히 도로가 좁아서 자유로운 자동차 통행이 어려운 구(舊) 도시에서는, 넓은 보행자 지역을 이용하여 도시 환경을 인간적인 환경으로 가꾸어 왔다. 최근까지는 이들 유럽의 도시 중심가가 교외의 쇼핑 센터로부터 거의 경쟁을 받지 않았고, 대중 교통 수단이 미국의 경우보다 훨씬 강하게 도심지와 연결되어 있기 때문에 도심의 활력이 유지되고 있다. 이 지도는 독일의 뮤니히(Munich)의 보행자 교통망의 범위를 보여 준다.

전 직후에 건설된 스톡홀름(Stockholm)의 세르겔가탄(Sergelgatan)과 로테르담(Rotterdam)의 린반(Lijnbaan)과 같은 유럽의 계획에서 유래한 것이었다. 널리 영향을 미친 또 하나의 유럽의 개발 계획은 1962년에 코펜하겐(Copenhagan)의 중요한 상점가인 스트뢰게트(Strφget) 가에서 차량 통행을 금지시킨 것이었고, 그것은 시행이 간단하다는 데에 장점이 있었다. 즉 상품을 배달하기 위하여 정해진 시간 외에는 도로의 차량 통행을 금지시킨다는 간단한 방법이었으며, 그 계획을 위하여 도시를 대대적으로 개조할 필요는 없었다. 이 아이디어를 가장 완벽하게 적용한 곳은(베니스는 과거부터 지금까지 줄곧 보행자 지구였으므로 제외하고) 아마 독일의 뮤니히(Munich) 중심지에 있는 보행자 지구일 것이다.

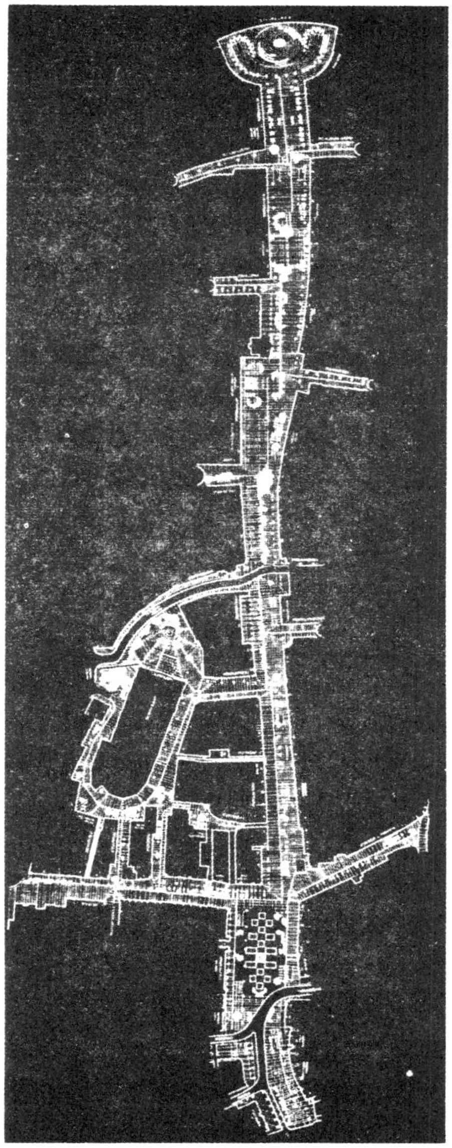

중심 상업 지역에 보행자 지구를 둔다는 아이디어가 지금은 도시 설계의 상식과 같이 되어 버렸다. 많은 도시에 대한 보행자 지구의 원형(prototype)은 카라마쥬의 몰이 아니라 미네아폴리스(Minneapolis)의 니콜레트 로(Nicollet Avenue)에 있는 보행 통로(1967년에 완성되었음)라고 할 수 있는데, 그 곳에서는 2차선 도로를 두어 버스를 통행시키고 있다. 이것의 이론적 근거는 보행 교통화(pedestrianization)가 구도심의 활력을 회복시켜 교외의 새로운 쇼핑 센타의 매력에 대항할 수 있게 하는 데에 기여한다는 것이다. 그러나 불행하게도 공공 스페이스의 매력만으로는 중심 상업 지구의 쇠퇴를 충분히 저지할 수 없다. 활기 있는 소매 지구가 일반적으로 그러하듯이 지구의 활력을 유지하는 데에는 주차장, 대중 교통 수단, 상점들의 종합적인 관리 등 모두가 매우 중요하다. 공공 스페이스를 매력있게 설계하는 것이 소매 활동에도 유리한 효과를 줄 수 있다는 것은 의심할 나위가 없다. 그러므로 도시 설계는 경제적 이익에 직접 영향을 미친다고 할 수 있다.

주거 지역의 도로들도 역시 공공 오픈-스페이스를 개선하는 기본적인 요소가 될 수 있다. 주거 지역의 많은 도로들이 폭은 과도하게 넓지만 주거 기능과 교통 기능 사이의 완충 역할을 충분히 하지 못하고 있다. 도로의 기능이 주 간선 도로(major arterial)이든, 분산로(collector

상 : 뮤니히 중심가의 마리엔 프라츠(Marienplatz). 지하철 입구와 전면에 조금 보이는 버스 정류장을 주의해 보기 바란다.

하 : 이 표면은 지하철 시스템이 마리엔 프라츠의 보행 지구에 연결되어 지구의 활력을 불어넣고 있음을 보여 준다.

맞은 편 : 미네아 폴리스 도심지의 니콜레트 몰(Nicollet Mall). 미국에서 가장 성공적인 도심지 몰이다.

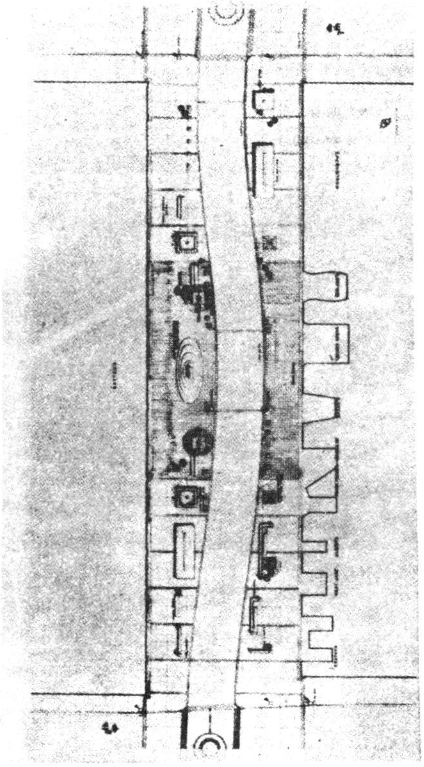

우상 : 버스 주차장의 디테일.
상 : 블럭의 기준 평면(a plan of a typical block).
설계 : 바톤-아쉬만(Barton-Aschman)설계 사무소. 조경 설계 : 로렌스 할프린(Lawrence Halprin) 설계 사무소.
버스만 운행되는 도로는 뱀처럼 구부러져 있고, 도로의 양편에 비교적 넓은 보행 지역이 번갈아 형성되어 있다. 이 설계안에서는 아마 나무가 가장 중요한 요소가 될 것이다.

way)이든 단순히 몇 호의 주택을 위한 접근로(access)이든 관계없이, 도로에 대한 정부의 기준은 동일하게 정해지는 경우가 많다. 기존의 가로망은 도로의 기능을 구분함으로써 재계획될 수 있다. 도로를 차단하면 컬데삭(cul-de-sac)이 될 수 있고, 그 기능은 단순히 도로변 주택들의 접근 수단으로 변하게 된다. 이렇게 기능을 변경시킨 후에, 도로가 필요 이상으로 폭이 넓다면 그 일부를 조경 처리된 공원이나 주차장 혹은 두 가지가 혼합된 기능으로 이용할 수 있다. 분산로의 기능을 가진 듯한 도로들도 교통량이 많지 않으면 차도를 줄이고 남는 공간을 조경 처리할 수 있다.

샌프란시스코 도시 설계 계획(the San Francisco Urban Design plan, 제 8 장 참조)의 일환으로 가로개선 종합 계획이 제안되었는데, 그 계획은 전통적인 격자형 가로망을 개선하여 통과 교통을 받을 수 없는 루프(loop)형의 접근로와 분산로가 있는 가로망 체계로 바꾸어 놓았다. 이 제안은 도로변의 주민들이 동네감(sense of community)을 느끼는 정도는 도로의 교통량에 반비례한다고 밝힌 도날드 애플야드(Donald Appleyard)와 마크 린텔(Mark Lintell)의 연구에 근거를 둔 것이다. 그러나 이

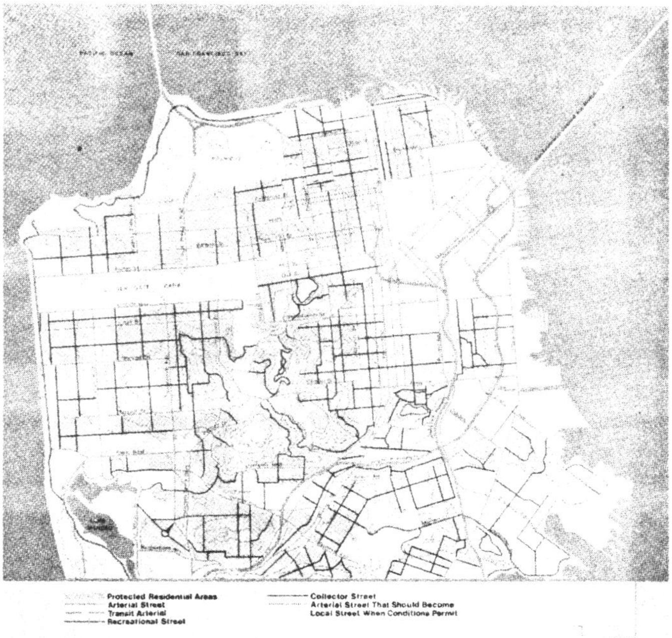

PLAN FOR PROTECTED RESIDENTIAL AREAS

우 : 샌프란시스코 도시 설계 계획에서 제안된 간선 도로망을 보여 주는 샌프란시스코의 지도. 이러한 도로의 위계를 설정함으로써 비교적 덜 중요한 도로는 도로폭을 줄이거나 아예 차단할 수도 있다.

하 : 루이즈빌 보행로 연구(the Louisville Alley Study)에서 발췌한 이 도면은 주거 지역에서 도로의 한 끝을 차단함으로써 얻을 수 있는 효과, 즉 교외 지역의 컬데삭(cul-de-sac)과 비슷한 상태로 만들 수 있다는 가능성을 보여 준다. 도로 포장면에 그려 넣은 최소 회전 반경(turning circle)은 자동차 운전자를 지도하기 위한 것이다. 계획 : Louisville Community Design Center, Jonathan Barnett, Consultant.

개선 계획의 시행은 주민들의 심한 반대에 부딪혔다. "도로는 사람을 위한 것이지 자동차를 위한 것은 아니다"라는 슬로건은 선의(善意)의 계획가들의 입에 자주 오르내리긴 하지만 그 발상은 지나치게 단순한 것이다. 왜냐하면, 자동차는 사람의 소유물이고 사람들은 평소에 익숙한 주차장을 뺏기려하지 않으며 익숙한 통근길의 코스를 쉽게 바꾸려 하지 않기 때문이다.

그럼에도 불구하고 도로의 재설계는 근린 주거 지역을 개선하는 중요한 수단이 될 수 있다. 그러한 예로서 189, 191 페이지의 그림들은 켄터키(Kentucky)의 루이즈빌(Louisville)과 오스트레일리아(Australia)의 아델라이데(Adelaide)에 적용된 가로 개선 계획을 보여 주고 있다.

많은 지역제법에 규정되어 있는 광장 및 공공 오픈 스페이스에 관한 요구 조건들은 또 하나의 문제를 야기시킨다. 제 5 장에서 살펴본 바와 같이 광장을 각 건물 계획만의 문제로 생각하여 건물마다 별도로 광장을 두도록 장려하거나 요구하게 된다면 그 광장들은 공간의 연관성이 단

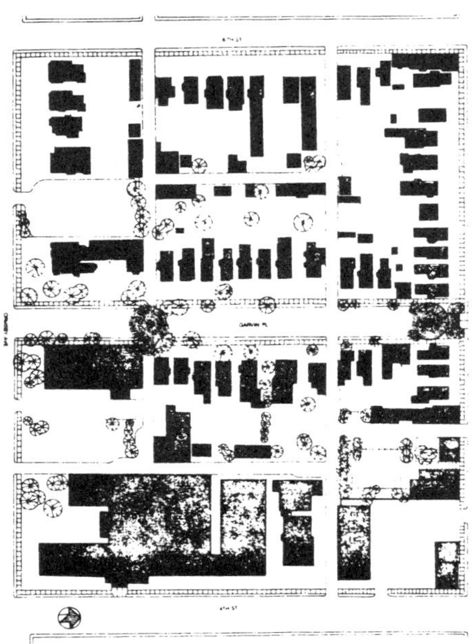

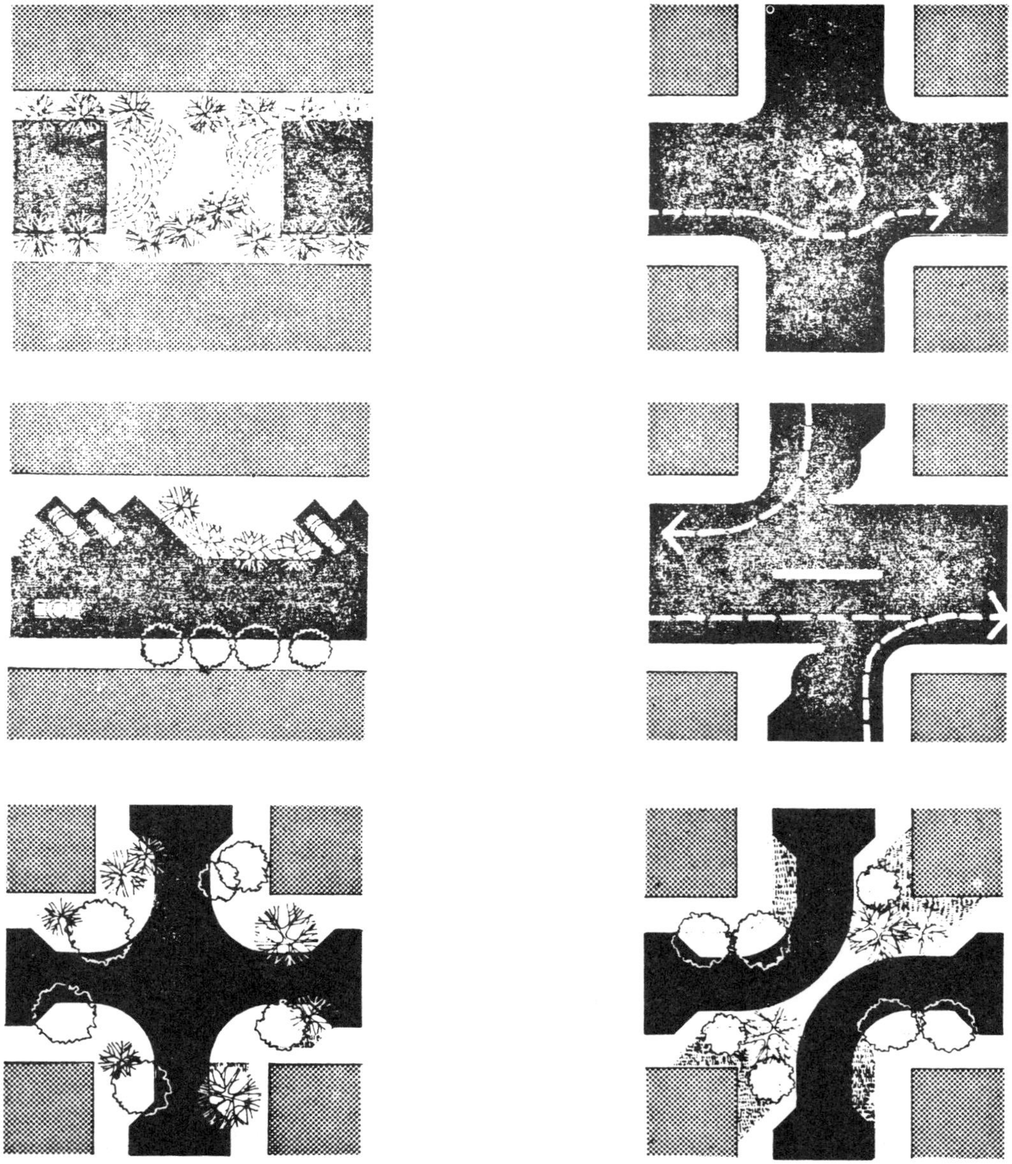

샌프란시스코 도시설계 계획에서 발췌한 이 그림은 근린 주거 지역에서 격자형 계획 도로를 차단하거나 그 폭을 줄이는 여러 가지 방법들을 보여 주고 있다.

절되어 서로 관련성을 갖지 못하거나 도시의 기본 성격에 맞지 않게 되기 쉽다. 이렇게 합법적인 광장에 대한 또 다른 문제는 광장은 유쾌하고 쓸모 있는 것이어야 한다고까지 법에서 규정하지 않았다는 점이다.

지역제법이 공공 오픈 스페이스의 설치 비용을 민간 부동산 투자가에게 분담시키기 위한 수단으로 사용되어야 한다면, 그 법에는 오픈 스페이스의 위치를 규정하고 조정해 주는 용어가 필요하다. 이 목적을 달성하기 위한 몇 가지 방법들이 있지만 그 어느 것도 완벽하지는 못하다. 그 중 하나의 방법은, 제 6 장에서 설명한 바 있는 그리니치 가나 만하탄 매립지 특별 지구(Manhattan handing special districts)에서와 같이 특별 지구 계획도(special district mapping)를 이용하는 것이다. 두 번째 방법은 의무 기준(mandatory standards)과 / 혹은 점조직의 장려 지역제(a point system of zoning incentives)를 이용하는 것이고, 세 번째 방법은 신중한 심의 기준을 세우는 것이다. 이 두 가지 방법에 관해서는 제 14 장에서 설명하기로 한다.

공공 오픈 스페이스의 위치를 규제하는 또 다른 방법은 정부가 오픈 스페이스에 대한 자본 비용(capital cost)을 부담하는 대신 재산세를 올려 받아 그 비용을 민간 부문으로부터 환수하는 것이다. 이 개념의 이론적 근거는 공공 오픈 스페이스는 그에 인접한 재산의 부동산 가치를 올려 준다는 것이다. 이 상승된 가치는 세금으로 징수할 수 있으며 그로 인해 계속 얻어지는 수입은 공공 오픈 스페이스의 자본 비용으로 재투자되는 것이 보통이다. 이러한 기법은 세수 증대 재정(tax-increment financing)이라 하는 것으로 제 15 장에서 다시 다루기로 하겠다. 여기에서 중요한 점은 공공 기관이 직접 투자한다면 공공 스페이스의 위치와 설계를 규제할 수 있다는 것이다.

오픈 스페이스에 대한 공공 투자는 바로 인접한 토지 및 건물에 이로움을 준다는 차원을 넘어서 광범위한 경제적 이익을 공공에 되돌려 주기도 한다. 시애틀(Seattle)의 고속도로 공원(the Freeway Park)은 이러한 부류의 공공 오픈 스페이스에 투자한 사업의 예이다. 이 사업은 고속 도로가 시애틀의 중심 업무 지구를 관통하여 지나감으로써

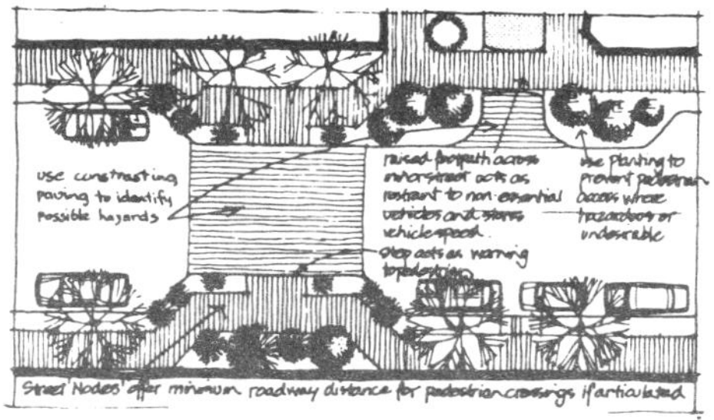

오스트레일리아 아델라이데 (Adelaide) 의 가로 개선 계획에서 발췌한 도면.

여기에서는 지나치게 넓은 공로 (right of way)에 조경과 레크리에이션 공간을 마련하여 재사용하고 있다.

계획 : L lewelyn Davies, Kinhill

상 : 로렌스 할프린(Lawrence Halprin) 사무실이 설계한 워싱턴 주 시애틀(Seattle) 도심지에 있는 고속 도로 공원(Freeway Park)의 전경. 고속 도로 위에 다리를 놓아 고속 도로 건설로 인하여 양분된 도시를 연결시키고 있다.
하 : 시애틀 고속 도로 공원의 디테일

도시를 분단시키게 했던 도시 설계의 심각한 과오를 바로잡아 주는 데 기여하였다. 고속 도로 위에 다리를 놓아 조성한 이 공원은 양분된 도시를 다시 결합시켜 주는 길을 터 놓았다. 하천이나 부두에서도 이와 유사한 투자는 폐기된 독크(dock)나 철도 부지를 공공 오픈 스페이스로 바꾸어 놓음으로써 앞의 예와 유사한 설계 교정 기능을 하게 된다.

공공 오픈 스페이스에 관한 유용성의 문제는 이와 관련은 있으나 다소 다른 점이 있다. 미네아폴리스 시는 세수 증대 재정을 통해서 건설된 로링 공원 확장 사업의 설계를 통제할 수 있었다. 그러나 지역제의 산물로 만들어진 공간은 어떠한가? 이러한 공간은 황량해져 버리기 일쑤인데, 그 이유는 설계자가 엉터리라기보다는 건물의 소유자가 보험료와 관리 비용은 염두에 두지 않고, 사람들이 자기의 건물을 얼른 좋아하도록 처음에는 신경 써서 환경을 가꾸려고 하지만 그 다음에는 돌보지 않고 내버려 두기 때문이다.

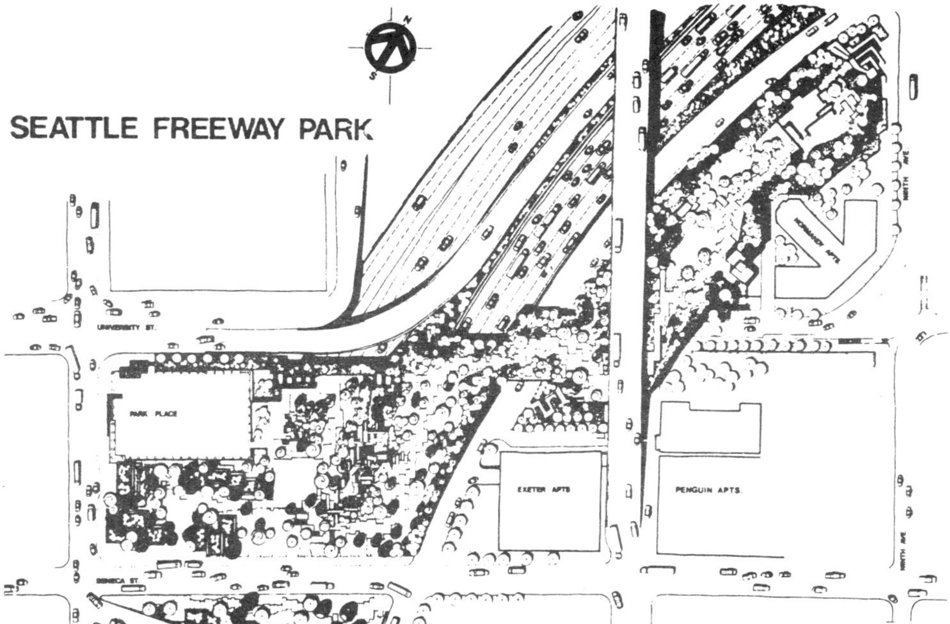
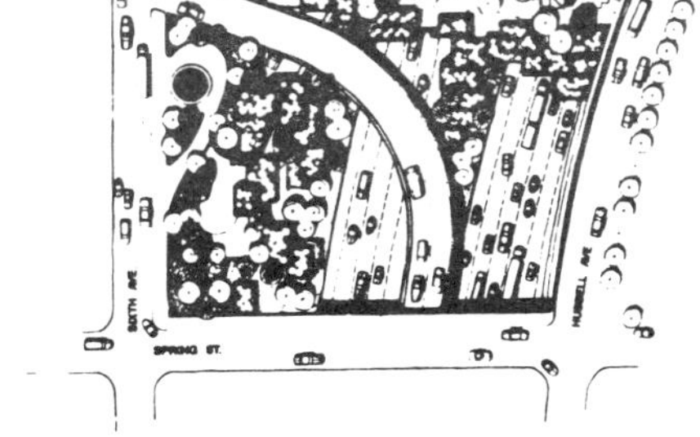

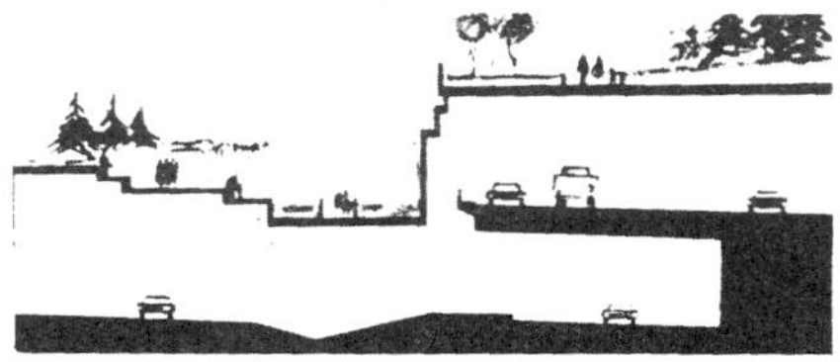

좌 : 이 배치도는 고속 도로 공원이 고속 도로와 램프에 어떻게 연결되어 있는가를 보여 준다.

상 : 공원과 고속 도로와의 관계를 설명해 주는 단면도.

하 : 고속 도로 공원이 건설되기 전에 찍은 항공 사진. 고속 도로가 도시 조직을 어떻게 갈라 놓고 있는가를 보여 준다.

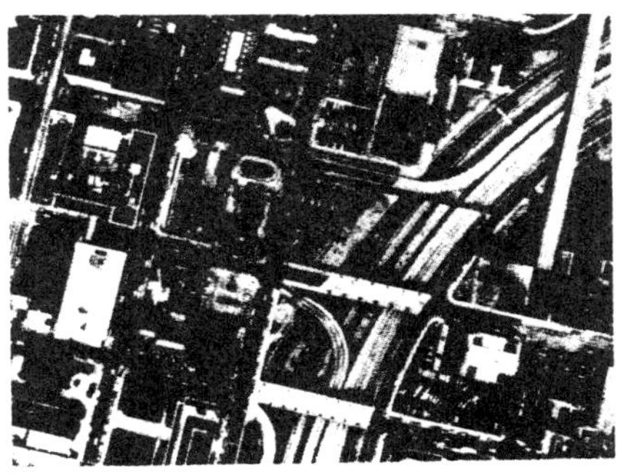

더 쓸모있는 광장을 만들도록 장려한 법안의 중요한 원형(prototype)이 1975년과 1976년에 뉴욕 시에 의하여 입안되었다. 이 법안은 만하탄의 고밀도 주거 및 상업 지구에 적용시킨 것으로 도시 계획국의 도시 설계 그룹(Urban Design Group)이 윌리암 에이치 위테(William H. Whyte)와 함께 초안하였다. 위테는 — 비교적 최근에도 공공 스페이스 계획에서 이 기법들을 유용하게 사용하고 있는데 — 사람들이 광장 스페이스를 사용하는 양태(樣態)를 여러 가지 기법 가운데 인터뷰, 영화 그리고 시간차 사진(time-lapse photography)을 이용하여 분석하였다.

주거 지구에 대한 뉴욕 시의 지역제법은 상가에 접한 광장과 순전히 주거 지역에 위치한 광장을 구분해 놓고 있

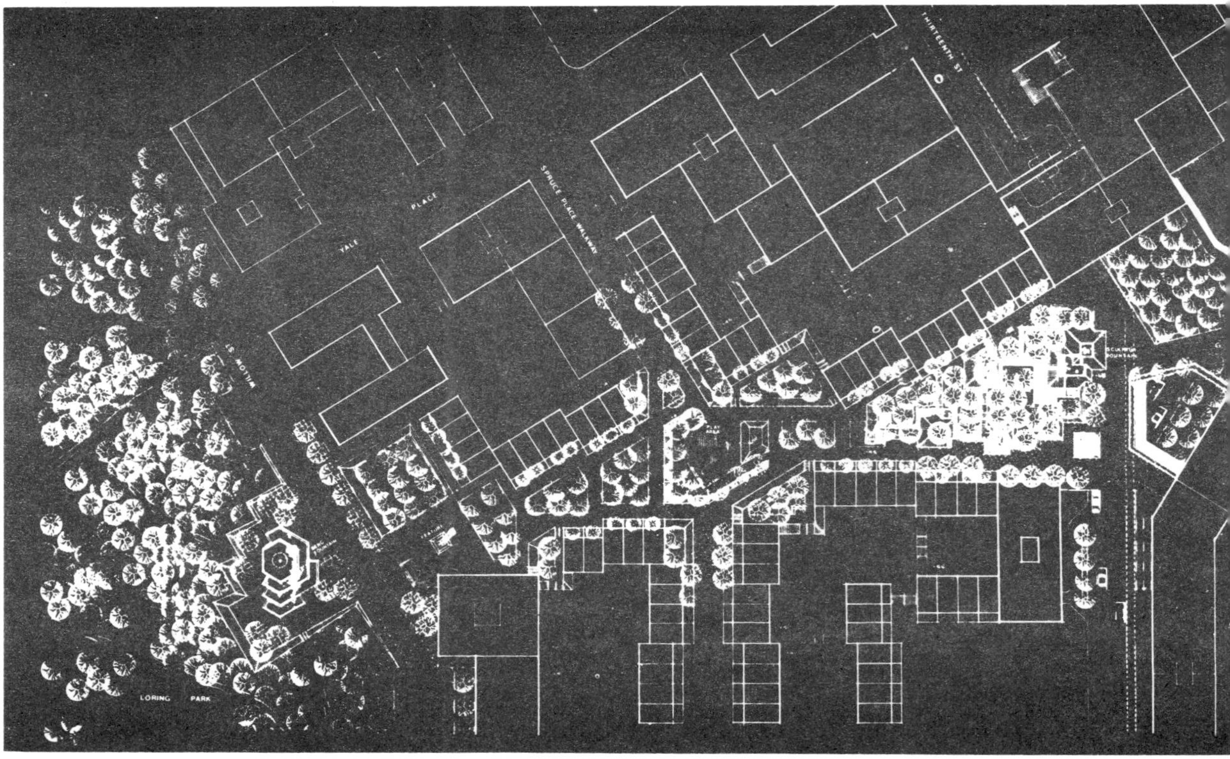

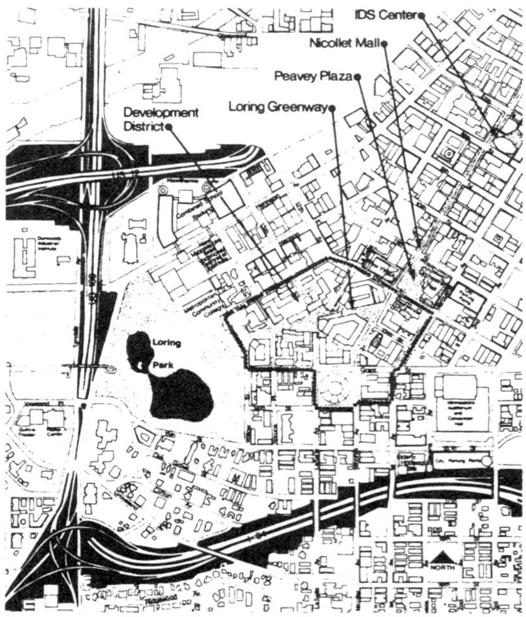

로링 공원 확장 사업(the Loring Park Extension)과 관련된 개발 지구의 지도. 이 공원은 제 15 장에서 설명하는 세수 증대 재정(tax-increment financing)에 의하여 자금이 조달되었다. 이에 관련된 주거 개발 사업은 제 10 장과 제 15 장에서 설명되어 있다.

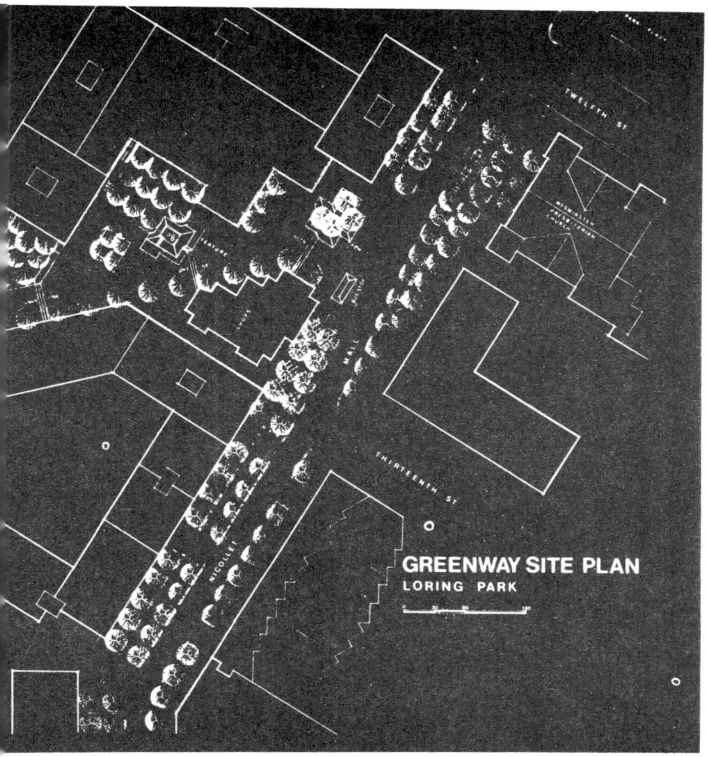

상 : 미네아 폴리스 도심지의 로링 공원 확장 사업은 니콜레트 몰(Nicolet Mall)을 기존의 로링 공원에 연결시킨 것이다. 이와 같이 공공 오픈 스페이스에 투자하는 것은 도시에 새로운 통일성을 더해 줄 뿐만 아니라 인접한 토지 및 건물의 가치를 높여 준다.

계획 및 조경 : M. Paul Friedberg & Associates.

하 : 니콜레트 몰과 로링 공원 확장 지구와 만나는 지점에 위치한 피베이 광장(Peavey Plaza), 그 옆은 오케스트라 홀(Orchestra Hall). 이 공원과 음악당 부지는 통일성 있는 공공 오픈 스페이스 및 투자 전략의 추가분에 의한 것이다.

조경 설계 : M. Paul Friedberg & Associates.

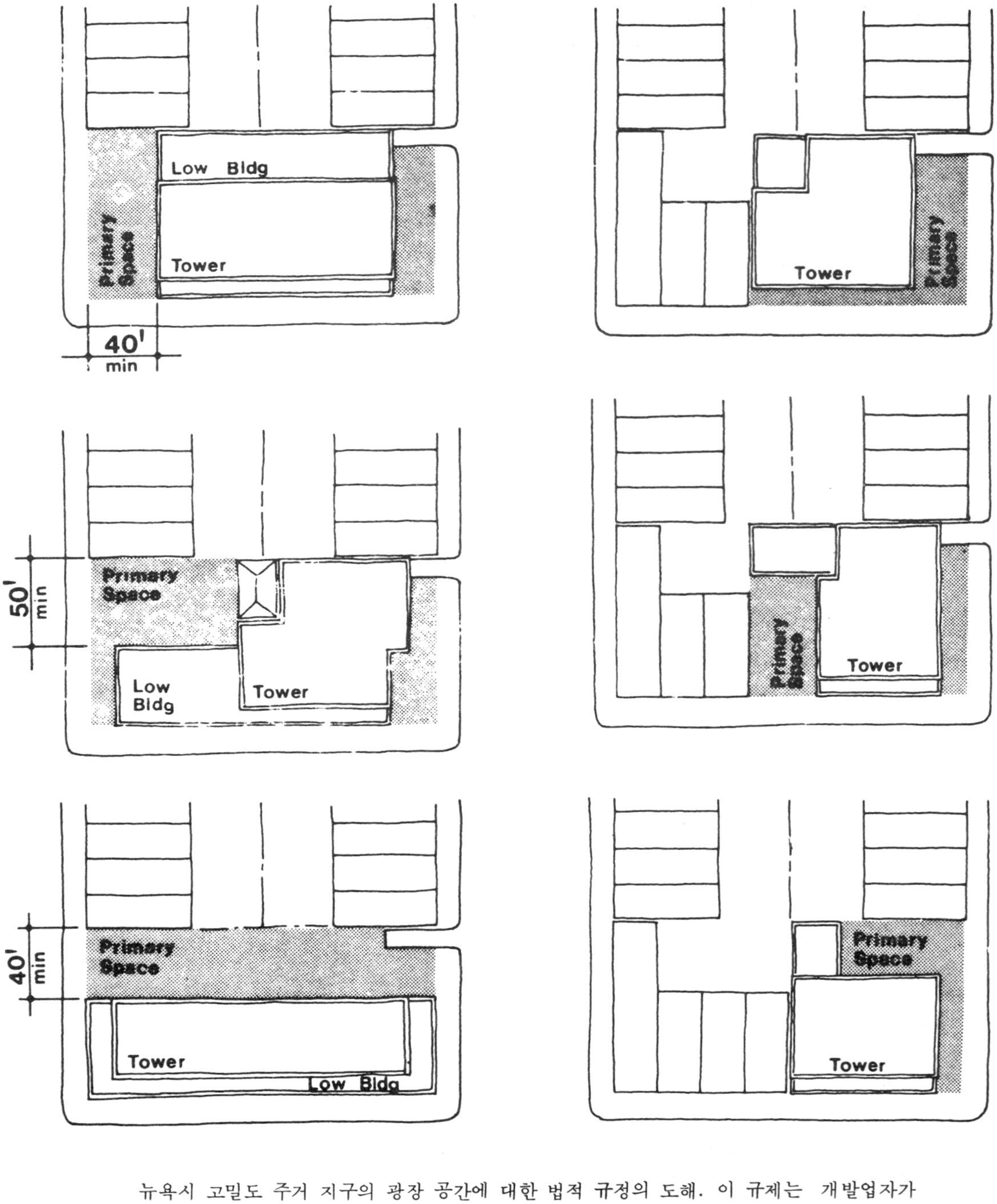

뉴욕시 고밀도 주거 지구의 광장 공간에 대한 법적 규정의 도해. 이 규제는 개발업자가 장려적 지역제의 요건에 맞추어 설치한 공공 오픈 스페이스를 공공이 실질적으로 이용할 수 있게 하자는 데 의도를 둔 것이다.

다. 상점가(commercial streets)에서는 소매 상점 전면의 연속성이 가장 중요한 요건이다. **연속성**(continuity)은 두 가지로 정의되어 있다. 즉 용도와 배치상의 연속성이다. 이 법은 사무소, 클럽, 은행 등의 용도들이 상가의 전면을 차지하지 못하도록 제한하고 있으며 전체 상가 전면의 반 이상이 소매업으로 임대되어야 한다고 규정하고 있다. 상가 전면의 배치에 있어서도, 예를 들면 상점의 전면을 건축선에 맞추어 배치함으로써, 기존의 쇼핑 패턴이 계속 유지될 수 있도록 연속성을 장려하고 있다.

광장(plaza) 자체는 상이한 세 종류의 공간으로 나뉘어진다. 즉, 주 공간(primary space), 잔여 공간(residual space), 북측 광장(northern plaza)이 바로 그것이다. 주 공간은 최소한 그 건물에 속한 광장의 총면적의 60%는 되어야 하고 주위의 도로에 연하여 공공 보도로 쓰여지고 있는 부분은 총면적에서 제외한다고 정의되어 있다. 광장의 방위는 가능한 한 많은 햇볕이 들 수 있도록 상세히 규정되어 있다. 북측 광장과 같이 햇볕을 받을 수 없는 건축대지에 대해서는 보상 조건을 두고 있다. 그보다 더 특수한 방법으로 광장의 이용도를 높이는 조항도 있는데, 예를 들면 옥외 벤치의 최소 시설 기준이라든지, 자전거 보관소, 분수식 음료대(drinking fountain) 등 바람직한 쾌적 시설에 대한 규정이 정해져 있다.

어째서 과거의 광장들이 공공의 사용에 적합하게 설계되지 못하였던가 하는 이유를 몇 가지 살펴보면, 주광장 공간이 밤에 폐쇄되도록 방치한 것은 바로 지역제법이라는 사실을 알 수 있다. 그러나 이 법의 전체적인 의도는 건물주로 하여금 명확하고 상세한 설계 및 관리 기준을 준수하도록 하자는 데에 있었다. 그 법안은 뉴욕 시의 부동산 경기가 바닥에 떨어져 있었던 1970년대 중반에 별다른 반대 없이 통과되었는데 그 당시 개발업자들은 건축에 대한 장래의 투자 여건보다 더 시급한 문제에 정신이 팔려 있었다. 이러한 규정들이 원칙대로 지켜진다면 장래의 광장 설계는 크게 달라질 것이다.

공공 오픈 스페이스는 외부 공간은 물론이고 내부 공간일 수도 있으며, 지하 연결 통로나 보행자 육교의 형태를

A. SOUTHERN EXPOSURE

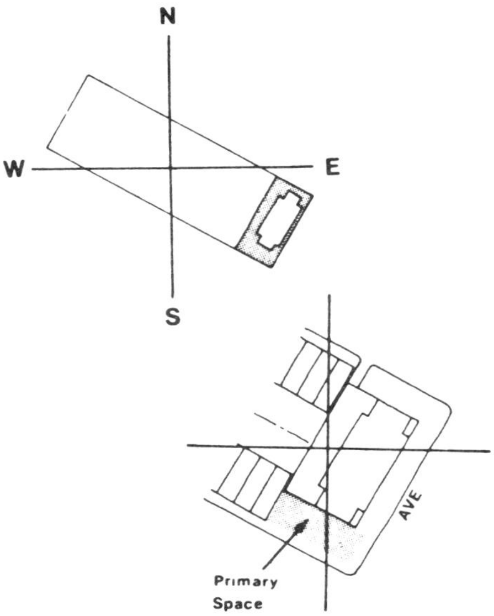

D. NORTHERN EXPOSURE

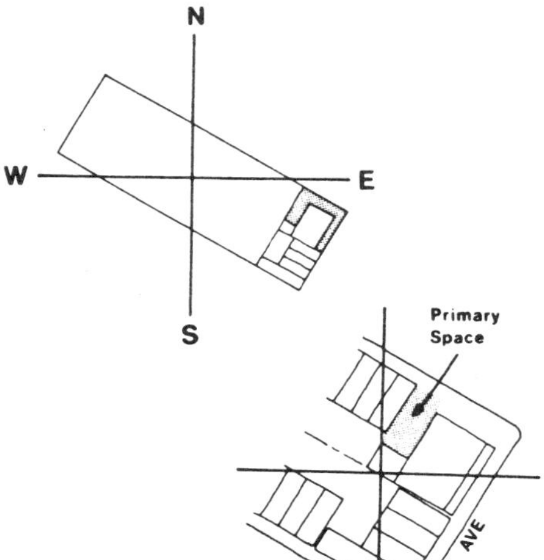

뉴욕 시의 지역제법에서 보너스를 받을 수 있는 광장의 법적 요건을 설명해 주고 있는 다른 그림들 이 규제는 주공간 primary space)의 방위에 관한 것이다.

하 : 공식적인 미네아 폴리스 계획. 이미 계획되어 있었던 수송망 체계에 보행자 육교 시스템(스카이웨이)을 도입한 것이다.

맞은 편 : 미네아 폴리스 IDS빌딩의 크리스탈 코트(the Crystal Court). 도시 보행자 육교 시스템의 중심지 역할을 하고 있다.

건물 설계 : Philip Johnson & John Burgee

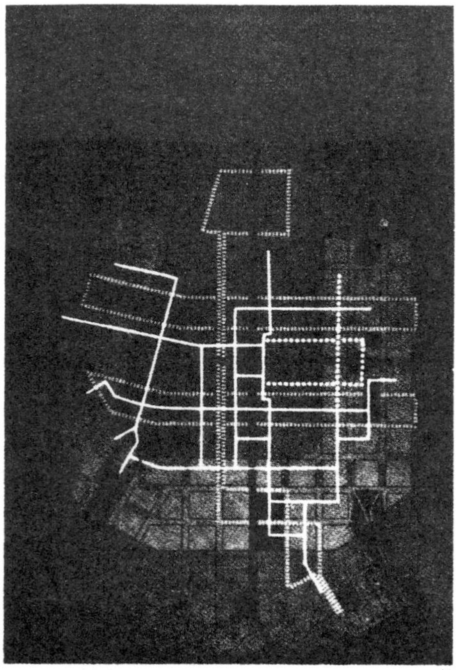

취할 수도 있다. 지하 보행 공간 시스템(underground concourse system)은 동경이나 오사카에서도 찾아볼 수 있지만 몬트리올(Montreal)의 예가 가장 유명하다. 미네아 폴리스의 스카이웨이 시스템이나 세인트 폴(St. Paul)의 그와 유사한 시스템은 보행육교가 도시에 어떻게 적용될 수 있는가 하는 방법을 보여 주는 좋은 예들이다. 계획가와 건축가들은 레벨을 달리해서 보행 교통과 차량 교통을 분리시키는 방법을 공리와 같이 생각해 왔으며 또한 그 방법이 어느 정도 바람직하다는 것도 사실이다. 그러나 이 개념에는 계획이 실제 시행되었을 때 발생하는 중요한 문제가 있다. 보행 교통은 소매업 시스템의 생명을 유지시켜 주는 혈액과 같다. 만일 아무도 상점 앞을 걸어다니지 않는다면 그 상점의 가치는 사라져 버릴 것이다. 고밀도 소매 지구의 경우를 제외하고 보행 교통을 여러 가지 다른 레벨로 분리하여 처리하면 사람들의 흐름은 분리되고 그 결과 소매 상가의 가치가 떨어질 위험이 뒤따르게 된다. 아니면, 한 레벨의 보행로만 과도하게 우세해지고 나머지 레벨의 보행로들은 구매력이 약화되어 상가의 활력을 잃게 될 지도 모른다.

모든 관계자들이 그 계획의 목적이 무엇이고 그 계획이 시행될 경우 어떤 결과를 초래할 것인가에 대하여 명확히 파악하지 못하는 한, 스카이웨이나 보행 공간 시스템(concourse system)을 소매 지구에 도입해서는 안 된다.

소매 보행 공간으로써 거대한 실내 공간을 도시에 도입하는 데에도 역시 전통적인 가로 전면의 가치를 떨어뜨릴 위험이 따르게 된다. 구매자들은 고풍(古風)의 아케이드를 따라 이쪽 거리에서 저쪽 거리로 걸어간다. 빅터 그루엔(Victor Gruen)이 뉴욕 로체스터(Rochester)의 미드타운 광장(Midtown Plaza)에 제안한 모델에서 볼 수 있는 바와 같이, 새로운 도심지 쇼핑 몰은 모든 구매 활동이 실내에서 이루어지도록 설계되기도 한다. 사람들은 차고에서 직접 몰(mall)로 들어가니까 거리로 나올 필요는 전혀 없다. 최근 솔트 레이크 시티(Salt Lake City)에서 완공된 ZCMI & Crossroads 센터는 분명히 전통적인 쇼핑 지역에 좋지 않은 영향을 미쳤다. 그 반면에 도시 중심부에

RESTAURANT
GALLERY
HOME

우 : 시티코(Citicorp) 빌딩 내부의 공공 스페이스

하 : 시티코 빌딩의 외부 광장. 레벨의 변화를 통하여 지하철 입구까지 자연스럽게 동선을 유도하고 있음을 보여 준다. 왼쪽의 건물은 성 피터 교회(St. Peter Church). 두 건물 모두 휴 스터빈 사무실(Hugh Stubbins & Associates)에서 설계했다.

서 비교 구매(comparison-goods)할 수 있는 소매 지역이 생겼다는 이점은 큰 것이며, 시의 관점에서 보더라도 반대급부의 가치는 충분할 것이다.

본격적인 소매 지구가 아닌 도시 중심부에서는 옥내의 공공 스페이스가 광장보다 더 큰 가치를 가질 수도 있다. 시티코 센터(Citicorp Center)의 공공 스페이스는 옥내의 보행 공간에 대해서도 옥외의 광장과 같이 상당한 건물 바닥 면적을 증가해 주는 지역제법에 따라 설치되었다. 윌리엄 가(William Street) 100번지의 지붕 덮인 보행자 공간은 뉴욕에 있는 또 하나의 예로서, 아이 비 엠(IBM) 빌딩의 일부인 브롱스 보타닉 가든(the Bronx Botanic Garden)의 분관과 필립 모리스(Philip Morris) 본사의 일부인 윗트니(Whitney) 조각 전시관으로 사용하는 공간이다. 제 7장에서 논의한 바와 같이 이 두 개의 공공 스페이스는, 지역제의 요구 조건이 점차 완화됨에 따라 대지는 갈수록 작아지고 그 위에 세워지는 건물의 부피는 갈수록 커지는 모습을 단편적으로 보여 주는 사례였다. 어쨌든 이러한 공공 스페이스가 그 자체로 보면 전통적인 광장보다 유익하다는 것은 의심할 여지가 없다. 이러한 반대급부적 가치를 이해하고 있는 한, 옥내 공공 스페이스는 정책의 한 구성 요소로 여겨지게 될 것이다.

결국 공공 오픈 스페이스의 효율성은 이러한 공간들이 전체 도시 설계와 얼마나 잘 결합되어 있는가에 달려 있다. 아틀란타(Atlanta)의 피치트리 센터(Peachtree Center)가 좋은 예로서 다양한 종류의 공공 오픈 스페이스들이 그 자체로 보면 별로 인상적이지는 못하지만 호텔, 쇼핑, 극장, 사무소 등의 공간으로 구성된 시스템에 매끄럽게 결합되어 있음을 보여 준다. 위의 투시적 단면도에서 보는 바와 같이 지하 보행 공간(underground concourse)은 지하철, 보행 육교, 지표 레벨의 광장(ground-level plazas), 지하 레벨의 광장(sunken plazas), 그린 하우스 형식의 지붕 덮인 공간 등과 서로 잘 결합되어 있다.

피치트리 센터에서는 모든 건물 및 토지가 건축가인 동시에 개발업자인 죤포트만(John Portman)에 의하여 통제되었기 때문에 이러한 통일성이 잘 이루어졌다. 다른 지역

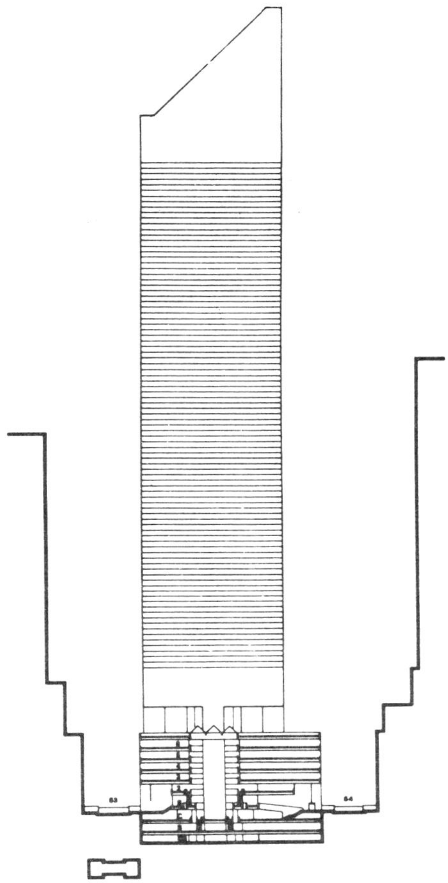

뉴욕 시의 시티코 빌딩(Citicorp Building)의 단면도. 지역제법에 따라 설치하면 건물 바닥 면적의 보너스를 받을 수 있는 지붕이 덮인 보행자 공간(covered pedestrian space)을 보여 준다.

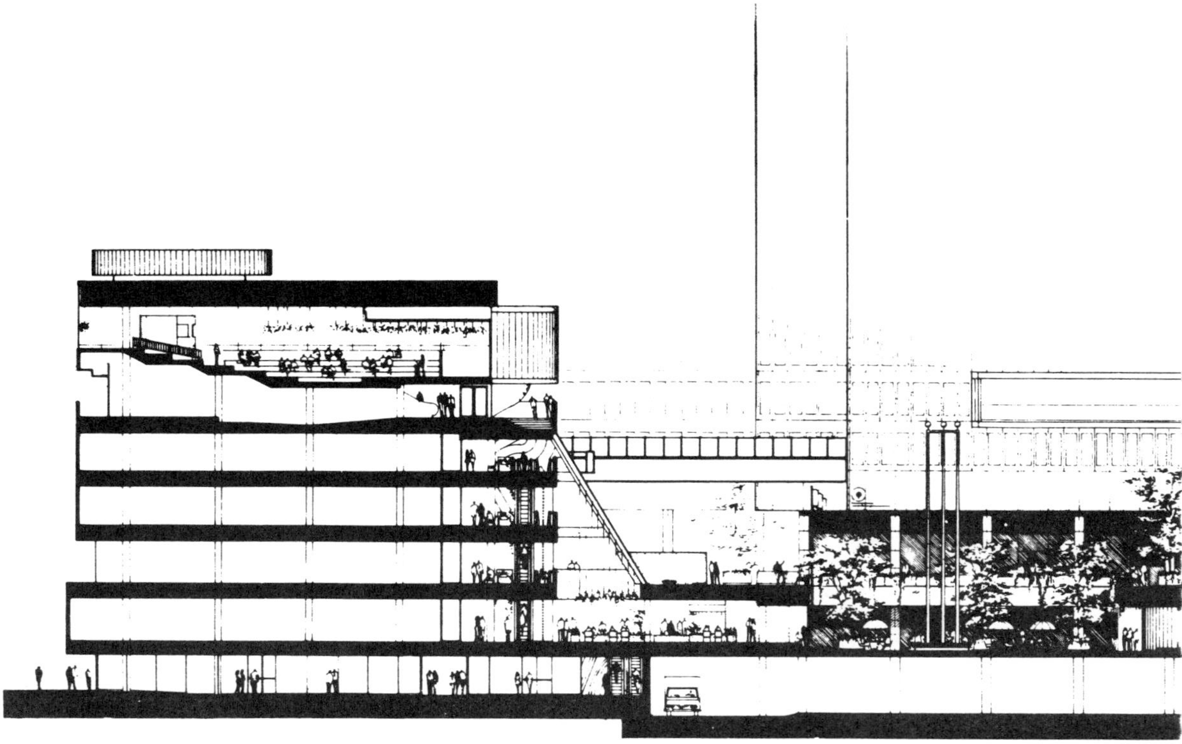

죠지아(Georgia) 주 아틀란타(Atlanta) 시에 있는 피치트리 센터(Peachtree Center)의 투시적 단면도. 공공 오픈 스페이스가 이 복합 건물의 여러 가지 구성 요소 및 지하철과 어떻게 결합되어 있는가를 보여 준다.
건축가 : 죤 포트만(John Portman & Associates)

에서도 지방 정부와 민간 투자가들 사이에 협조 체제가 잘 이루어질 수 있다면 이와 비슷한 결합 관계가 가능할 것이다. 샌프란시스코의 마켓 가(Market Street) 연변의 개발 사업은 공공 및 민간 오픈 스페이스들이 일관성있게 결합된 지금까지의 사업들 가운데 가장 규모가 큰 예일지 모른다. 여기에서는 일련의 오픈 스페이스들이 도로와 BART(Bay Area Rapid Transit : 만 지역 지하철 계통) 시스템의 입구에 연결되어 있다. 무엇보다도 필요한 것은 이러한 오픈 스페이스들을 일관성 있게 결합시키고자 하는 공공의 결정이다. 왜냐하면 그러한 오픈 스페이스들은 거의 모두가 지하철 계통의 일부로서든 개개 건물의 일부로서든 혹은 시에서 자금을 대는 가로 개선 사업의 일부로서든 설치하는 데에 막대한 비용이 지출되었을 것이기 때문이다.

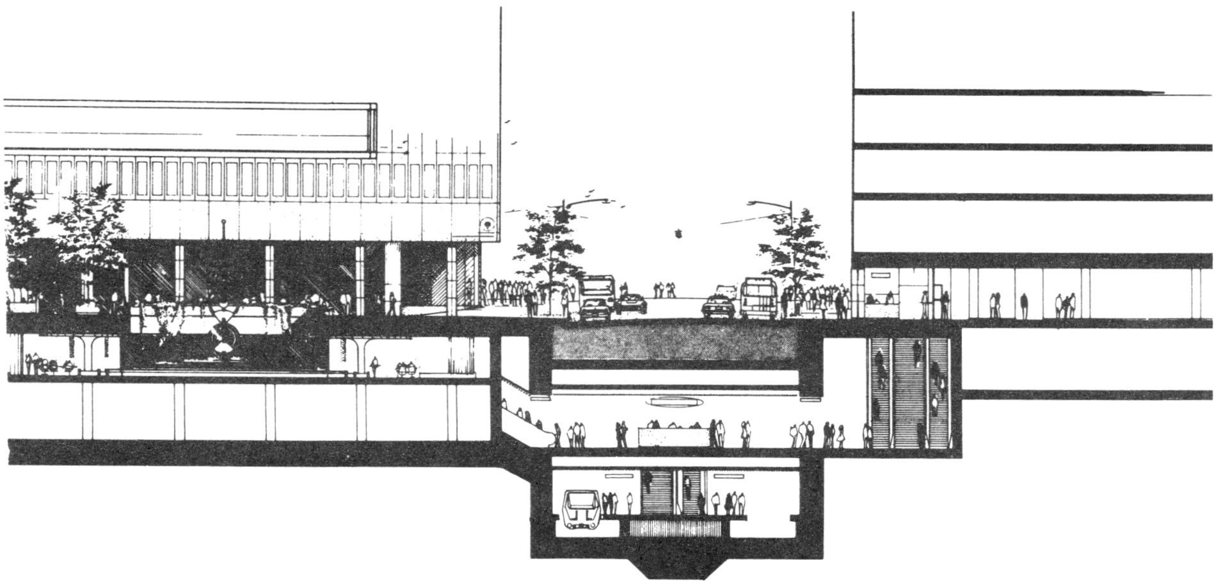

샌프란시스코 마켓 가(Market Street)의 만 지역 지하철 계통(Bay Area Repid Transit System : BART)으로 연결되는 광장. 다양한 공공 오픈 스페이스들과 연결된 마켓 가 개조 계획은 미국의 어떤 도시에서도 찾아볼 수 없는 대규모 도시 설계 사업의 하나이다.

12
가로 시설물, 조명 및 표식의 기준
(Standards for Street Furniture, Lighting, and Signs)

대부분의 도시에서 토지 면적의 1/4 가량이 도로로 쓰여지고 있으나, 그 비율은 가로 배치 계획의 성격에 따라 달라진다. 가구(街區)의 길이가 비교적 짧고 격자형 가로망을 가진 구(舊)중심 업무 지구에서는 비율이 그보다 높고, 폭이 좁고 구불구불한 도로가 나 있는 저밀도 주거 지역에서는 비율이 그보다 낮을 것이다. 어떤 식으로 헤아려 보아도 도로는 우리 주변에서 상당히 큰 부분을 차지하고 있는 공간이다.

도시가 결국 설계되어야 하는 것이라면, 가로 설계와 가로 경관은 모두 도시에 중요한 영향을 미치게 될 것이다.

대부분의 도시들이 가로의 기본적인 배치 계획까지 변경하기에는 시기적으로 너무 늦었다. 죠지아(Georgia)의 사반나(Savannah), 워싱턴 디. 시. (Washington D. C.), 파리(Paris)의 일부 지역, 오스트레일리아(Australia)의 계획 도시이며 수도인 캔버라(Canberra)와 같이 도로가 전체 도시 설계의 일부로서 계획된 경우도 더러 있을 수 있다. 그러나 현대 교통과 강도 높은 토지 이용은 상상도 할 수 없었던 초기의 단순한 사회에서는, 일반적으로 측량 기사에 의하여 도로가 배치되었다. 당시 측량 기사가 했던 일은 주택이나 농장으로 개발되리라 예상되는 획지에 최대한 접근이 용이하도록 도로를 효율적인 방법으로 배치하는 것이었다. 그 밖에 옛날부터 있었던 시골길의 패턴을 그대로 받아들여 도로 패턴으로 삼았던 도시가 있기도 하다.

가로등, 교통 신호등, 기타 가로 시설물들은 도시 설계에 강한 영향을 미친다.

만일 독자 여러분이 도시 풍경의 오래된 판화를 보게 된다면, 거리는 일반적으로 건물 사이에 남겨진 빈 공간으로 그려져 있음을 알 수 있을 것이다. 거리에는 몇 사람이 탄 마차가 있기도 하고 군중들이 무리지어 있거나 왕래하기도 하지만, 영구적으로 도로에 서 있는 물체는 거의 찾아볼 수 없다. 19세기의 풍경을 보면 도로는 가로수에 의하여 둥글게 덮여져 있는 것이 보통이다. 이러한 풍경에는 대부분 이상적인 것들만 표현되어 있다.

화가는 말똥이나 파리가 들끓는 불결함을 표현하지 않았다. 그러나 잃어 버린 세계를 보고 느끼는 여러분의 감정에서 최소한 그 일부분은 정연한 가로의 모습에서 기인한 것이다. 머리 위에 걸쳐진 전기줄이나 전화선도 없고 전보대나 가로등도 없으며 주차 계기(parking meter), 가로 표식, 신호등, 고속 도로 상황판, 소화전, 방화 및 경비 전화 박스, 우체통, 공중 전화 박스, 신문 자동 판매기, 그리고 쓰레기통도 없다. 만일 나무라도 있었다면 아마 차선을 확장하기 위해서 베어 버렸을 것이다. 아니면 나무가 운전자의 시야를 가려 측면 도로에서 진입하는 자동차를 볼 수 없기 때문에도 나무를 베어 버렸을 것이다. 오늘날의 거리에서 나무는 거의 찾아볼 수 없으며 있다 하더라도 발육이 부진하여 찌들어진 모습을 하고 있다. 오늘날 도심지 거리의 가로수들은 배기 가스에 중독되고 배달 트럭에 손상되며, 전선과 가로 표식의 설치를 위하여 베어 넘어져서 훨씬 후의 일이지만 특별히 설계된 몰(mall)의 연변을 제외하고는 성숙하기까지 거의 살아 남지 못한다.

우리의 거리 풍경을 어지럽히고 있는 여러 가지 물건들은 마치 침대, 의자, 주방 기구 등을 두서없이 사들여 방을 장식하는 것처럼, 아무 계획 없이 시간이 지남에 따라 계속적으로 추가되어 설치된 것들이다. 일반적으로 가로등, 쓰레기통 등을 가로 시설물이라고 부른다. 가로 시설물에 대한 조직적인 개념이나 장식 계획이 없으면, 가로 경관은 혼돈 상태로 변해 버릴 것이다.

우리는 도로 표식이나 교통 신호 등에 매우 익숙해져 있기 때문에 그것들이 부적합하게 설계되고 혼란스럽게 배치되어 있다는 사실에 주의를 기울이지 않는다. 그것은 마치 시끄러운 공장 근처에 사는 사람들이 제조 과정에서 발생하는 소음에 무감각하게 된다는 이치와 같다. 그러나 그 사람들은 공장이 가동되고 있다는 사실을 잠재적으로 느끼고 있다. 소음이 멎고 가로 시설물들이 잘 정리되었을 때 우리는 무언가 달라져 있음을 느끼게 될 것이다.

지방 정부는 특히 중심 업무 지구의 가로등과 교통 신호에 막대한 자금을 소비한다. 흔히, 보다 밝고 새로운 가로등이 지구 전체에 시설되기도 하고 교통 신호가 컴퓨터 시스템화되기도 한다. 가로등을 새로 설치하고 교통 신호등도 새로 세운다. 이러한 시설물에 수백만 달러를소비하고 있지만 가로 설계에 대해서는 아무도 생각하고 있지 않기 때문에, 도시의 모습을 전반적으로 개선할 수 있는 기회는 놓쳐 버리고 만다. 그러고 새로운 요소들이 무질서한 기존 상태에 덧붙여져 왔기 때문에 가로 경관이 오히려 악화되는 일들도 비일비재하다.

앞서 말한 바와 같이, 현상 유지를 위하여 도로를 상투적인 수법으로 보수하는 데에는 지방 정부가 거액의 비용을 과외로 지출하여 왔다. 포장을 들어 내고 도로 경계석(curb)을 자주 교체하며, 유틸리티 점검구의 수평을 맞추고, 다시 포장을 하여 도로를 전과 똑같은 모습으로 복구해 놓는다. 가로 시설물과 포장을 새로 하는 데 드는 이렇게 막대한 비용을 도시 설계에 사용했더라면 아마 어렵지 않게 큰 효과를 거두었을 것이다. 다시 말해서, 최소한의 비용을 들이고서도 막대한 공공의 이익을 거두었을 것이다.

가로 설계를 개선하기 위해서는 먼저 가로 문제의 현상들이 왜 그런 식으로 되었는가를 이해해야 한다. 많은 도시에서 그러하듯이 무질서하고 무분별한 것은 바로 결과의 전체적인 측면이다. 즉, 전체 결과를 혼란 상태로 몰고 가는 개개의 결정들도 하나하나 놓고 볼 때는 매우 합리적인 것들이다. 만일 변경할 의사가 있다면 가로 설계의 기능과 경제성을 따져 보는 것이 필요하다.

훌륭한 설계를 해야 한다고 주장하는 사람들 가운데 많은 이들이 현대적인 가로등과 교통 통제의 장치물들을 완전히 없애 버리고 싶다는 마음을 품고 있는 듯하다. 그들은 에드워드 시대(Edwardian period)의 가로등이나 가로 표식과 같은 것들을 훌륭한 가로 시설물로 생각하는 경향이 있다. 주철제의 꽃 문양으로 장식한 고풍의 가로등이 분명히 매력적이기는 하지만, 옛 사진에서 보는 그들의 호소력은 역시 드문드문 떨어져 있는 시설의 배치라든가 기타 혼잡스러운 시설물들이 적었다는 사실과 깊은 관계가 있다.

그 "좋았던 옛 시절"에는 교통 신호등을 세우는 것보다 구석구석에 경찰관들을 배치하는 것이 경제적이었을 것이다. 설사 전기를 이용하여 가로등을 밝히는 기술이 발명된 후였다 할지라도 그러했을 것이다. 그 좋았던 옛 시절에는 차량이 드물었고 주행 속도도 낮았으며, 사람들도 길을 쉽게 분간할 수 있었으므로 길을 찾기 위하여 가로 표식에 의존할 필요는 없었다.

그러므로 오늘날의 교통 신호등, 교통 정보판, 주차 표식 등의 설계에 이용할 수 있는 역사적 전례는 거의 찾아볼 수 없다. 또한 가스(gas)용으로 설계된 가로등이 오늘날의 가로 조명에 사용되었을 때, 교통 공학 기술자들이 필요하다고 생각하는 조명 기준에 알맞게 성능을 발휘하지는 못할 것이다.

우리는 우리 자신의 해결책을 강구해야 한다. 다행히 가로등과 가로 시설물의 개선에 관한 많은 연구가 이미 이루어져 있다. 그러므로 시 당국은 가로 설계를 개선해 보려는 생각이 있다 하더라도 새로운 시스템을 발명하거나 아직 검증되지 않은 시스템을 적용할 필요는 없다.

질서 있는 가로 환경을 이룩하는 열쇠는 새롭고 합리적인 조명 시스템을 교통 신호등이나 표식의 보강재로 사용하는 것이다.

도시 중심 지역에서 조명 시스템은 두 가지 기능을 수행해야 한다. 즉 차도에 안전한 조명을, 그리고 보도에 유쾌한 분위기를 조성하는 것이다. 하나의 조명 기구를 이용하여 이 두 가지 기능을 모두 감당해 온 것이 도심지 조명의 일반적인 현실이다. 기술 향상은 조명 기구의 설치 비용을 절감시키는 쪽으로 진행되어 왔다. 그 결과 가로등은 더욱 더 밝아졌으며, 그 간격은 더욱 더 넓어졌다. 많

질서 있는 가로 환경에 이르는 열쇠

맞은 편 : 피츠버그(Pittsburgh) 도심지 내의 두 가구(街區)에 대하여 가로 개선 사업을 시행한 후와 시행하기 전의 모습을 보여 주는 지도. 새로운 시스템으로 가로를 정리하고 체계화함으로써 가구의 혼잡스러움이 얼마나 감소되었는가를 보여 준다. 이 시스템은 피츠버그 도시 계획국의 후레드 피 스위스(Fred P. Swiss)와 도시설계가 죠나단 바네트(Jonathan Barnett)에 의하여 개발되었다.

은 도시들이 이러한 경제적 측면을 중시하여 조명 시스템을 시설하였기 때문에 운전자의 눈은 언제나 눈부심의 고통을 겪어야 했고, 보도를 걸어가는 보행자들은 소름끼치게 어른거리는 가로등 불빛에 불안을 느끼게 되었다.

조명 기구에는 두 가지 종류가 필요하다. 차도 자체에 대해서는 **광원 은폐형**(cut off), 다시 말해서 조명 기구를 똑바로 올려다보지 않는 한 광원이 보이지 않는 직접 조명의 조명 기구가 필요하다. 이렇게 하면 운전자들이 겪는 눈부심의 문제는 거의 해결될 것이다. 보도에 대해서는 등의 높이가 낮고 장식적인, 다시 말해서 관념적으로 에드워드 시대의 가로등에 가까운 조명 기구가 필요하다. 보행자를 위한 가로등은 광원을 눈으로 직접 볼 수 있는 것이 심리학적으로 상당히 중요하다. 광원이 감추어진 가로등이 보도 조명에 사용되었을 때, 조명 기술자가 조도계로 측정하여 어둡지 않다고 증명할 수 있는 경우라 할지라도, 보행자는 거리가 어둡다는 불안을 느끼게 된다. 비교적 등의 높이가 낮고 불투명한 백열 전구를 쓰면 보행자는 광원을 직접 눈으로 볼 수 있어서 안도감과 좋은 분위기를 느낄 수 있는데, 다만 문제가 있다면 눈부심이라는 새로운 요인이 생기게 된다. 이 문제를 해결하는 방법의 하나는 전구의 내부에서 빛이 분산되어 보도와 주변 건물의 저층부를 직접 비춰 주는 백열 전구를 사용하는 것이다. 이렇게 하면 광원이 감춰져 있어서 눈부심을 일으키지 않기 때문이다.

운전자와 보행자 모두의 안전을 위해서는 교차로와 블럭 중간의 조명에도 역시 차이를 두어야 한다.

도심 지역의 조명 시스템은 교차로에 전주를 높이 세우고 그 위에 광원 은폐형 조명 기구(cut-off lighting fixture)를 설치하는 것이 합리적이다. 폭이 넓은 도로에서는 높은 전주 위에 설치되어 차도를 비추는 광원 은폐형 조명 기구와 낮은 전주에 설치되어 보도를 비추는 장식적인 조명 기구를 번갈아 세워야 할 것이다. 비교적 좁은 도로에서는 낮게 설치된 조명 기구가 교차로와 교차로 사이의 보도와 차도를 동시에 비출 수 있는데, 이 때 장식적인 조명 기구는 눈부심을 제거하고 빛을 올바른 장소에 비출

Intersection Wood·Fifth·Oliver Existing

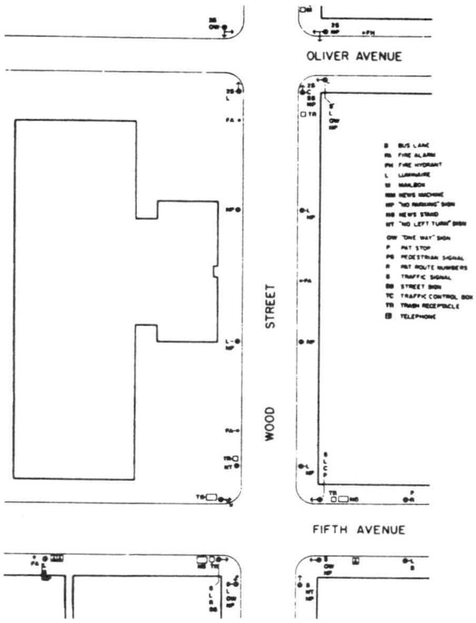

Intersection Wood·Fifth·Oliver Proposed

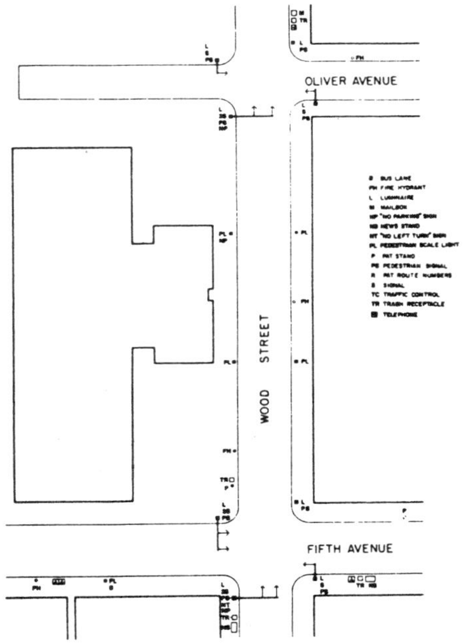

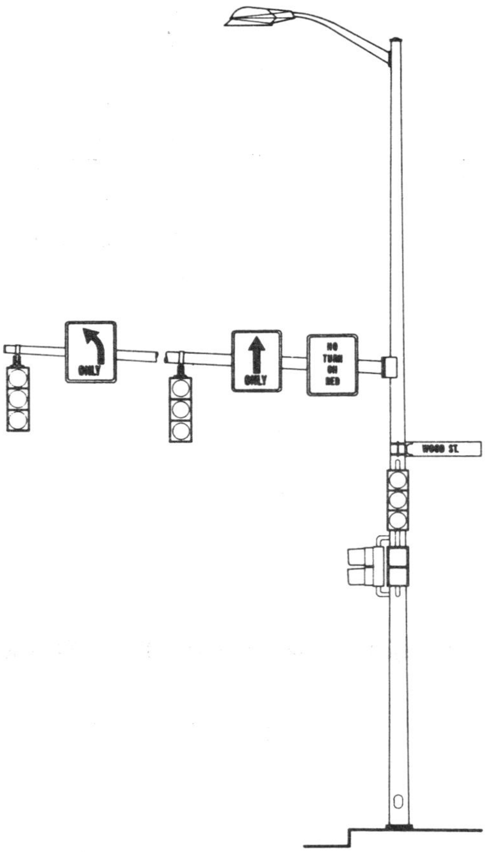

걸침대(boom)를 사용하여 교통신호등과 표식을 부착한 전형적인 도심부 가로등의 모습. 이러한 조명 기구는 운전자의 눈에 눈부심을 일으킨다. 표식과 교통 신호등은 긴결대(band)로 부착하며, 그 설계는 설치반에 의하여 임기응변적으로 결정된다. 교통 신호등은 각각의 차선에 관련시켜 설치되어야 한다고 규정되어 있는 가로 시설물 규제에 의하여 이들 조명, 표식, 신호등의 복잡한 설치물들은 부지불식 간에 도시의 중요한 요소가 되어 버렸다.

수 있도록 빛의 분산 장치(diffuser)가 고려된 것이어야 한다. 이러한 시스템은 관례적인 배치 방법보다 설치 비용이 더 들지만 가동 비용(稼動費用)은 낮은 경우가 많다. 왜냐하면 높이가 낮은 조명등을 촘촘히 배치하게 되면 필요한 광원의 강도는 낮아지기 때문이다. 이 시스템에서 150와트(watt) 조명등 2개는 관례적인 배치 방법에서의 400와트(watt) 가로등 하나와 같은 성능을 발휘할 수 있다.

위에서 설명한 조명의 합리화는 가로표식 시스템과 교통정보 시스템까지 아울러 합리화하는 계기가 되고 있다. 전형적인 교통 신호등 설치 방법은 교차로의 모서리에 특수한 전주(電柱)를 세우고 그 위에 신호등을 설치하는 것이다. 그 밖의 방법으로 손쉽게 할 수 있다면, 전주에 브라켙(bracket)을 대어 신호등을 설치하기도 한다. 현재 연방 기준은 폭이 넓은 도로에서 신호등을 도로의 차선 위에 설치하도록 규정하고 있다. 조잡하지만 손쉬운 방법의 하나로, 교차로를 가로질러 줄을 매달고 신호등을 달아 올리기도 한다. 그보다 영구적인 설치 방법은 교차로를 가로질러 캔틸레버(cantilever) 형식으로 걸침대(boom)를 설치하고 신호등을 매다는 것이다. 우리는 습관적으로 보아 넘기고 있지만, 이러한 교통 신호등의 걸침대는 도시 내에서 볼 수 있는 가장 볼품 없는 것 중의 하나이다. 이 걸침대는 보통 사각(斜角)으로 설치되고 2개의 줄에 의하여 기둥에 팽팽히 매달리게 된다. 신호등은 단단히 고정되어 있지 않아 바람에 앞뒤로 흔들리며, 가로 경관을 이루고 있는 다른 많은 표식과 조명등 사이에 섞여 거의 눈에 띄지 않을 수도 있다. 결국 교통 공학 기술자들은 중요한 도로의 교차로에 점점 더 큰 신호등을 달도록 제안하고 있는데, 이것은 과거 어느 때보다도 전체 신호 장치를 볼품 없이 만들어 버리는 결과를 초래하고 있다.

더 좋은 해결책은 교차로라면 어김없이 설치되어 있는 높다란 가로등의 기둥을 걸침대(boom)가 아니라 후레임(frame)의 지지 구조로서 이용하는 것이다. 그 후레임은 교차로를 사각이 아니라 직각으로 가로질러 캔틸레버(cantilever) 형식으로 설치된다. 후레임 안에 교통 신호등을 설치해 넣으면, 후레임은 질서정연하고 눈에 거슬리지 않는 배경이 되어 신호등의 식별성을 더 높여 준다. 일반적으로 가로등의 기둥에 브라켙(bracket)으로 설치되어 있거나, 교통 신호등의 걸침대(boom)에 매달려서 바람에 미친듯이 흔들리도록 방치되어 있는 표식들, 예를 들면 "적색 신호에서는 회전 불가" "좌회전은 좌측 차선에서" 와 같은 모든 표식들도 역시 이 후레임 안에 설치된다. 사전에 조금만 고려한다면 도로 표식, 일방 통행 표식, 노선 표식 등도 후레임 안에 결합시켜 넣을 수 있다. 가구(街區)의 중간에서 주차 정보 표식 및 버스 노선 표식은, 단일 목적만을 위해 별도로 작은 기둥을 세우는 것이 보통이지만 가로등의 기둥을 이용하여 부착시킬 수도 있다. 이 방법은 근년에 와서 관례처럼 되어 버린 배치 간격이 넓고 높다란 가로등을 설치하는 것보다 더 자주 이용되고 있다. 그 가로등에는 예정된 위치에 표식을 달 수 있도록 표준화된 연결 장치(tap)를 미리 설치해 두어야 하고 표식의 크기도 표준화되어야 한다. 주차장 표식을 가로등들 사이에 추가해서 설치할 필요가 있는 곳에는 간단한 후레임을 둘 수도 있다.

가로 경관을 피부에 느낄 만큼 충분히 개선하려면, 표식의 구성과 배치가 이와 같은 시스템에 따라 다루어져야 하는 것이 중요하다. 대부분의 도시에서 새로운 표식이 필요할 때, 그것의 구성과 배치는 표식의 제조 공장에서 제멋대로 결정되어 버리고 설치 작업반이 그것을 가지고 거리에 나가서 가로등의 기둥에 부착하거나 독립된 구조물을 설치해 버리는 것이 보통이다. 모든 배치는 가로 설계에 거의 무관하게 임시변통적으로 결정되어 버린다. 조명 및 표식의 합리적인 시스템이 일단 채택되면, 그 일을 시행해 나갈 행정적 절차를 마련하는 것이 또한 중요하다. 그렇지 않으면 일관성 없는 표식들이 임시변통적으로 거듭하여 도입될 것이고 시스템의 전반적인 질은 떨어지게 될 것이다.

다음 그림은 피츠버그 도심부에서 시행된 조명 및 표식 시스템의 합리화 계획을 보여 주고 있다. 그러나 당국에서는 그것을 새로운 방식으로 보지 않았다. 왜냐하면 전주, 조명등, 표식들은 과거에도 도심지의 거리에서 볼 수 있었

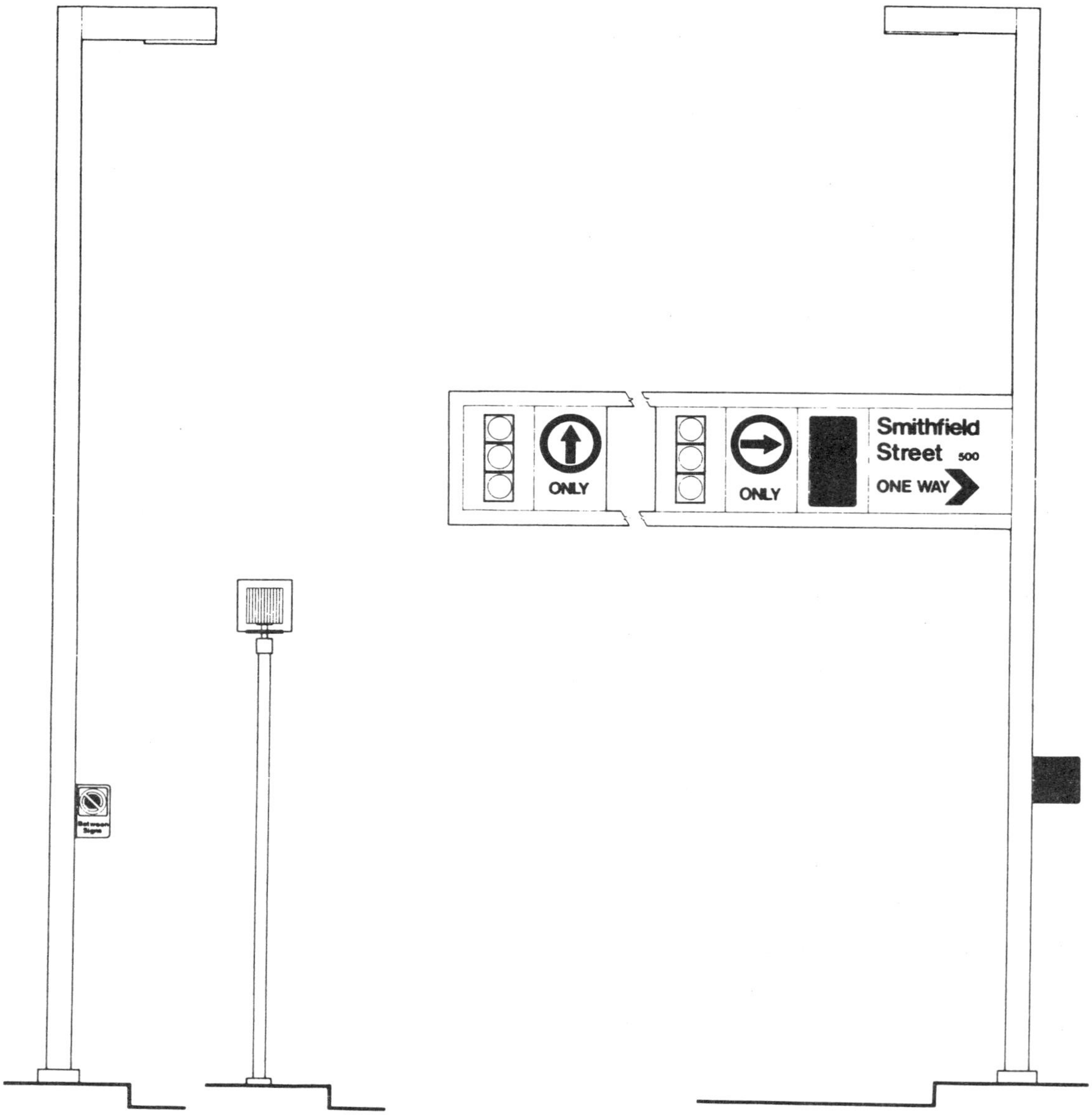

새로 정비된 피츠버그 도심부의 가로등, 교통 신호등, 도식적인 정보 시스템은 모두 공장 생산된 부품들로 설계되어 있다. 가로 조명 설계에서 조명 기구는 눈부심을 감소시켜 주는 광원 은폐형(cut-off)을 사용하고 있으며, 교통 신호등과 표식은 모두 후레임 안에 구성해 넣어 전체적인 통일성을 유지하면서 다른 표식 및 조명 기구와 쉽게 구별되도록 하였다. 가구(街區) 중간의 보도와 차도에 설치된 독립된 조명 기구는 눈부심을 없애 주도록 광원 은폐형의 투명한 전구를 사용하였는데, 그것은 높다란 조명등과는 다른 빛을 낸다. 가로등의 기둥에는 표식과 신호등을 부착시킬 수 있도록 구멍을 미리 뚫어 두었고, 경찰은 그러한 장치물들을 부착하는 데 긴결대(band)를 사용하지 못하도록 억제하고 있다.

던 평범한 것이었고 그 배치는 상투적이라 할 수 있었으며 설계된 시스템도 또한 대동소이한 것이었기 때문이다. 거기에 소요된 비용의 액수를 보면, 시스템의 설계비는 다소 증가되었으나 그 증가액은 거기서 얻은 개선 효과에 비하면 대단한 것이 아니었다. 도심부에서 기존의 가로등, 신호등, 표식들을 모두 교체하는 경우, 그림에서 보여 주는 관례적인 부품(hardware)들을 쓴다면 1980년의 화폐로 1,650,000 달러가 소요될 것이다. 그 반면 개선된 시스템을 쓴다면, 역시 1980년의 화폐로 3,325,000 달러가 소요될 것이다. 그렇다. 새로운 시스템을 적용한다면 그 비용이 2배로 증가하게 된다. 그러나 도로 보수에 쓰이는 부품 비용은 전체 비용에서 보았을 때 매우 미소한 부분을 차지한다. 1,500,000 달러 남짓한 비용의 증가는 대도시의 중심가에서 조명 및 표식 시스템을 완벽하게 합리화하기 위하여 지불하는 비용으로서 그렇게 큰 액수는 아닌 듯 하다. 그 정도는 민간 자선 기금이나 도심지의 사업주들이 내는 기부금으로 충당할 수 있는 범위의 것이다.

다음 그림은 볼티모어(Baltimore) 북동부, 리버티 로드(Liberty Road)의 교외 상업 지대를 위하여 설계된 유사한 시스템에 관한 것이다. 설계 원칙은 비슷하나 규모가 커진 것은 필연적이다. 도심지에서는 대부분 전화선과 전선이 지하 인입관(引入官)에 매설되어 있지만, 교외의 대상(帶狀) 상가에서는 그렇지 않다. 이 그림에 나타난 시스템은 모든 전선을 지하에 매설하도록 설계되어 있어서 많은 비용이 소요되는 방법이다. 또 다른 방법으로서, 가로변 업소(業所)의 광고판을 전주(電柱)에 부착하는 등, 전주를 다른 목적으로도 함께 이용할 수 있도록 설계함으로써 전선의 설치를 합리화할 수도 있다. 이러한 방법을 쓰면, 교통 표식을 설치하기 위한 기둥의 수를 줄일 수 있으며, 광고판도 교통 표식과 유사한 모듈러 시스템(modular system)으로 질서 있게 설치할 수 있을 것이다.

가로수가 길을 따라 열지어 있고 교통 신호등과 교통 표식이 거의 없는 교외의 주거 지역에서는, 전화선의 기둥에 가로등을 설치하는 통상적이고 임시변통적인(ad hoc) 방법이 무리없이 계속 받아들여질 수도 있다. 그러나 새로운

볼티모어 교외 지역인 리버티 로드(Liberty Road)의 경관. 머리 위로 전선이 지나가고 어지러운 표식들이 난무하며, 교차로를 가로질러 교통 신호등이 줄에 매달려 있는 전형적인 미국의 가로 경관을 보여 준다.

(p.214~215): 도시 설계가 벤-아미 프리드만(Ben-Ami Friedman)이 개발한 리버티 로드의 제안은 전선을 지하에 매설하고 표식과 신호등을 구성하여 정리하는 것이다.

리버티 로드에 대한 가로 시설물과 표식 및 신호등 시스템의 상세도. 가장 중요하고 어려운 제안은 전선을 지하에 매설하는 것이다.

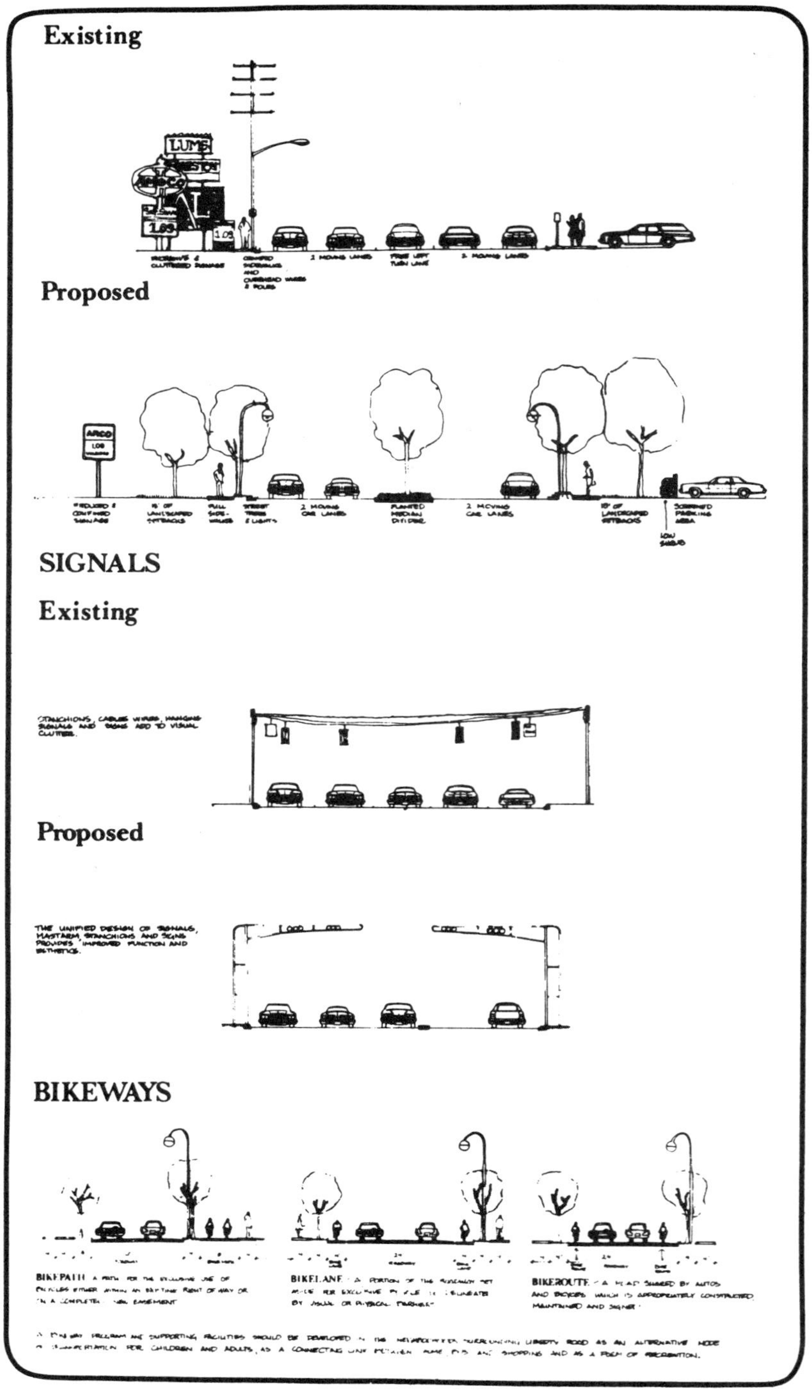
Existing
Proposed
SIGNALS
Existing
Proposed
BIKEWAYS

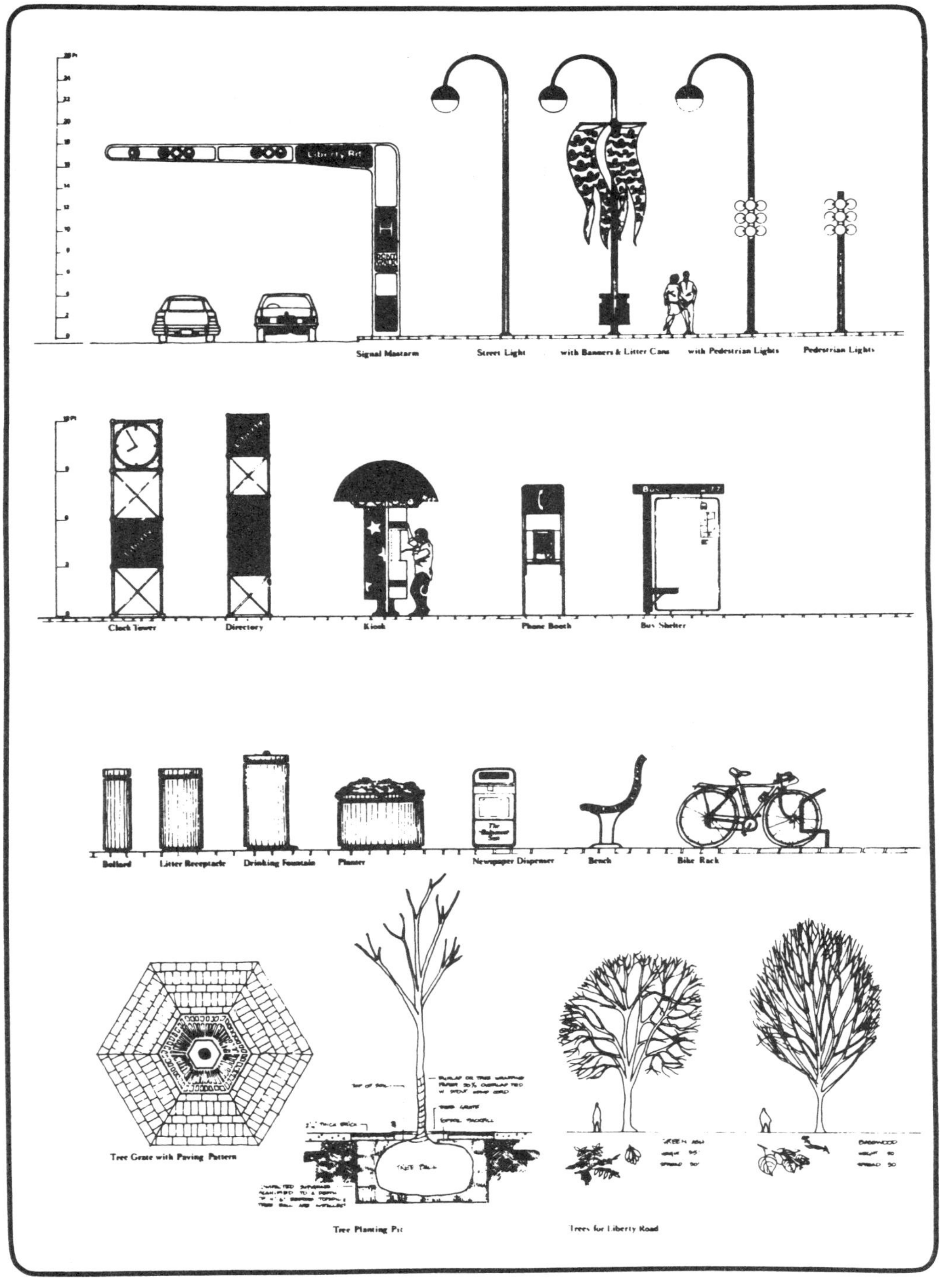
Liberty Rd
Signal Mastarm
Street Light
with Banners & Litter Cans
with Pedestrian Lights
Pedestrian Lights
Clock Tower
Directory
Kiosk
Phone Booth
Bus Shelter
Bollard
Litter Receptacle
Drinking Fountain
Planter
Newspaper Dispenser
Bench
Bike Rack
Tree Grate with Paving Pattern
Tree Planting Pit
Trees for Liberty Road

토지 구획 정리 사업 지역에서는 광원 은폐형의 가로등을 설치할 필요가 있고, 기존의 시가지라 할지라도 가로등을 새 것으로 바꾸어 설치할 때에는 광원 은폐형의 가로등을 지정하여 설치하는 것이 바람직하다. 물론 전기 설비와 전화선이 매설될 수 있는 경우라면 도로 경관은 더욱 더 개선될 것이다.

화재 및 비상 경보기와 심지어 우체통까지도 관리 문제만 해결된다면 합리적인 가로 조명 및 표식의 시스템에 통합시킬 수 있다. 그러나 가로 시설물 중에는 버스 쉘터(bus shelter)나 쓰레기통과 같이 별도로 생각해야 하는 요소도 있다. 민간 회사가 개발하여 뉴욕 시에 설치한 버스 쉘터는 잘 설계된 쉘터란 어떤 것인가를 보여 주는 좋은 예이다. 이 경우 쉘터의 설치 및 관리 비용은 모두 광고 수입으로 충당되는데 아마 그것은 기업가들에게도 수익을 가져다 줄 것이다. 그 대신 조그만 전시 지역은 상업 광고가 아닌 버스 노선의 안내판으로 쓰여질 수 있으며, 그렇게 되면 시 당국이 그 비용을 부담해야 할 것이다. 앞 페이지의 그림에서 보는 바와 같이 휴지통과 신문 자동 판매기의 외관 설계도 역시 이 가로 시설물 계획에 포함되어 있다.

대부분의 경우, 측보도(sidewalk)는 토지 소유자가 지방 정부의 시설 기준에 따라 건설하고 그 비용도 각자 부담해야 한다. 이 기준에는 상당한 융통성이 있어서 예를 들면, 보도에 아스팔트 포장을 금지하거나 도로 경계석(curb)으로 화강석을 사용하도록 기준을 변경할 수 있다. 허용되는 마감이나 재료는 시간이 지나더라도 통일성을 유지할 수 있도록 그 용어를 한정하여 규정할 수도 있다. 차도와 보도의 마감을 선택할 때에는 유지 관리를 고려해야 한다. 뱉어버린 츄잉검(chewing gum)이 보도에 달라붙으면 도로 표면이 어떻게 보일 것인가? 겨울철에 도로가 미끄럽지나 않을까? 차에서 기름이 새어 나와 도로에 떨어지면 흉하게 보이지는 않을 것인가?

사업 비용의 대부분은 어떤 식으로든 쓰여져야 할 돈이다.

보도는 들어 내어 교체할 수 있는 패널(panel)이나 벽돌과 같은 규격품으로 도로 경계석에 열을 맞추어 평행하게 깔 수 있도록 설계될 수 있다. 그리하면 파이프나 전선은 이러한 패널 밑에 매설하기 때문에, 보수할 때 보도 전체를 파헤칠 필요는 없다. 나무나 화초를 심는 화단도 앞 페이지의 그림에서 볼 수 있는 바와 같이 선형적으로 설계될 수 있다.

이러한 가로 경관 개선에 관련된 모든 사업에 있어서 기억해야 할 중요한 점은 사업 비용의 대부분은 어떤 식으로든 쓰여져야 할 돈이라는 것이다. 설사 비용이 증가된다 하더라도 거기서 얻어지는 혜택에 비교하면 미소한 것이다.

샌프란시스코 도심지 내 마켓 가(Market Street)의 교통 신호 및 표식 시스템. "건너시오", "멈추시오"라고 쓰여진 보행 신호등 뒷면에는 가로 이름이 쓰여져 있다. 회전 신호등의 뒷면에도 역시 가로 이름이 쓰여져 있다. 무궤도 전차(trolley bus)의 전선을 지지하는 목재 기둥은 철거하기로 되어 있다.

교통 신호등이 새로 설치될 때, 가로등이 교체될 때, 가로 표식이 새로 세워질 때, 그리고 차도와 보도가 개수되고 보수될 때, 그 비용은 설계된 시스템에 따라 집행되어야 한다. 이러한 시스템이 지방 정부의 행정 및 예산상의 절차에 포함되어 세워지게 된다면 전체 공공 환경은 계속 쇄신되어 나갈 수 있을 것이다.

13
수송과 도시 설계 정책
(Transportation and Urban Design Policy)

우리 인간이 중요한 자연 자원들을 모두 고갈시켜 버릴지 모른다는 자성(自省)이 새로와지고 있음에도 불구하고 우리들의 도시는 앞으로도 상당히 오랫동안 승용차, 버스, 트럭 등의 수송 수단에 의존할 것으로 보인다. 지금까지 자력 추진(自力推進)의 차량 교통 체계가 도시 설계의 기본이 되어 왔기 때문에 그것을 다른 유형의 수송수단으로 전환하려면 실로 막대한 비용이 소요될 것이다. 물가 상승으로 인하여 지하철 시스템을 새로 건설하는 비용은 1마일(mile)당 약 1억 달러에 달하게 되었고, 지상 철도 시스템을 건설한다 하더라도 1마일당 2천만 달러가 소요될 것이다. 지난 50여 년 사이에 개발되어 왔던 도시 지역에 이같은 시스템이 새로이 건설된다면 기존의 주택, 아파트, 상가, 공장들은 입지적인 상호 관계가 깨어져 고속 철도 수송 시스템(rail rapid transit system)이 제 기능을 효율적으로 발휘할 수 없으리라는 것을 사람들은 곧 알아차리게 될 것이다.

기존의 철도 노선을 고속 수송 시스템으로 전환하여 사용하는 경우에도 똑 같은 문제가 발생할 것이다. 철로 주변에 살기를 원하는 사람은 아무도 없다. 그래서 철도는 도시의 중심지에서 상당히 멀리 떨어져 지나가는 경향이 있다. 클리블랜드(Cleveland)와 같이 철도 및 전차 시대에 성장했던 도시에서는 기존의 고속 철도 수송 시스템과 철도 시설을 그대로 활용할 수 있으며 뉴욕, 시카고, 보스톤과 같이 철도 시대에 성장했던 보다 큰 대도시에서도 고속 철도 수송 시스템은 계속 수송 시스템의 중요한 부분으로

남아 있게 될 것이다. 샌프란시스코 만 지역(San Francisco Bay Area)이나 아틀란타(Atlanta) 대도시권, 워싱턴 디. 시(Washington, D. C.), 볼티모어(Baltimore)에서도 고속 철도 수송 시스템에 지속적으로 많은 투자를 하는 것이 합당한 생각일 것이다. 그러나 미국의 일반적인 도시들에서는 장래의 주된 수송 수단이 승용차, 버스, 트럭으로 되어 갈 것이다.

새롭고 혁신적인 시스템은 어떠한가?(What About Innovative New Systems ?)

피플-무버(people-mover), PRT(personal rapid transit : 승객용 고속 수송 시스템), 셔틀 버스(shuttle bus : 근거리 왕복 버스) 등 새롭고 혁신적인 수송 시스템은 어떠한가?

아마 가능할 것이다. 피플-무버는 본질적으로 움직이는 보도(moving sidewalk)라 할 수 있다. 문제는 어떻게 사람들이 넘어지지 않고 타느냐 하는 것이다. 움직이는 벨트(moving belt)의 속도를 시속 3마일 이하로 제한한다면 해결될 것으로 보인다. 속도를 올리고 싶다면 시속 6마일로 달리는 제 2의 움직이는 벨트를 추가로 설치해야 한다. 그러면 균형을 잃지 않고 이쪽 벨트에서 저쪽 벨트로 옮겨 갈 수 있다. 왜냐하면 벨트 간의 속도차가 시속 3마일밖에 안 되기 때문이다. 좋다. 그러나 어떻게 내릴 것인가? 보다 낮은 속도로 움직이는 제 2의 벨트가 있을 경우에만 가능하다. 벨트 시스템을 어디에 설치할 것인가? 어떻게 도로와 교차시킬 것인가? 여러분들은 과연 보통의 보행 속도보다 빠른 이동 수단을 이용하게 될 것인가?

이러한 문제는 어느 정도 특수한 공로(公路 : right of

덴버 고속 수송 지구(Denver Rapid Transit District)에 관한 연구에서 웰레스(Wallace), 매카그(McHarg), 로버츠 앤드 토드(Roberts & Todd)가 계획한 승객용 고속 수송 시스템(PRT)의 그림. PRT는 아직도 해결되지 않는 몇 가지의 문제를 안고 있다. 즉 그 시스템이 "고가 철도(El)"의 재발명은 아닌가? 운전사가 없는 차에 탄 승객의 안전은 보장될 수 있을 것인가? 자동화 기술이 이루어질 것인가?

way)로써 해결되리라 생각된다. 그 공로란 도심 지역(공항을 제외하고, 피플-무버에 대한 투자 비용이 타당하다고 생각될 만큼 군중이 많이 모이는 장소)의 상가로부터 흘러나오는 보행자들을 예정된 지점이 아니면 타거나 내릴 수 없는 시스템으로 유도하여 채널화(channeling)시키는 것을 의미한다. 보행자의 움직임은 소매 시스템에 있어서 생명을 유지해 주는 혈액과 같기 때문에 피플-무버에 대하여 회의를 품는 것이 무리한 일은 아닐 것이다. 공항에서 피플-무버를 타 본 사람이라면 보행자들이 걸어가는 것보다 훨씬 빠르게 움직일 수 있다는 사실을 알고 있을 것이다. 또 하나의 이점(利點)은 그들이 여행 가방을 바닥에 내려놓고도 계속 움직일 수 있다는 것이다.

피플-무버는 수평적 에스컬레이터이다. 그리고 PRT의 차량은 종종 수평적 엘리베이터라고 불리워진다. 왜냐하면 여러분들이 PRT정거장에 가서 호출 버튼(botton)을 누르면 목적지로 갈 다음 차가 여러분 앞에 정지할 것이기 때문이다. 이러한 차들은 승차 인원이 10명에서 20명 정도이고, 자동화되었기 때문에 운전자가 필요하지 않으며, 그래서 일반적인 고속 수송 수단보다 운전 비용을 상당히 절약할 수 있을 것이다.

사실, 덴버 고속 수송 지구(the Denver Rapid Transit District)의 선거구민들은 이 시스템을 건설하기 위한 공채 발행안을 통과시켰다. 이것은 개념적으로 볼 때 덴버 대도시권의 공기 오염을 감소시켜 주는 결정적인 방법으로 제시되었다. PRT시스템이 탐파(Tampa), 달라스-포트워드(Dallas-Fort Worth), 시애틀(Seattle) 등과 같은 몇몇 대공항에서는 현재에도 운용되고 있으나, 종점(終點)의 수가 많고 노선이 복잡한 도시용 PRT 시스템이 설계된 적은 그 때까지 없었다. 당시에 덴버 PRT 시스템을 설계할 수 있는 기술이 실제로 있었느냐에 대해서는 결코 확실하지 않다. 거기에 몇 가지 다른 문제점도 있었다. PRT차는 궤도 위를 달려야 한다. 그러므로 그 궤도는 가로 시스템과의 충돌을 최소화하기 위하여 레벨을 높여야 한다. 활발하게 움직이는 PRT 시스템을 거미줄과 같이 허약한 몇 개의 선에 매달 수는 없다. 왜냐하면 강력한 지주에 의하여 지지되는 견고한 가이드 레일(guide rail)이 필요하기 때문이다. PRT 시스템은 도시의 가로 경관을 해치는 고가 철도(elevated railway)보다 외관이 다소 좋기는 하지만 그래도 고가철도(El)와 매우 흡사하다. 대다수의 사람들이 고가 철도가 마침내 철거된다고 자축(自祝)하고 있었던 바로 그 순간에, 고가 철도가 다시 도시에 숨어 들어오고 있었던 것이다. 덴버에서 비교적 상류의 주거 지역에 살고 있었던 주민들은 집 근처에 PRT 궤도가 설치되는 것을 원치 않는다고 분명히 밝혔다. 만일 PRT가 승객들이 가고자 하는 장소까지 달리지 못한다면, 그 가치는 크게 상실되어 버릴 것이다.

또 하나의 문제가 있었다. 젊은 부녀자나 노인, 혹은 허약자들이 홀로 여행할 때, 특히 야간에 승무원 없이 자동적으로 움직이는 PRT 차에 오를 때, 위험이 따르지는 않을 것인가? 엘리베이터에 위험의 소지가 충분히 있는 것과 마찬가지로 정거장 사이의 긴 구간을 달리는 이러한 부류의 수평적 엘리베이터는 공포 소설의 무대가 될 수도 있다. 하기야 중앙 관제소에 연결된 폐쇄 회로 텔레비전이 설치될 수도 있으나, 그것이 보장하는 안전성은 완벽하지 못하며, 특히 텔레비전 카메라의 렌즈가 손이나 테이프 조각에 가리워질 경우에는 더욱 그렇다. PRT 시스템을 운영할 수 있을 만한 대부분의 대도시와 마찬가지로 덴버는 범죄율이 높다. PRT 시스템이 과연 안전을 보장할 수 있을 것인가?

자, 이제는 셔틀 버스(shuttle bus)에 관하여 알아 보자. 지도 위에 버스 노선을 그리는 것은 매우 쉽다. 여기에 외곽 주차장(peripheral parking lot)이 있고 이 점선을 따라서 셔틀 버스가 도심지에 연결된다고 하자. 질문: 셔틀 버스의 운행 회수를 얼마로 할 것인가? 만일 5분 간격으로 운행하고, 노선을 달리는 데에 30분이 걸린다면 6대의 셔틀 버스가 필요할 것이다. 교통이 가장 붐비는 시간(transit rush hour)은 평일의 아침과 저녁이므로 운전원의 근무는 2교대가 될 것이다. 그리고 정규 운전원이 근무 시간 중에 휴식을 취할 수 있기 위해서는 보조 운전원이 필요하다. 또한 예비 차량이 필요하고, 자동차를 정비하기 위해서는 정비원이 필요하다. 생각해 보라. 현실적인 승객 서비스를 위하여 빈번하게 버스를 운행하자면 셔틀 버스 시스템의 운행 비용은 비싸게 먹히지 않겠는가?

셔틀 버스가 2, 3개의 고정된 지점 사이만을 왕복한다면 궤도 설치가 가능하며, 이렇게 되면 PRT를 설치하는 것이 오히려 적절한 상황일지도 모른다. 루스벨트 아이런드(Roosevelt Island)와 만하탄(Manhattan)간을 운행하는 케이블 카(cable car)가 그 성공적인 예이다. 그러나, 그만큼 성공적인 예가 아주 많은 것은 아니다.

그러면, 승용차 및 일반 정기 버스 노선과 트럭으로 돌아가 살펴보자. 이러한 자력 추진의 차량이 도시 설계에 미치는 효과에 대해서는 르 코르비제(Le Corbusier)가 그의 보아상 플랜(Voisin Plan)에서, 프랭크 로이드 라이트가 브로드 에이커 시티(Broadacre City) 계획안에서 예견하였고, 노먼 벨 기데스(Norman Bel Geddes)*가 1939년 세계 박람회의 제너랄 모터스 전시관(the General Motors Pavilion)에 전시될 "미래상의 전시"(the Futurama Exhibit)를 위하여 설계한 1960년의 도시 모델(model)에서 그 모습을 보여 주고 있다. 그 중에서 벨 기데스의 견해가 가장 현실에 가까운 예언으로 밝혀졌는데, 아마 그 이유는 그의 설계안이 자동차 교통의 흐름을 가장 원활하게 처리하였기 때문일 것이다. 그 계획은 여러

*(역자 註) Norman Bel Geddes(1893～1958): 미국에서 가장 다재다능한 계획가 중의 한 사람. 그는 무대 설계, 산업 디자인, 교통 계획, 도시 계획, 건축 설계 등 매우 다양한 분야에서 활동하였다. 그의 저서 "Magic Motorways"와 그의 작품 "Futurama"는 교통 문제를 다룬 것이다.

레벨로 처리된(multi-level) 거대한 고속 도로가 도시의 심장부에서 합류하는 것이었다. 일반 도로는 육교를 놓아 교통을 처리하였고, 그 밖의 작은 고속 도로는 그보다 낮은 레벨로 교차하도록 하였다. 도시의 모든 가구(街區) 들은 고속 도로 시스템에 의하여 서로 분리시키고, 그 시스템으로부터 쉽게 접근되도록 하였다. 유선형의 고층건물들은 일부의 가구에만 세우도록 하였고, 그 외의 가구에는 교회, 작은 건물들, 공원 등 과거의 유산을 그대로 수용하여 유지하도록 하였다. 로스엔젤레스 중심가의 벙커 힐(Bunker Hill) 재개발 지구는 **미래상의 모델**(the Futurama model)과 매우 흡사한 모습으로 개발되어 있으며, 그 밖에도 벨 기데스(Bel Geddes)가 예견했던 미래상(未來像)의 많은 단편들이 오늘날 대부분의 미국 도시들에서 나타나고 있다. 벨 기데스의 예언이 적중하지 못했던 점은 기존의 사업, 특히 소매업의 반발과 기존 건물의 부동산 가치였다.

오늘날 우리는 상업 및 부동산 시스템이 갖고 있는 관성(慣性)을 다행스럽게 생각하고 있다. 왜냐하면 자력 추진(自力推進)의 차량 교통만을 위해서 설계된 도시에서는 사적 보존(史蹟保存)이 매우 어렵고, 전통적인 거리의 활력을 유지하기가 거의 불가능하다는 사실을 알게 되었기 때문이다.

사실 우리가 살고 있는 도시 중심부의 가로들은 애초에 말과 마차를 위하여 설계된 것이지, 오늘날 도시의 심장부에서 볼 수 있는 마천루나 그로 인한 과밀된 보행자와 차량을 미리 예견하여 설계된 것은 아니다. 한편 우리는 교통의 흐름이 **파킨슨 법칙**(Parkinson's Law)*과 매우 유사한 어떤 법칙을 따르고 있음을 알게 되었다. 여러분도 기억하다시피, 파킨슨 교수는 인간의 본성에 대하여 다음과 같은 의미심장한 진리를 말했었다. "일이라는 것은 그것에 할당된 시간을 메우기 위하여 더 확대된다." 그의 저서는 유머스럽게 쓰여졌지만 거기에 함축된 통찰력은 진지한 것이었다. 교통량도 마찬가지로 그것에 할당된 도로를 충만시키기 위하여 증가한다. 로스앤젤레스 시에는 고속도로들이 상당히 집중적으로 설치되어 있다. 그러나, 고속

1939년 뉴욕 세계 박람회의 제너럴 모터스 전시관(General Motors Pavilion)을 위하여 노먼 벨 기데스(Norman Bel Geddes)가 설계한 모델의 공중 사진. **1960년의 세계**(the world of 1960)라고 불리우는 이 설계안은 자동차의 출현으로 인하여 야기될 장래의 토지 개발을 예측한 것으로 놀라우리 만큼 정교하게 처리되어 있다. 고층건물이 분리되어 있다는 것을 제외한다면, 이것은 대부분의 현대 미국 대도시를 보여 주는 사진이 될 수도 있을 것이다.

*(**역자 註**) 파킨슨 법칙 : 영국 사람 C.N. Parkinson이 사회를 풍자적으로 분석하여 제창한 사회 생태학적 법칙. 행정 및 재정의 조직과 운영이 오히려 비합리적인 심리 작용에 의하여 좌우되고 있다는 경험적 사실을 분석하여 그 결과 해명된 관행(慣行)의 요인에 붙인 명칭.

도로 시스템의 기능이 좋으면 좋을수록 더 많은 사람들이 몰려들어 도로를 이용한다. 자동차 교통을 수용하기 위하여 도시의 중심부를 도로가 관통하여 분할하는 것은 도시의 전통적인 가치를 파괴할 뿐만 아니라 도로 그 자체의 기능까지도 마비시켜 버릴지 모른다.

그 대신 우리는 절충안의 형태로 문제를 해결할 수 있다. 즉, 우리에게 필요한 것은, 도심부에 접근할 수 있도록 연결은 시켜 주되 도심부에 직접 관계가 없는 교통은 비켜 지나가게 하는 고속 도로 체계이다. 그러나 일단 이러한 기본적인 목표가 달성되면, 도시 자체를 파괴하지 않는다는 데에 최우선을 두어야 하며, 차량 교통의 문제를 완전무결한 수준까지 해결하려고 무리하게 몸부림해서는 안될 것이다.

교통 체계의 관리 (Traffic Systems Management)

이러한 절충 방법은 **교통 체계의 관리**라는 이름으로 종종 불리워지고 있다. 자동차 교통, 주차, 버스 노선, 트럭 교통에 대한 의사 결정은 모두 일련의 상호 연관성이 있는 전체의 일부로 고려되어야 한다. 하나의 요소를 개선하기에 앞서 다른 부분에 미치는 영향이 고려되어야 한다. 더 나아가서 기존의 도시는 교통 체계 관리를 위한 여건으로서 받아들여져야 한다. 즉, 제안된 조치가 소매업이나 사적의 보존 혹은 도시 생활의 분위기 및 질적 문제에 어떠한 영향을 미칠 것인가를 검토하지 않으면 안 된다.

여하튼 교통 체계의 관리는 일단의 확실한 결과를 보장하는 공식이라기보다는 문제 해결을 위한 하나의 방법으로 보아야 한다. 교통 공학자들은 도시 교통 체계를 도시 설계의 문제라고 곧잘 말하고 있다. 예를 들면, 어떤 가구(街區)에 혼합 주차를 하는 주차장을 설치해야 할 경우, 다시 말해서 단기 주차와 장기 주차의 비율을 결정해야 할 경우, 그 곳의 주차 대수는 도심 지역 전체의 주차 대수에 연관시켜 결정되어야 한다. 만일 주차를 하나의 시스템으로 생각하고 도로가 현재 부담하고 있는 교통량의 비율을 알 수 있다면, 특정한 옥내 주차장의 주차 대수가 그 지역에 적합한가 적합하지 않은가를 어느 정도 객관성 있게 말할 수 있을 것이다.

또 하나의 예 : 특정한 교차점에서 교통이 정체되는 이

유는 분석될 수 있다. 교통 체증을 해결하기 위하여 차선을 늘일 필요가 없을지도 모른다. 문제는 신호등의 변환주기(變換週期)에서 발생했을 수도 있다. 혹은 교차점의 곡률반경(曲率半徑)이 작아서 버스가 회전할 때 제 2 차선을 침범했을 수도 있다. 교통 체계의 관리란 신호등의 주기를 변경하거나 교차점의 모서리를 완화하는 등 일련의 조정을 포함하는 것으로서, 보도와 건물을 철거시키지 않고도 가로 체계의 용량을 증대시킬 수 있는 방법을 말한다.

교통이 각기 분담되는 교통 기관들도 역시 하나의 시스템으로 이해되어야 한다. 버스 노선은 곧잘 역사적 요인에 의하여 결정된다. 다시 말하면, 도심지 교통을 몇 개의 경쟁적인 운수 회사에 맡겼던 시절에 형성되었던 버스 노선이 오늘날에도 그대로 쓰여지고 있는 경우가 종종 있다. 요즈음에는 시정부가 모든 시내 버스를 독점적으로 소유하고 있다고 해도 거의 틀림이 없을 것이다. 따라서 언제라도 운행 노선이나 횟수(回數)를 합리화시킬 수 있다. 속도는 고속 철도의 수준에 가깝지만 승객이 타고 내리는 정류장의 위치는 훨씬 더 융통성 있게 설계할 수 있는 급행 버스 시스템도 만들어 낼 수 있다. 피츠버그에서 두 개의 새로운 버스 노선이 만들어졌다. 버스가 통상적인 방식으로 승객을 태운 다음, 전용 도로 위를 일정 거리 달려서 도심지에 논스톱(nonstop)으로 진입한다. 일단 도심지에 진입하면, 가로망 시스템을 따라 루프(loop)형의 도로를 달리면서 일반 버스와 다름없이 목적지 근처에 승객을 내린다. 동부 버스 노선(the East Bus Way)은 그 일부가 폐기된 철도 노선을 포장하여 개설되었다. 다른 도시들에서는 이른바 역류 차선(contra-flow bus lane) 방식이 채택되어 왔다. 다시 말하면, 피크 아워(peak hour)에 고속 도로에서 차선 하나를 취하여 버스 노선으로 사용하는 방식인데, 그 차선은 일반적으로 피크 아워에 교통이 붐비지 않는 쪽에서 취하게 된다.

트럭 교통도 역시 하나의 시스템, 혹은 일련의 시스템을 이룬다. 도시 간을 운행하는 트레일러 트럭(trailer truck)은 갈수록 거대해지고 도시 중심가를 통과함으로써 교통은 더욱 혼잡해졌다. 문제는 점차적으로 심각해져 왔기

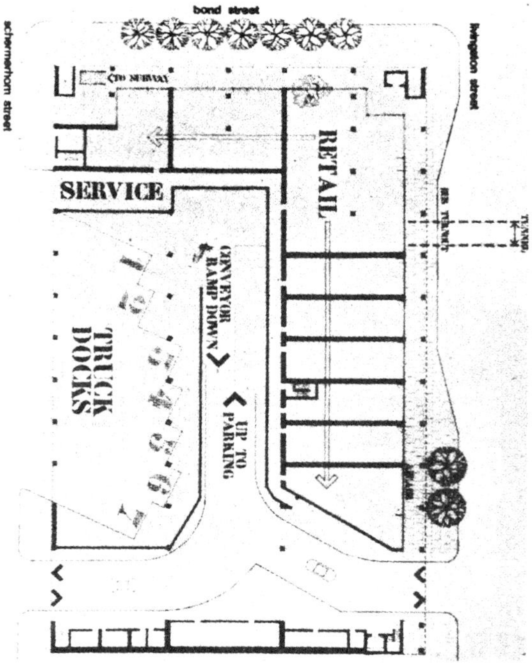

1969년의 브루클린 도심지 개발 계획은 트럭 서비스가 상가 주변에서 행해지지 않도록 하기 위하여, 상가에 필요한 트럭 도크(truck dock)를 새로운 옥내 주차장에 통합시키고 도크와 상가를 터널로 연결시켜야 했다. 이 계획은 현재도 점진적으로 시행되고 있으나, 그 아이디어를 시행하는 과정에서 겪은 행정적인 어려움은 놀라우리 만큼 큰 것이었다. 이 평면은 브루클린 계획에서 시행된 첫 번째의 옥내 주차장이다.

때문에 많은 사람들이 아직도 그 심각성을 인식하지 못하고 있다는 점이다. 단순히 목적지에 최단 거리로 도달하기 위하여 도심지를 관통하는 트럭의 운행은 억제되어야 한다. 운수 조합과 원만한 해결을 볼 수 있다면, 트럭 화물 수송을 러쉬 아워가 아닌 시간으로 제한하는 것으로도 교통 체계의 운영 방식은 개선될 수 있다.

트럭 도크(dock)의 설계와 배치도 또한 중요한 문제이다. 트럭 도크를 입지적으로 적절한 도로에 배치하고 도크 공간을 충분히 크게 하여 트럭이 완전히 들어갈 수 있도록 하는 것도 교통난 해소에 큰 효과를 줄 수 있다. 이상적(理想的)으로 생각할 때 트럭 도크들을 집중 배치시켜야 하고 서비스되는 건물에 터널(tunnel)로 연결시켜야 한다. 브루클린(Brooklyn) 도심지의 리빙스턴-본드(Living-ston-Bond) 옥내 주차장은 이러한 개념을 반영시킨 예이며, 도시 설계에서 아무리 단순한 아이디어라 할지라도 그것을 실현시키는 데에는 엄청난 어려움이 따른다는 사실을 보여 준 예이다. 그 옥내 주차장은 건설국의 감독하에 계획이 수립된 교통국의 사업이었다. 그 주차장은 트럭 도크와 겸용하여 사용될 것이라는 논의가 전혀 없었으며 시 재정의 투자 계획에서도 몇년 동안이나 제외되어 왔었다. 그래서 주차장 용지를 이러한 목적으로 사용하기 위해서는 시의 예산국과 합의를 본 후 도시 계획 위원회, 시의회, 예산 심의 위원회의 승인을 얻어 시 재정의 예산안을 수정하지 않으면 안 되었다. 다음에 봉착하게 된 문제는, 트럭 도크와 옥내 주차장의 예산이 각각 별도로 책정될 경우, 이 시설 자금을 어떻게 두 가지로 구분할 것인가 하는 것이었다. 결국, 주차장은 민간 기업이 일괄적으로 수주(受注)하여 턴키(turn-key) 사업으로 시행하게 되었고, 그 방법은 어느 정도 문제를 간결하게 해결하는 데에 도움이 되었다. 그 밖에도, 어떻게 옥내 주차장을 상가에 연결시킬 것인가, 주차료는 얼마로 해야 적당할 것인가 등의 법적인 문제가 남아 있었다. 이 주차장 및 트럭 도크 계획이 만족할 만한 성과를 거두기까지는 거의 2년 동안 도시 개발실의 요원 한 사람이 최소한 일 주일에 하루씩 일하지 않으면 안 되었다. 브루클린 도심지 계획이 완결될 때까지는 앞으로도 이와 유사한 어려움을 필연적으로 3번 이상은 겪어내야 할 것이고, 그것들이 이번 일보다 쉬우리라고는 아무도 단언하지 못할 것이다. 어쨌든, 브루클린 도심지 계획은 도시 설계에서 트럭 서비스를 체계적인 방법으로 처리하였던 몇 개 안 되는 사례 중의 하나로 꼽혀지고 있다.

혼잡한 도심 지역에서 공기 오염에 관한 연방 기준을 준수하기 위하여 자동차의 운행 시간표를 작성해야 하는 많은 도시들에서는, 환경 문제도 교통, 서비스, 그리고 주차 시스템에 큰 영향을 미치게 되었다. 이러한 환경 규제가 아직까지 실제적인 효과는 거의 거두지 못하고 있으나, 도심부로 진입하는 자동차의 차량수에 대해서는 그 허용 한도를 규정해 놓을 수 있었다.

기존 도시를 관통하는 간선 고속 도로나 고속 철도망을 새로 건설할 필요가 있을 때, 그 투자 가치를 충분히 회수하면서 도시의 장래에 중대한 영향을 미치는 기존 활동을 보호하기 위해서는, 신설되는 교통망을 주변의 토지 이용 패턴에 융합시켜야 할 필요가 있다는 것을 우리는 알게 되었다.

고속 도로 건설을 담당하는 관리들은 전통적으로 다음과 같은 하나의 목적에 매우 집착해 왔다. 그들은 스스로를 도로 건설자라고 생각했으며 직무는 가능한 한 효율적으로 수행해야 한다고 믿었다. 그들이 생각하는 효율성이란 고속 도로 건설이 미치는 경제·사회적 결과에 관한 것은 아니었고, 비용 및 이익은 한 지점에서 다른 지점으로 이동할 수 있는 차량의 숫자(數字)에만 근거하여 평가되었다.

고속 도로의 건설이 그 지역에 경제적으로 지대한 영향을 미치고 있음은 잘 알려진 사실이다. 그것이 도시 지역에 미치는 효과는 부정적인 측면도 많아서, 업무 기능을 저해하기도 하고 근린을 퇴락시키기도 한다. 비교적 저밀도 지역에서는 고속 도로의 신설이 실질적인 경제를 촉진한다. 즉, 교차로 주변의 토지가가 크게 오르고, 지구 전체에 강도 있는 부동산 개발이 시작되는 계기가 된다. 때때로 공직자가 은밀한 정보를 통하여 알게 된 고속 도로 연변의 토지를 사들임으로써 불법적으로 돈을 벌고 있다는 말이 들리기도 한다. 그러나 정부가 이와 같은 토지 개발의 부수적인 효과를 공공 정책의 수단으로 이용해 오지는 않았다.

주간(州間) 수송 시스템(interstate system)은 모두 기존의 인구 집중 지역(population center)들을 연결시키기 위하여 건설되었을 따름이지, 그로 인하여 개발이 촉진될 신개발 지역에 대해서는 전혀 주의가 기울여지지 않았다.

또한 주간 수송 시스템을 설계한 초기의 계획가들은 미개발의 농촌을 달리는 고속 도로와 도시를 관통하는 고속 도로 간에 중대한 차이점이 있으리라고 결코 생각하지 않았다. 고속 도로가 도시에 미치는 악영향을 올바르게 치료하는 조처가 아직까지 고속 도로 계획의 영역은 아니었던 것이다.

고속 도로 개발을 다른 분야의 개발과 연관시켜 계획하도록 강력한 법적 규정으로 규제하게 된 것은 연방 고속 도로법(the Federal Highway Act)이 제정된 1970년 이후의 일이었다. 더불어 1970년의 연방 청정 대기법(the Federal Clean Air Act)과 1969년의 국가 환경 정책법(the National Environmental Policy Act)에 규정된 환경 영향 보고서(Environmental Impact Statements)의 규정도 고속 도로 건설 정책의 진로를 전환시킨 지렛대 구실을 하였다.

공동 개발(Joint Development)

그 결과 공동 개발 수법을 적용하는 사례가 점차 많아지게 되었다. 공동 개발이란 고속 도로 건설을 그 연변에 신축될 건물의 계획과 환경 및 토지 이용 계획에 관련시켜 계획하는 것을 말한다.

고속 도로 설계가 한 때는 비교적 단순한 공학적 문제로만 생각되었으나, 오늘날에는 매우 복잡하고 여러 학문 분야가 관련된 사업이 되었기 때문에 각 분야의 많은 전문가들, 연방·주·지방 차원의 여러 정부 기관들, 그리고 도로 연변의 지역 사회 집단들이 모두 참여하고 있다.

뉴욕 시의 바테리(Battery) 지역과 웨스트 42번가(West 42nd Street)를 연결하는 웨스트웨이(Westway) 계획은 그 규모가 너무나 엄청난 것이어서 현실적으로 볼 때 거의 시행할 수 없을 지경에 이르게 된 공동 개발 계획이

다. 이 계획은 웨스트 사이드 고속 도로를 새로 건설하는 사업으로서 도로 건설과 함께 주택, 공원, 공장 용지로 쓸 수 있는 새로운 토지를 조성할 수 있도록 도로를 건설하자는 것이다.

웨스트 사이드 고속 도로의 건설비를 사전(事前)에 계산한 결과, 그 비용은 너무도 막대한 것이어서 매립과 성토로 인하여 생기는 토지의 가치가 없었더라면 그 사업은 현실성이 없다고 생각되었을 것이다. 웨스트 사이드 고속 도로의 연변 개발에 대한 공동 개발 계획안에 소요되는 비용은 고속 도로 자체의 건설 비용보다 몇 배나 더 많았다. 만일 고속 도로가 새로운 고속 수송 시스템, 수천 가구의 새로운 주택, 새로운 공원 등을 발생시키는 요인이 된다면, 고속 도로 자체의 건설과 동일한 어떤 공사 일정에 따라 이 계획에 자금이 공급될 수 있는 방법이 강구되어야 한다.

공동 개발을 하려면 고속도로 연변 개발의 소음 및 오염 기준에 대하여 엄격하게 규정하고 있는 연방 환경 기준을 준수하기 위해서도 건설비를 증액할 필요가 생기게 될 것이다. 고속도로는 아마 긴 구간을 데크(deck)로 덮어야 하고 인공적으로 환기를 시키지 않으면 안 될 것이다.

공동 개발은 단일 목적의 기관에 의하여 시행되는 도시 계획의 결함을 극복하는 장치이다. 그러나 정부 차원의 맥락에서 보면, 그것은 아직도 그 단일 목적만을 전담하는 기관에 의하여 각각 별도로 관리되는 일련의 프로그램인 것이다.

현재는 도시 고속 도로의 건설 수단으로서 공동 개발 외에 다른 대안은 없는 듯하다. 그러나 아직까지 아무도

웨스트웨이(Westway) 개발 계획의 단면도. 방파제를 따라 고속 도로를 튜브 모양으로 설치함으로써 고속도로와 옛날의 허드슨 강 경계 사이에 건축용지(建築用地)가 새로 조성된 모습을 보여 주고 있다.

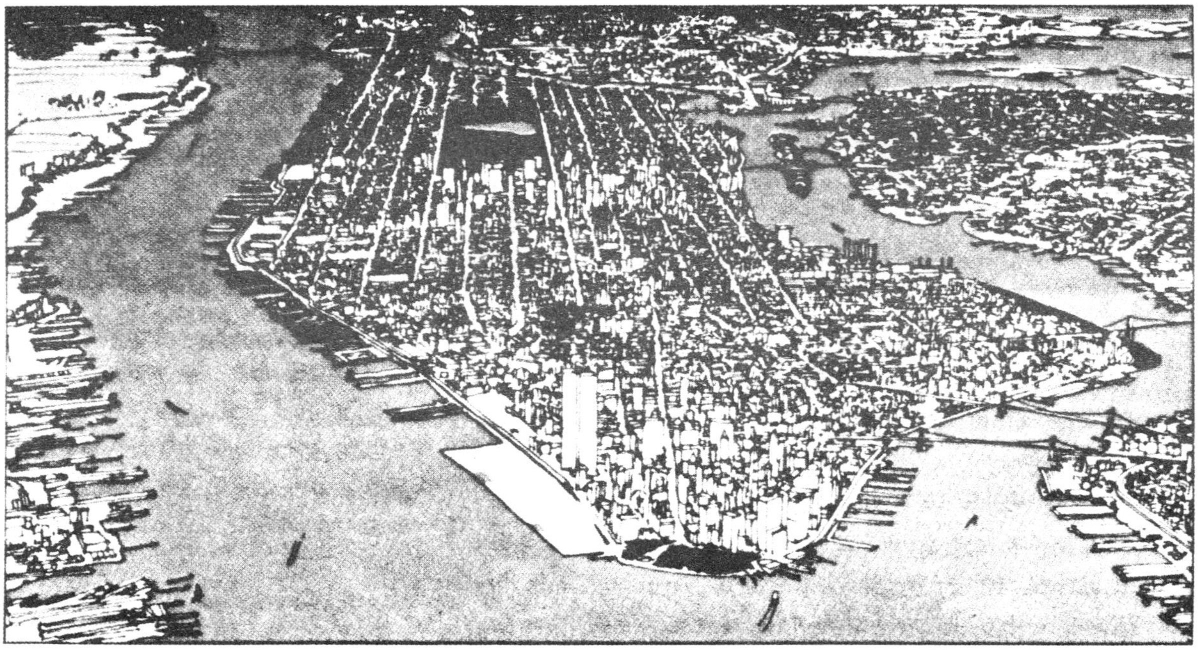

뉴욕 시의 기존 허드슨 강 연변 및 웨스트웨이(Westway) 개발 계획안을 보여 주는 조감도. 고속 도로는 대부분 방파제를 따라 지하 터널로 건설될 예정이고, 고속 도로 상부의 토지와 방파제 내측의 토지는 공원, 주거 혹은 기타 용도로서 개발될 수 있을 것이다.

공동 개발을 시행해 보지는 않았다.

새로운 고속 철도 정거장을 주변의 개발에 연관시켜 건설함으로써 보다 큰 성공을 거두었는데 그 예로서 아틀란타의 피치트리 센터(Peachtree Center), 샌프란시스코의 마케트 스트리트(Market Street), 피츠버그 도심지의 지하 경편철도(輕便鐵道)의 주(主) 정거장을 들 수 있다.

그러나 일반적으로, 수송체계가 분명히 도시의 설계를 개조시키는 가장 강력한 수단의 하나임에도 불구하고, 우리는 아직도 이러한 개조를 우발적이 아니라 의도적으로 유도할 수 있는 제도를 강구하지 못하고 있다. 우리는 다만, 교통의 흐름만을 앞세우고 도시의 형태는 뒷전으로 미루었던 초기 계획의 과오를 척결하는 방법을 이제 막 찾으려 하고 있을 따름이다.

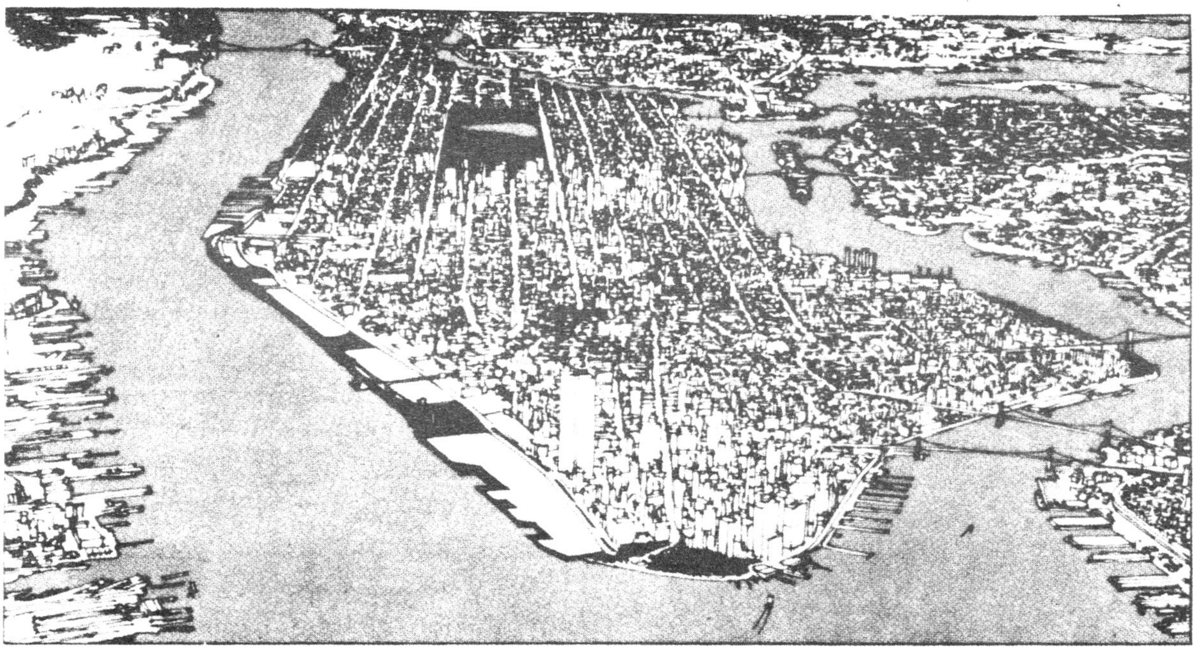

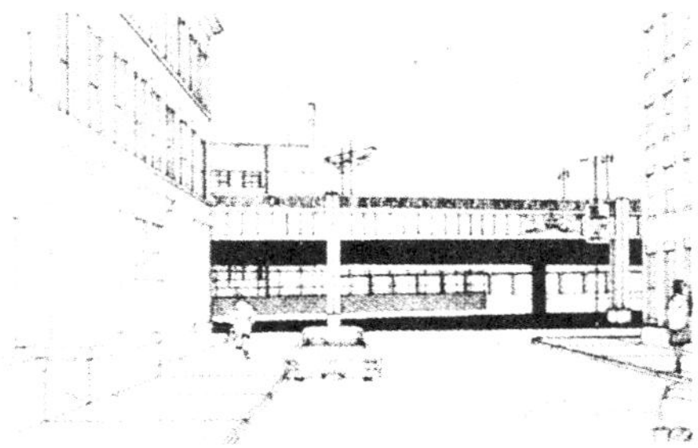

"개발 전"과 "개발 후"의 전경을 비교해 보면, 고속 도로를 지하로 처리함으로써 과거의 웨스트 사이드 고가(高架) 고속 도로에 의하여 차단되었던 허드슨 강의 전망이 다시 열리고 있음을 알 수 있다.

14
도시 설계에 관한 법적 기준
(Legislative Standards for Urban Design)

새로운 건물을 많이 설계하여 커넥티커트(Connecticut) 주 스탬포드(Stamford) 시의 스카이라인을 바꾸어 놓았던 건축가 빅터 비샤라트(Victor Bisharat)는 뉴욕 타임즈의 지면을 빌어 다음과 같이 그의 심정을 토로하였다. "어쩌면 모든 것들이 이렇게 보일까라고 생각하면 나는 모든 것에 혐오감을 느낀다. 그리고 그것들을 마음 속에서 떨쳐 버리려고 애쓴다. 고속 도로 위를 지날 때에는 다른 쪽으로 눈을 돌리기조차 한다. 세상에서 가장 큰 기회가 나에게 주어졌지만, 결국 나는 실패하고 말았다." *

개개의 건물을 하나씩 설계하는 것은 도시를 설계하는 일과는 전혀 다르다. 위대한 걸작으로 뽑힌 건물들이라 할지라도 그것들이 집단적으로 모여 있을 때 반드시 좋게 보이지만은 않는다. 건축 대학에서 기초 과정을 가르치는 한 친구의 사무실에 들렀을 때 나는 이러한 생각이 나의 마음 속 깊은 곳까지 와 닿고 있음을 느꼈다. 그는 학생들에게 세계에서 가장 유명한 주택들 가운데 몇 개를 축소 모형으로 만들어 오라는 과제를 주었다. 그리고 그 과제물들을 책상 위에 열지어 늘어 놓았는데 그것은 마치 빈민가의 모형처럼 보였다. 프랭크 로이드 라이트가 설계한 로비 하우스(Robie House)도 제퍼슨(Jefferson)이 설계한 몬티셀로(Monticello) 옆에 놓이게 되면 좋아 보이지 않는다. 이와 비슷한 현상이 현실로 나타난 예는 커넥티커트 주의 뉴 해븐(New Haven) 시와 인디아나 주의 컬럼버스(Columbus) 시에서 찾아볼 수 있다. 이 두 도시들에서는 특별한 여건으로 인하여 훌륭한 현대 건축물들이 많이 지어졌으나, 두 곳 모두 도시 설계로서의 전체적인 결과는

* Andree Brooks가 기고한 "The 'Stamford Lesson' Influences Architecture"를 참조. *New York Times*(부동산 면), October 19, 1980.

맞은 편 : 케넥티커트 주 스탬포드(Stamford) 도심지의 스카이라인을 보여 주는 부분적인 광경. 그 지방의 탁월한 건축가 한 사람이 "어쩌면 모든 것들이 그렇게 보일까? 나는 모든 것에 혐오감을 느낀다."라고 말하였다. 도시를 설계하는 일은 건물을 설계하는 일과 전혀 다르다.

1. 마켈 스탠윅스(Market-Stanwix) 개발 지구 내에 세워지는 모든 대형 고층 사무소 건물의 설계는 유나이티드 스테이츠 스틸 빌딩(United States Steel Building), 그랜트 스트리트 이스트 및 카운티(Grant Street East and County) 지구에 제안된 개발 계획(그에 관한 정보가 설계시에 이용될 수 있을 정도까지), 게이트웨이 센터(Gateway Center) 건물, 그리고 도심 지역의 전반적인 스카이 라인과의 관계를 고려해야 한다. 이들 설계상의 상호 관계는 조화 있게 해결되어야 한다.
2. 모든 고층 사무소 건물들은 마켈 스퀘어(Market Square) 및 게이트웨이 센터의 광장과 같은 공공 오픈 스페이스에 떨어지는 햇빛을 가능한 한 차단하지 않도록 설계되어야 한다.
3. 모든 고층 사무소 건물들은 도심지에 있는 기존의 시각적 통로(view corridor)를 가로막지 않도록 설계되어야 한다.
4. 마켈-스탠윅스(Market Stanwix) 지구의 신개발과 인근 건물 사이의 설계상의 관계는 스케일(scale)에 있어서 갑작스런 변화를 최소화할 수 있도록 처리되어야 한다.
5. 마켈 스퀘어에 면한 마켈-스탠윅스 개발의 구성 요소는 광장을 완전히 둘러싸는 것(enclosure)이어야 하며, 건물 높이, 스케일, 그리고 건물의 성격에 있어서 광장에 면한 기존 건물과 어울릴 수 있는 것이어야 한다.
6. 마켈-스탠윅스 사업 지구를 설계할 때 게이트웨이 센터의 광장 레벨과 마켈 스퀘어 사이에는 공공 스페이스들을 적절하게 배치하여 변화를 주어야 하고, 게이트웨이 센터 광장 레벨의 주위 환경과 골든 트라이앵글(Golden Triangle) 지구 내의 기타 우세하게 나타나는 건축물과 도로의 관계간에 변화를 주어야 한다.
7. 이 사업 지구의 설계는 주변 가구(街區)의 토지 이용과의 관계가 고려되어야 한다. 토지 이용이 장래에 변경될지 모르는 지역은 시 당국의 도심지 개발 정책을 참고해야 한다.
8. 마켈-스탠윅스 사업 지구의 설계는 도시 계획 위원회의 단지 계획 심의 기준에서 윤곽이 정해진 C5-A 지구들에 대한 개개 지구의 기준을 따라야 한다.

부분들로서의 가치를 모두 합한 것보다 훨씬 떨어지는 것이었다.

고층 건물이 출현하기 전에는 도시를 통일성 있게 결합시키는 일이 비교적 쉬웠다. 바론 오스만(Baron Haussmann)은 건물의 높이가 계단을 걸어 올라갈 수 있는 사람의 한계를 넘지 않아야 한다는 것을 당연하게 생각할 수도 있었다. 모든 건물의 높이와 형태가 거의 비슷하게 된다면, 그것들이 조합될 수 있는 경우의 수는 한정되고 일련의 간단한 규제만으로도 전체적인 조화를 이루는 데 충분할 것이다. 워싱턴 디.시.(Washington D.C.)가 도시 설계에서 성공을 거둔 것은 랑팡(L'Enfant) 시장의 계획 못지 않게 고도 지구 규제(高度地區規制)의 역할이 크다. 워싱턴 디 시의 가로 연변에는 별로 좋지 않은 사무소 건물들이 잡다하게 운집되어 세워질 수도 있지만, 건물의 높이를 제한하는 규제가 그 건물들을 결합시켜 주고 도시 설계와 같은 힘을 발휘하고 있는 것이다.

획지의 넓이가 1/4 에이커 이상인 교외 지구에서 거의 동일한 크기의 단독 주택만을 건설하도록 개발을 제한한다면, 그 경관은 전체적으로 조화를 이루게 될 것이다. 미국에서 지구 설계가 가장 성공적으로 이루어진 예들 가운데 일부는 이러한 부류의 교외 지역이다. 그러나 그 곳에 고층 아파트 하나만을 세우게 된다면 경관의 구성은 쉽게 깨어져 버릴 것이다.

고층건물로 가득찬 도심 지역이나 건물 자체가 환경을 이루고 있는 고밀도 주거 지역에서는, 개개의 새로운 건물들이 주위 환경의 맥락에 민감하게 맞추어져야 한다. 또한 이상적으로 볼 때, 어떠한 형태로든 전체적인 설계 개념이 있어야 한다. 최근에 단독 건물들을 설계했던 가장 우수한 설계가(設計家) 가운데에는 전체적인 맥락 및 조화의 문제를 비교적 소홀히 다루어 온 사람들이 얼마간 있긴 하지만, 대다수의 건축가들은 이러한 문제들을 잘 이해하고 있다. 그러나 건축주 개인이 최선이라고 생각하는 것은 보다 나은 도시를 설계하려는 커뮤니티의 관심과 서로 상반되는 경우가 많다. 건축가가 건축주 개인을 위하여 일할 때, 커뮤니티의 이익이 뒷전으로 밀려나는 일이 자주

9. 계획될 주차장 및 대지로 통하는 자동차 출입로는 도시 가로망 체계 및 도심지 주차 계획과 일치되어야 한다.
10. 트럭을 위한 노외(off-street)의 적재 및 하역 시설이 마련되어야 한다.
11. 버스 정류장에는 쾌적하고 눈·비를 가릴 수 있는 시설이 갖추어져야 한다. 그 형태는 항만청(Port Authority)이 수긍할 만한 것이어야 하고 그 위치는 도심지 개발 전략에서 정한 버스 노선 계획에 따라야 한다.
12. 마켇-스탠윅스 사업 지구의 설계는 도시 계획 위원회의 단지 계획 심의 기준에 정해진 교통 기준(circulation criteria)에 맞추어져야 한다.
13. 가로 위를 통과하는 육교로 인하여 보행자에게 불쾌하고 불안감을 주는 움푹 들어간 공간이 생겨서는 안 된다.
14. 만일 마켇-스탠윅스 개발 사업의 일환으로 백화점이 요구된다고 시의 도심지 개발 전략의 소매 부문에 언급되어 있다면, 그에 적절한 대지가 마련되어야 한다.

건물 설계가 시작되기 전에, 시 당국이 PPG측에 제안한 단지 계획 심의 기준의 일부.

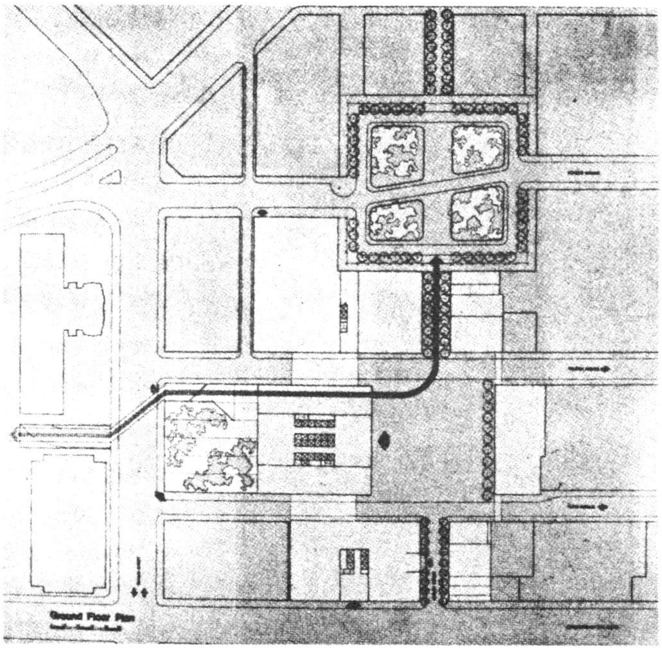

PPG산업 사옥의 투시도와 배치 계획

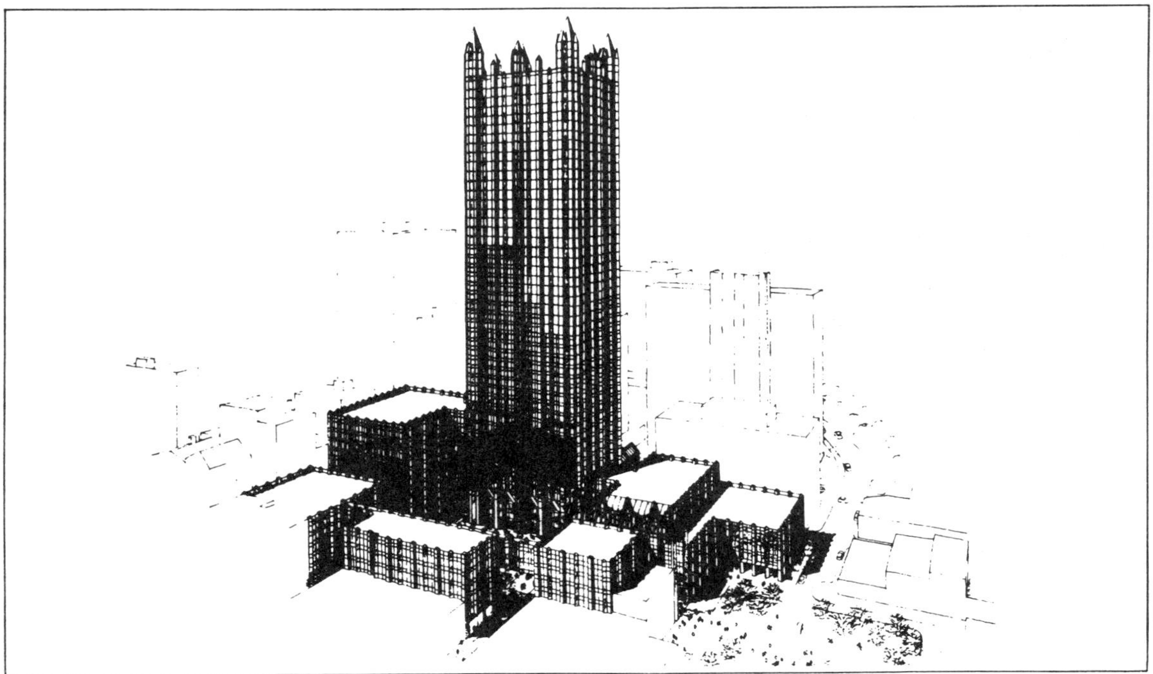

피츠버그에 있는 피 피 지 월드 인더스트리(PPG World Industries) 본사 건물의 모형 사진.

건물 설계에서 공공의 이익을 추구함 (Looking After the Public's Interest in Building Design)

생기는 것은 놀라운 사실이 아니다.

이러한 이해의 상반이 잠재되어 있었던 사례가 피츠버그의 피 피 지 산업(PPG Industries) 신사옥(新社屋)을 설계하는 과정에서 발생하였다. 이 본사 사옥의 주된 사무실 타워(tower)는 마켙 스퀘어(Market Square)라는 공원의 정남쪽에 배치하도록 되어 있었다. 건물의 임대 관계자가 제안한 평면 계획과 타워의 배치 계획을 보면, 광장의 정남향에 배치된 타워의 크기와 형태는 정오와 오후 2시 사이에 광장에 그림자를 드리워 햇볕을 가리도록 설계되어 있었다. 더구나 광장은 그 시간대에 가까운 사무실의 근무자들이 가장 많이 모이는 장소였다.

피츠버그 시는 도시 설계 지침에서 광장의 일조(日照) 조건이 건물 설계 기준의 하나가 되어야 한다고 제안하였다. 보통의 경우라면 건물의 임대 면적을 최대로 하고 싶은 욕구가 공원에서 사람들이 점심을 먹는 일보다 우선되리라고 생각했을 것이다. 그러나 이 경우에는 필립 죤슨(Philip Johnson) 이 그 건물의 건축가였고, 그는 국립 부동산 회사의 제안을 압도하기에 충분한 명성과 설득력을 가진 사람이었다. 그래서 그는 타워의 형태를 다른 모양으로 바꾸어 광장에서 멀리 서쪽으로 옮겨 놓을 수 있었다.

죤슨은 시의 도시 설계 지침에 결코 구애받지 않았으며 자신의 설계 개념만을 추구했었다고 주장한다. 어쨌든 이 일화가 시사해 주고 있는 점은 이러한 상황에서는 누군가가 공공의 이익을 추구해 나가야 한다는 것이다. 건축가가 때때로 그 일을 해낼 수도 있으나, 건축주에 굴복되어 그들의 코앞에 닥친 문제만을 해결하지 않으면 안 될 경우가 많다. 도시 설계에서 공공의 이익을 추구해 나가야 할 책임은 지방 정부에 있다. 이를 위한 몇 가지 메카니즘이 있는데, 그것은 이미 제 6 장과 제 7 장의 특별 지역제 지구에서 살펴보았다. 어쨌든 이러한 메카니즘을 고려하기 전에, 우리는 발생되리라고 기대되는 가장 중요한 문제들을 목록으로 작성해 놓지 않으면 안 된다.

첫 번째 부류의 문제는 토지 이용 정책에 관한 것이다. 본격적인 극장(legitimate theater) 지구를 보존하는 일도 하나의 예가 될 수 있으며, 그 밖에 소매 지구에서 상점 전면의 연속성을 보존한다든가, 소매점들이 은행과 여행사 등의 용도로 완전히 변경되는 것을 예방한다든가, 상업 지구의 한 부분을 주거 용도로 할애하여 개발하는 것들도 그러한 예에 포함된다. 그러한 문제들은 토지 이용에 관한 사항들이라고 보통 말해지고 있지만, 사실 그것은 도시 설계의 문제에도 포함되는 것이다. 왜냐하면 그것들은 도시의 기능 배치에 관한 문제이기 때문이다.

또 다른 부류의 문제는 멀리서 바라보이는 도시의 스카이라인(city skyline)의 지각에 관한 문제인데, 한 예로서 커넥티커트(Connecticut) 주의 스탬포드(Stamford)를 들 수 있다. 문제는 고층건물을 어느 곳에 세우도록 허용해야 할 것인가에 있었다. 고층건물 지구 내에서 타워(tower) 간의 기하학적인 배치 관계라든가 새로운 건물이 도시의 중요한 시점(視點)에서 어떻게 지각될 것인가 하는 것들이 설계의 중요한 관건이 된다. 분명히 매사츄세츠(Massachusetts) 주의 보스턴(Boston) 시도 이러한 스카이라인에서 실패했는데 그 이유는, 우편 엽서에서 종종 볼 수 있듯이, 보스턴 컴먼(Boston Common) 공원에서 바라보이는 주 의사당의 도움(statehouse dome : 우주의 중심이라고 불리우기도 함)과 같은 전통적인 경치에 새로운 주(州) 정부 청사의 타워가 침입하여 경관을 훼손하고 말았기 때문이다.

그러므로 새로운 건물이 현재 및 장래의 주변 지역에 미치는 영향에 관한 일이면 모두 도시 설계에 포함되는 문제들이다. 피츠버그의 마켙 스퀘어에서 발생했던 정오 시간의 일조 문제와 같이 햇빛과 대기에 관한 전통적인 문제들도 있다. 태양열 동력 시스템이 개발되어 개개의 건물에 적용되고 있는 오늘날에는 햇볕을 직접 받아들일 수 있는 건물의 태양열 수용 능력이 새삼 중요하게 되었다. 도심 지구에서 안으로 혹은 밖으로 들여다보이는 시각적 통로(view corridor)를 보존하는 일도 중요하다. 도시 재개발 사업으로 인하여 도로가 폐쇄될 때, 새로운 건물이 그 끝에 세워져서 강과 부두 혹은 주위 농촌의 중요한 경관을 가로막아 버리는 경우가 종종 있다.

건물의 높이, 스케일, 재료, 그리고 건축적인 성격 등의 관계는 모두 중요하며, 특히 새로운 건물이 사적 지구 내에 세워지거나 가까이 위치할 때는 더욱 그러하다.

주변 건물들과의 기능적인 연결은 도시 설계에 있어서 큰 힘을 발휘한다. 아케이드, 프라자, 옥내 공공 스페이스뿐만 아니라 컨커스(concourse)와 공중으로 연결되는 육교 등도 공공 스페이스 간의 연결 관계에 포함된다. 지하철과의 연결, 주차장에서 사무소, 호텔, 소매 지구로의 연결, 소매 지구 간의 다양한 연결 등도 모두 도심 지역이나 지역 센터가 원활하게 기능을 발휘하는 데 영향을 미칠 수 있다. 이러한 연결을 어떻게 설계할 것인가 하는 것도 역시 중요하다. 지금까지의 경험으로 보아, 이러한 설계는 실을 풀어 미로를 벗어나는 일과 같거나 유쾌하고 재미있는 공간들을 잘 처리하여 연결하는 일과 같다고 할 수 있어서, 그것의 성패는 건축가의 기술과 일관성 있는 도시 설계 정책에 따라 달라진다. 앞서 말한 바와 같이, 샌프란시스코의 마켙가(Market Street)는 이와 같은 연결이 잘 처리되었던 사례이며, 아틀란타의 피치트리 센터(Peachtree Center)와 미네아폴리스의 아이 디 에스 빌딩(IDS Building)의 내부 정원과 스카이 웨이 시스템(Skyway System)과의 관계도 그와 같은 예라 할 수 있다. 이러한 연결이 잘못 처리되었던 예를 여기에서 모두 열거할 필요는 없고 또한 그럴 여백도 없다. 수송 및 교통에 관련된 문제도 역시 우리가 열거한 도시 설계 문제들의 항목에 추가되어야 한다. 그 중에 어떤 것은, 예를 들면 상가의 가로변에 배치되어서는 안 되는 트럭 하역장(truck dock)과 같은 불결한 시설도 있다. 사람들이 버스를 기다리는 동안에 은신할 수 있는 공간을 마련하는 것도 도시 설계의 문제로서, 특히 버스가 주요한 대중 교통 수단이 되는 곳에서는 더욱 중요하다. 주차 공간을 얼마나 허가해야 할 것인가는 도심 전체의 주차 및 교통 정책에 관련된 문제이다. 옥내 주차장의 출입구의 수와 위치도 도시 설계에 영향을 미친다. 이것은 일반 대중들이 잘 이해하고 있는 문제들이다. 대부분의 사람들은 옥내 주차장을 드나드는 자동차의 행렬 때문에 교통이 막혀 기다려야 했던 경험을 가지고 있다. 아마 사람들이 인식하지 못하는 것은 바로 이러한 것들이 도시 설계의 문제라는 것이다. 여러분들이 문을 열 때 이웃에 열려진 다른 문과 부딪쳐 "꽝"하고 소리가 난다면 그 건물을 설계한 건축가나 시공자의 계획에 어딘가 사려깊지 못한 점이 있음을 깨닫게 되는 것과 마찬가지로, 우리는 그와 같은 교통 체증을 경험함으로써 도시 설계에 사려깊은 계획이 결여되어 있음을 깨닫게 되는 것이다.

이들이 도시 설계 문제의 대표적인 항목들이라면, 과연 지방 당국은 어떤 법적 조치를 통하여 이 문제들을 처리해 나갈 수 있을 것인가? 하나의 방법은 특별 지구로서 제 6 장에서 상세하게 설명하였고, 또 하나의 방법은 설계 심의이다. 개발업자는 제안된 건물의 계획안을 계획 당국에 제출한다. 그러면 그것은 보통 도시 설계가가 포함되어 있는 시의 계획진(staff)에 의하여 심의되며 어떤 건물은 허가가 나기 전에 설계 변경이 요구되기도 한다. 지역제가 협상될 수 있다는 위험은 제 7 장에서 논의되었다. 설계 심의 과정에서 초래되는 건축적인 위험도 있을 수 있는데, 그것은 대다수의 건축 사무실에서 설계 과정을 진행시키는 업무의 조직 방법으로부터 기인한다. 도면을 계획 당국에 보이기 위하여 들고 오는 사람은 십중 팔구 건물을 실제로 설계한 사람이 아닐 것이다. 그 이유는 건축가가 너무 저명해서 그러한 회의에 참석할 수 없는 입장이거나, 아니면 그 설계가 특별한 설계 부서에서 이루어지기 때문이다. 당국과 교섭하는 사업의 책임자는 설계 과정에 직접 참여하지 않았기 때문에 설계상의 어떤 결정이 내려졌을 당시 설계자의 머리 속을 잠깐 스쳐 지나갔던 아주 개략적인 아이디어밖에 가지고 있지 않은 사람일 수도 있다.

사업의 책임자 : 만사가 잘 됐어! 우리는 모두 합의를 보았네. 다만, 건물을 뒤로 10 피트 옮기기만 하면 될거야.

설계자 : 그렇지만 그렇게 할 수는 없는데요. 건물의 뒷편에는 유틸리티의 지역권(地役權)이 설정되어 있다는 것이 기억나지 않으세요?

사업의 책임자 : 그래도 어떻게든지 그렇게 하지 않으면 안 될거야. 만일 내가 지금 돌아가서 그 결정을 번복하려 한다면, 모든 합의가 원점으로 돌아가게 될테니까.

뉴욕 시 R-8 지역의 전통적인 아파트는 사실상 지역제가 지시한 형태를 따르고 있다.

주택의 질에 대한 대안적인 규제가 이러한 형태의 건물을 허용하고 있다. 이것이 과거의 규제 아래서는 불가능했었을 것이다.

이렇게 멋대로 강요된 제약 조건에 맞추기 위하여 설계를 변경하게 될 때, 훌륭한 건축의 창조를 결코 기대할 수 없다는 것은 자명한 사실이다. 일반적으로 설계 심의는 설계 과정의 마지막 단계에서 이루어지며 그 때는 이미 설계를 변경하기가 매우 어렵고 비용이 많이 든다는 것을 생각한다면, 여러분들도 왜 심의 결과가 가끔 아무에게도 만족스럽지 못한 것이 되는가 하는 이유를 알 수 있을 것이다.

피츠버그의 지역제법은 단지 계획 심의 조항에 많은 자유 재량권이 부여되어 있어서 건물들은 각기 자유 재량적인 평가를 받게 되어 있다. 이러한 과정을 개선하기 위하여 개발된 하나의 방법은 건물이 설계되기 전에 계획 위원회가 중요한 대지에 대하여 일단의 단지 계획 심의 기준을 채택하는 것이다. 이 기준들은 설계 문제를 해결할 때 조급한 판단이 내려지지 않도록 성능적 용어(performance language)로 명기되어 있다. 그렇다면 이 기준들은 설계를 평가하기 위한 체크리스트(checklist)로 이용될 수 있으며 최소한 주요한 설계 문제들이 설계 과정의 마지막 단계에 가서야 비로소 대두되지는 않을 것이 틀림없다. 예를 들어, 피츠버그 도심부에 있는 피 피 지 월드 인더스트리(PPG World Industries) 본사에 대한 심의 기준에는 다음과 같은 항목이 있다. "모든 고층 사무소 건물들은 마켙 스퀘어(Market Square)와 게이트웨이 센터(Gateway Center) 광장과 같은 공공 오픈 스페이스에 떨어지는 햇볕을 가능한 한 차단하지 않도록 설계되어야 한다." 이 경우에도 어김없이 건축가인 필립 죤슨은 심의 기준을 읽지도 않고 내던져 버렸다고 주장하고 있지만, 막상 그 건물이 평가를 받았을 때, 그것은 모든 심의 규정에 맞추어 설계되어 있었음이 밝혀졌다.

한 건물의 설계가 처음에는 설계 지침을 전혀 따르지 않고 있는 것처럼 보였던 또 하나의 상황이 피츠버그 도심부에서 벌어졌는데, 그 경우에는 문제의 발단이 영향력 있는 대기업이며 전국적으로 널리 알려진 건축 회사의 취향이 시의 도시설계가의 취향과 상반되었던 데에 있었던 것이 아니라, 채택된 도시 정책이 지켜지지 않고 있었던 데에 있었다. 바로 그것이 앞에서 경우와 다른 점이었고,

또한 그렇게 된 것은 당연한 귀결이었음에 틀림없다.

75 페이지에서 언급되었던 계획 단위 개발에 관한 뉴욕 시의 기준은 자유 재량적인 설계 심의 과정의 기준을 설계가 시작되기 전에 명확히 규정하려고 시도했던 또 하나의 예이다.

뉴욕 시의 또 다른 예로서 주택의 질에 관한 법령(housing quality legislation)이 있는데, 그것은 "당연한 권리로서"(as of right) 입법될 수 있는 일단의 절차에 설계 심의의 융통성을 도입하고자 하는 것이었다. 이 법령이 추구하는 바는 훌륭한 설계 — 특히 1961년의 뉴욕 시 종합 지역제법 개정안(New York City's Comprehensive Zoning Rivision)에 내재되어 있는 설계에 대한 편견을 완화시켜 줄 수 있는 해독제로서의 훌륭한 설계 -- 의 구성 요소를 객관성 있게 규정하자는 것이었다. 이 편견이란 오픈 스페이스로 둘러싸인 고층건물을 선호하는 고정 관념을 말한다. 고층건물들을 이런 식으로 만들어 버린 규정은 과거 1916년 지역제의 특색이라 할 수 있는 어두운 정원과 채광을 받기 위한 지붕 개구부(light well)의 문제에 대한 개선책으로 도입되었으나, 이 변경 규정은 특히 주거 지역에서 새로운 문제를 야기시켰다.

지역제에 삽입된 대지 면적의 최소 기준은 새로운 유형의 주거용 건물에 대한 시방서가 되었다. 다시 말하면 주위 건물보다 두세 배 높은 고층건물이 오픈 스페이스에 둘러싸여지게 되었는데, 그 오픈 스페이스라는 것은 별로 쾌적하지도 않았고 가끔은 위험스러운 곳이었으며 저밀도 지구에서는 거의 언제나 주차된 자동차로 채워져 있을 뿐이었다. 공지(空地)는 가로변의 연속성을 깨뜨리며, 고층건물들은 흔히 주변의 건물 위에 그림자를 드리워 거의 온종일 그늘지게 한다. 지역제는 근린주구의 특성과 지형의 변화를 거의 참작하지 않는다. 그래서 지역제는 그 제한적인 성격 때문에 온 도시를 판에 박은 듯이 똑같은 것으로 만들어 버린다.

이 새로운 유형의 고층 아파트는 평판이 매우 나빠졌으며, 그것이 주된 원인이 되어 새로운 건축 사업에 대한 지역 주민들의 반대 운동이 뉴욕 시 전역에서 일어나게 되었다.

주택의 질에 관한 뉴욕 시의 규제 (New York City's Housing Quality Regulations)

		MAXIMUM VALUE	
	NEIGHBORHOOD IMPACT	**Built Up**	**Non Built Up**
1.	Street wall setback*	4.55	n.a.**
2.	Sunlight in open space*	3.60	4.70
3.	Length of street wall*	3.60	7.55
4.	Shadow on buildings*	3.05	5.40
5.	Height of street wall*	3.05	n.a.
6.	Street trees*	2.85	4.15
7.	Height of building*	2.15	n.a.
8.	Transparency ratio at ground floor*	2.15	3.20
		25.00	25.00
	RECREATION SPACE		
1.	Type and size*		8.50
2.	Winter sun		5.00
3.	Landscaping		2.75
4.	Covered parking		2.65
5.	Visibility of parking*		2.65
6.	Trees*		2.45
7.	Seating		1.00
			25.00
	SECURITY AND SAFETY		
1.	Vis. from public space to elevator door or general circulation stair		3.90
2.	Vis. of priv. outdoor space from lobby*		3.90
3.	Surveillance from large apartments		3.30
4.	No. of apts. serviced by lobby		2.90
5.	Vis. of parking from exit point*		2.25
6.	Vis. of parking area from lobby		2.20
7.	Distance from elevator to apt.*		1.85
8.	Road separation*		1.80
9.	Vis. from elevator door or general circulation stair to apartment door*		1.80
10.	Visibility of mail room		1.10
			25.00
	APARTMENTS		
1.	Size of apartment*		3.75
2.	Sunlight in apartment*		3.20
3.	Window size*		3.20
4.	Visual privacy--apt. to apt.*		3.20
5.	Visual privacy--street to apt.		1.75
6.	Balconies		1.70
7.	Daylight in hallways		1.50
8.	Distance from parking to garage exit*		1.50
9.	Daylight in kitchen		1.50
10.	Pram and bicycle storage		1.30
11.	Waste storage facilities*		1.20
12.	Garbage pickup facilities		1.20
			25.00

*Minimum compliance levels established

**n.a.--not applicable

주택의 질에 관한 규제는 개발업자가 얻을 수 있는 주택의 질에 관한 점수의 항목을 규정함으로써 좋은 설계에 대한 객관적인 기준치를 만들고자 하는 것이었다. 여기에서 만점을 받으면 최고 밀도의 개발이 허용될 것이다.

244 페이지의 그림들은 보호 및 안전에 관한 주택의 질적 기준의 예를 도식으로 설명해 준다.

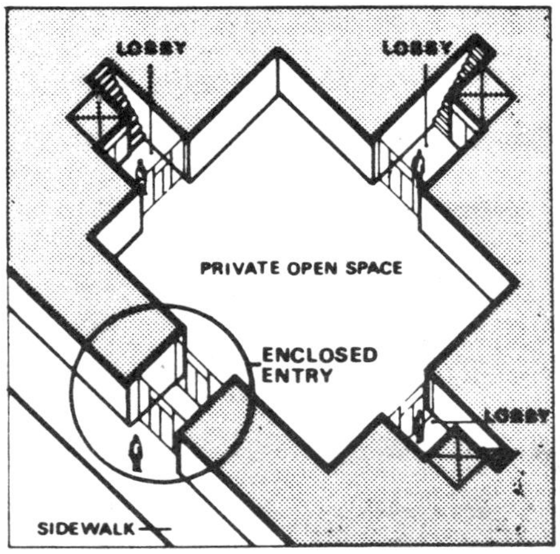

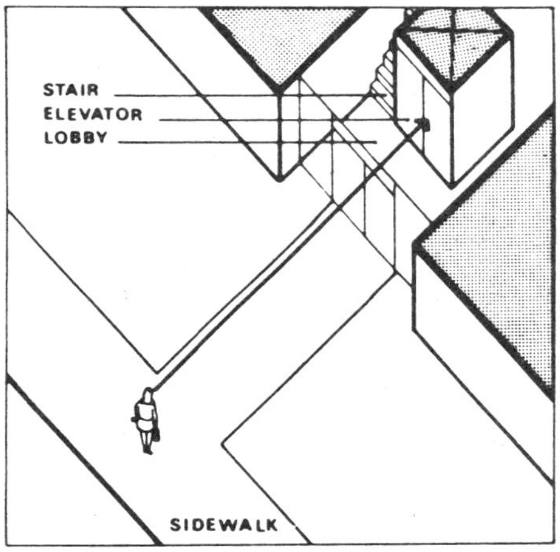

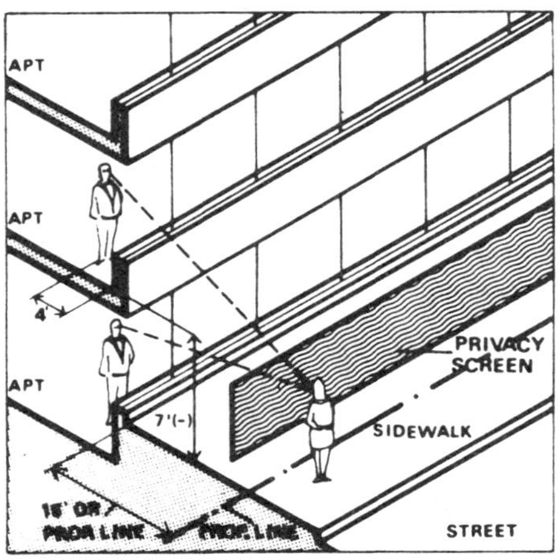

불평은 인근 주민뿐만 아니라 그 아파트에 사는 입주자들에게도 마찬가지였다. 사람들은 고층건물이라는 것이 현관 수위, 엘리베이터 운전원, 그리고 건물을 안전하게 지키고 잘 관리하는 데 필요한 기타 관리인들을 고용할 수 있는 부유한 사람들이 아니고서는 어느 누구에게도 적합하지 않은 유형의 아파트가 아닐까 하는 의구심을 갖기 시작하였다. 만일 입주자가 주말에 전원으로 빠져 나갈 수 있는 여유를 가진 사람이라면, 그러한 아파트도 아마 괜찮을 것이다.

고층 아파트는 개발업자에게도 항상 인기가 있는 것만은 아니다. 최소한 주위가 다른 고층건물로 둘러막히기 전까지 고층 아파트의 높은 층이 높은 임대료를 받는다는 것은 사실이다. 그러나 이러한 부류의 고층건물은 건물의 바닥 면적이 비교적 작기 때문에 건축비가 매우 높아진다. 그리고 오픈 스페이스와 건축사선 후퇴(setback)에 관한 규제가 너무 심하기 때문에, 많은 개발업자들이 과거의 규제하에서라면 벌써 개발했었을 대지를 가지고서도 새로운 규제 하에서는 경제성 있는 계획이 이루어지지 않을 것 같아 곤란을 받고 있음을 스스로 깨닫게 되었다.

개발업자들이 강력히 주장하고 있는 한 가지 해결책은 뉴욕 시 전역에 걸쳐 지역제의 밀도를 증가시키는 것이다. 이러한 조치가 취해진다면, 그 변경 조치를 재고(再考)해야 할 만큼 토지가가 오르기 전까지는, 개발사업자가 건물로부터 얻은 수익성은 전보다 좋아지게 될 것이다. 그렇게만 된다면 1961 년 지역제에서 비판받아 왔던 기타 모든 요인들은 썩 만족할 수는 없어도 상당히 개선될 것이다.

만일 밀도를 증가시키지 않는다면, 광장이나 지붕 덮인 보행 공간에 대한 장려 지역제, 혹은 특별 지구 내의 용도에 대한 장려 지역제와 유사한 장려 규정들을 적용하기는 불가능할 것이다.

주택의 질에 관한 뉴욕 시의 법령은 밀도를 높이지 않는 대신, 기존 주거 지역의 지역 구분과 그 곳에 규정된 밀도를 올바른 계획 원칙에 근거한 것으로 보고, 기존의 것을 그대로 받아들였다. 그러나 결과적으로 그것은 건축법과 집합 주택법(Multiple Dwelling Law) 등 다른 법규에 규정되어 있지 않은 주거 지역제 규제(residential zoning control)의 기술적 측면들을 모두 폐기시키고 있음을 의미하는 것이었다.

개발업자와 건축가는 건축사선 후퇴나 공지율(open space ratio)의 규정을 따르는 대신에, 종합 지역제 수정안에 규정된 항목들 중에서 특정한 설계 요소들을 취하여 건물 설계에 적용시킬 수 있을 것이다. 이러한 요소들을 설계에 적용하면, 역시 그 법령에 명시되어 있는 점수제(點數制)에 따라 응분의 보상을 받게 될 것이다. 이 점수제에서 충분히 높은 점수를 받은 건물은 해당 지역제 지구에 정해져 있는 건물 바닥 면적의 최대치가 허용될 것이고, 낮은 점수를 받은 건물은 허용되는 바닥 면적이 그 만큼 적어질 것이다.

법령에 규정되어 있는 질(質)적 설계 요소의 수는 어떤 건물이든 하나의 건물에 적용할 수 있는 요소의 수 보다 훨씬 많다. 그래서 설계는 항상 일련의 선택이며 주변 상황에 따라 조건이 달라진다는 것을 알게 된다면, 여러분은 만점을 얻을 수 없다는 사실도 알게 될 것이다. 때때로 한 목표는 다른 목표를 희생해야만 달성할 수 있다. 건축가는 건축주의 요구를 하나의 상투적인 공식에 대입하지 않고, 기존의 근린주구, 대지의 형태, 그리고 지형에 관련시켜 적합한 설계 요소를 선택할 수 있다.

이 새로운 법령은 설계의 질에 따라 점수를 받게 되는 설계 요소들을 4가지 범주로 나누어 기술하고 있다. 즉 그것은 근린주구에 대한 영향, 레크리에이션 공간, 보호 및 안전, 그리고 아파트 설계의 부류로 나뉘어진다. 채점 방식을 보면, 개발업자는 4가지 범주에 대하여 최소 점수 이상을 받아야 한다는 식으로 규정되어 있다. 모든 기준들의 항목과 몇 가지 대표적인 예를 243-244 페이지에서 보여주고 있다.

설계의 모든 질에 대한 평가 방법은 2년 간의 연구 끝에 이루어진 고심의 성과물이며 거기에는 건축비의 문제도 포함되어 있다. 개발업자는 몇 가지 설계 요소들을 채택함으로써 상승된 건축비를 다른 곳에서 보상을 받아 비용의 균형을 맞출 수 있을 것이라고 생각된다. 그 보상이란 구

(舊)규제의 일부 조항들을 따를 필요가 없어짐으로써 건축비를 절약할 수 있고, 전에는 경제성이 없었던 많은 대지에서 건축의 타당성이 높아졌음을 말한다.

이 새로운 규제는 그 규정이 시의 건축부의 승인을 받아 정당하게 적용될 수 있다면, 전통적인 지역제법과 같은 방식으로 관리될 수 있다. 거기에는 계획 위원회에 의하여 임의적으로 규정이 정해지는 일도 없으며, 공청회를 거쳐 개별적으로 특별 허가를 받아 내는 일도 없을 것이다. 그러나 현재 뉴욕 시는 특별 허가 조치로서만 이 규제를 채택하고 있다.

이 지역제 개정안이 효력을 발생함에 따라 도시 설계 정책의 혜택을 받는 지역은, 고밀도 업무 지구의 일부도 아니고 광범위한 도시 재개발이 필요하지도 않은 근린주구이다. 그것은 또한 상당히 확대 적용될 가능성이 있고, 앞으로도 더욱 발전될 수 있는 원칙인 것이다.

15
공공 투자 전략
(A Public Investment Strategy)

많은 도시들이 자금 부족으로 필요한 사업을 모두 시행할 수 없음은 우리 모두가 익히 알고 있는 사실이다. 그래도 지방 정부는 도시 전체의 설계를 판가름하는 중요한 사업에 거액의 자금을 소비하고 있으며, 여러 가지 종류의 보조금이나 직접적인 공공 투자를 통하여 민간 개발의 투자 여건을 높여 줄 수 있는 능력도 가지고 있다.

만일 공공 투자 정책을 전략적으로 검토하여 그것이 당면 문제를 해결할 수 있는 수단뿐 아니라 도시 설계의 목적을 달성할 수 있는 수단으로 사용된다면, 도시의 설계는 크게 향상될 수 있을 것이다.

우선 도시의 건설 계획 즉, 경찰서 및 소방서, 학교 및 커뮤니티 센터, 병원 및 진료소, 그리고 여러 가지 정부 보조의 주택 건설 계획 등을 생각해 보자.

이렇게 막대한 자금을 쏟아부은 중요한 건설 사업들은 도시를 훌륭하게 설계할 수 있는 좋은 기회임에도 불구하고 우리는 종종 그 기회를 허비해 버리고 만다. 또한 그러한 사업들이 지방 정부의 코앞에 닥친 문제들을 해결시켜 주었다는 점에서는 비교적 성공적이었다고 할 수 있으나, 도시의 전체적인 설계와 전반적인 건축 기준의 측면에서 볼 때는 바람직한 수준에 미치지 못하고 있다.

한 도시에 있어서 건축의 질에 관한 문제는 선정된 건축가가 어떤 사람인가에 따라서 좌우된다고 곧잘 이야기하고 있다. 설계 사무실의 선택이 확실히 중요하긴 하지만, 그렇다고 해서 그것이 전부는 아니다. 건축가가 일하는 주위 여건도 못지 않게 중요하다. 사실, 건축의 질이란(질의 결여라고도 할 수 있겠는데) 부지의 선정, 예산, 계획, 건

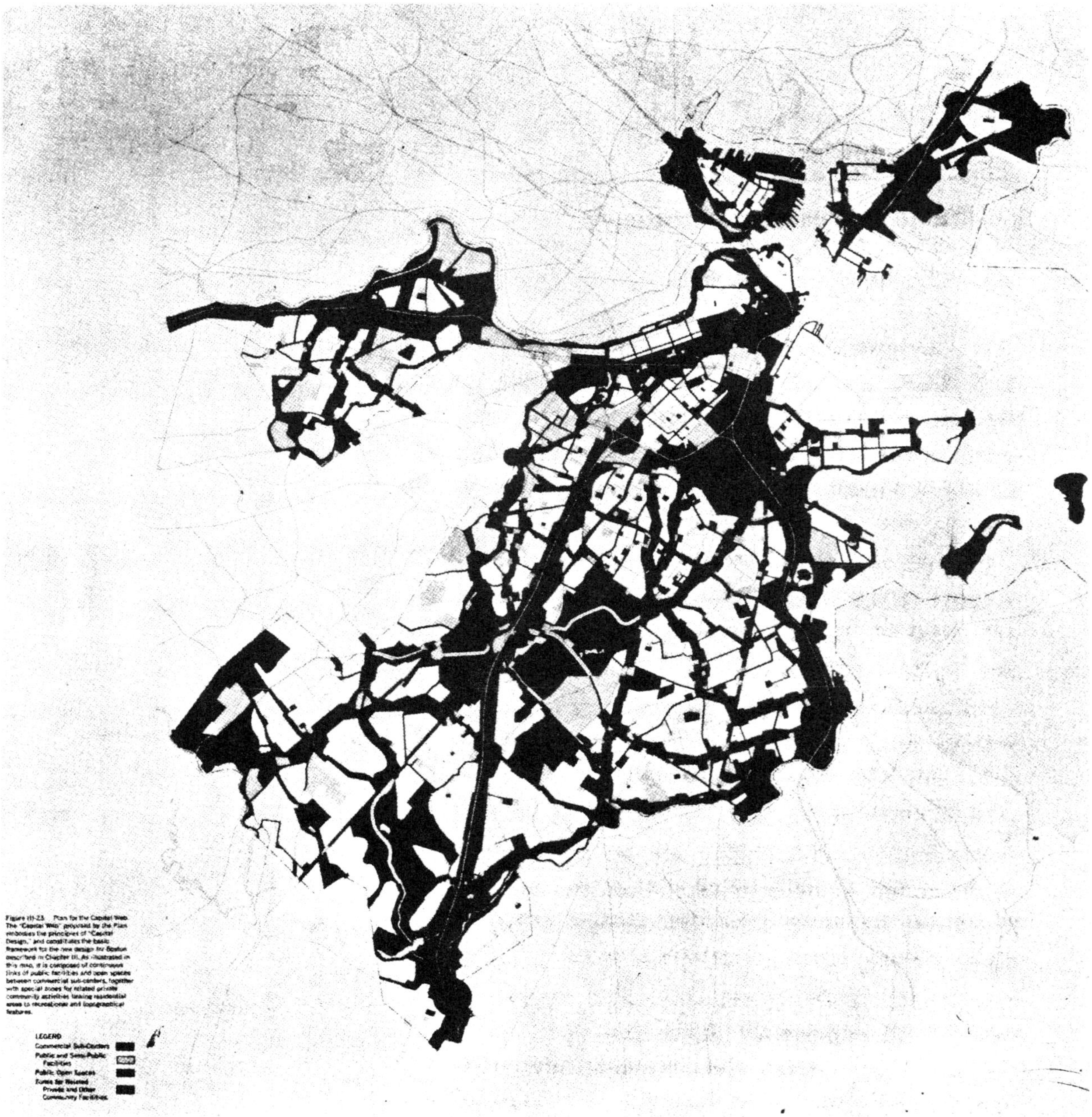

Figure III-23. Plan for the Capital Web. The "Capital Web" proposed by the Plan embodies the principles of "Capital Design," and constitutes the basic framework for the new design for Boston described in Chapter III. As illustrated in this map, it is composed of continuous links of public facilities and open spaces between commercial sub-centers, together with special zones for related private community activities linking residential areas to recreational and topographical features.

축가, 그리고 건축가의 작품을 심의하는 심의 위원들 모두를 망라하는 복합적인 체계의 산물이다. 그러므로 도시의 건축 계획에 있어서 건축의 질과 설계를 실질적으로 향상시키기 위해서는 체계 전체의 개혁이 필요하며, 그렇지 않은 개혁은 고위 간부들의 특별한 배려를 받는 소수의 형식적인 전시용 건물들만 만들어 낼 것이다.

도시 내에는 막대한 공공 자금이 여러 번에 걸쳐 투자된 지구들이 있다. 만일 여러분이 이러한 지구의 한복판에 있는 교차로에 서서 주위를 둘러본다면 보이는 모든 것들이 공공 투자 계획에 의하여 지어졌다는 것을 알 수 있을 것이다. 한쪽 코너에는 공공 보조금으로 지어진 주택 단지가, 다른 쪽 코너에는 학교가, 세 번째 코너에는 보건소가, 네 번째 코너에는 노인들을 위한 주택 단지가 역시 공공 보조금으로 지어져 있고, 그 블럭(街區) 아래에는 경찰서가, 그리고 한 블럭 떨어진 곳에는 소방서가 있다. 이러한 계획들은 서로 아무런 연관성 없이 각각 설계되고 건설되어 왔다. 바꾸어 말하면, 많은 도시들에서 전체의 가치가 부분들의 가치를 합한 것보다 훨씬 떨어지는 사례가 그렇게 자주 발생하고 있는 것이다.

여기에서 문제는 시(市)가 부지를 선정하는 과정에 있다. 즉 부지 선정이 그 지방을 위해서라기보다는 여러 정부 기관 및 계획의 필요에 의해 결정된다는 말이다. 따라서 주택, 교육, 경찰 등 각각의 기능은 서로의 연관성이 없이 각자 분리되어 고려되고 배치된다. 이러한 분리의 결과가 오늘날의 도시 개발이라는 현실로 나타나고 있다. 사실, 공공 보조금에 의한 건설 사업에 있어서 부지 선정이 체계적으로 이루어진 예는 몇몇 도시에 불과하다. 정부의 건설 사업에 있어서 "캐피탈 웨브"(capital web)의 개념이 분명하게 나타난 것은 1965년 보스턴 시의 도시 기본 계획(general plan)이다. 이 개념은 거슬러 올라가서 보스턴 시의 재개발 국장인 에드워드 제이 로그(Edward. J. Logue)가 커넥티커트 주의 뉴 해븐(New Haven) 시의 재개발 국장으로 재직하고 있었을 때, 그의 경험을 바탕으로 만들어 낸 것이었다. 로그는 뉴 해븐 시의 공공 투자를 집행하는 방법을 연구했는데, 그 자금은 연방 재개발법에서

맞은편 : 1965~75년 보스턴 도시 기본 계획에서 개발된 "캐피탈 웨브" (capital web) 개념을 설명해 주는 지도. 상업 부도심들 사이에 공공 시설들과 오픈 스페이스들을 연속적으로 배치하고, 그들을 연결함으로써 공공 환경을 통제하고 있다. 그 연결 통로 사이에는 근린주구들이 배치되어 있다.

캐피탈 웨브 (the Capital Web)

맞은 편 : 미네아 폴리스의 주택 단지 계획. 이 단지가 로링 녹도(Loring Greenway)와 어떻게 연관되어 있는가를 보여 준다. 로링 파크 확장 지역(Loring Park Extension)과 이 주택 단지에 대한 좀 더 자세한 내용은 제 10 장에 설명되어 있다. 건축가 : Frederic Bentz /Milo Thompson & Associates, Inc.

미네아 폴리스의 새로운 도심지 주택 단지는 로링 파크 확장 지역 연변을 따라 개발되었으며, 그에 대한 공공 투자는 세수 증대 재정으로 충당되었다.

규정된 25%의 **지방 지분**(local share)으로 여하튼 집행하도록 되어 있었다. 그리하여 그는 지방 사업 자금이라는 **지렛대**를 이용하여 뉴 해븐 시에 특별히 많은 액수의 연방 투자를 끌어들일 수 있었다.

이러한 선례는 당시 보스턴 시의 도시 계획 국장이었던 데이비드 크레인(David Crane)에 의하여 캐피탈 웨브 이론으로 발전되었는데, 그 이론에 의하면 공공 투자는 한 지역에 투자되는 모든 자금의 투자 입지와 투자 시기를 통제하는 기본적인 틀이 된다는 것이다. 그러나 아직도 대부분의 도시에서는 부지 선정이 우연히 이루어지고 있으며, 개발 속도가 빠른 교외 지역(여기에서 개발 가능 지역은 가로망 및 유틸리티 시스템에 의하여 결정되어 버린다.)을 제외하면 자본 투자의 중요성이 거의 명확하게 인식되지 못하고 있는 실정이다.

부지 선정에 있어서, 훌륭한 도시 설계를 저해하는 또 하나의 측면은 개개의 공공 기관들이 나름대로의 기준들을 따로따로 작성한다는 것이다. 이를테면, 교육 위원회는 국민 학교를 지을 때 적정한 크기의 운동장을 감안해서 학생들의 좌석수에 따라 얼마나 큰 부지가 필요한가를 수치로 규정하고 있다. 문제는 이러한 계산이 건물에 대해 어떤 특정한 가정을 기초로 하고 있다는 사실을 그 기준에 명시하고 있지 않다는 점이다. 즉, 만일 건물을 2층으로 계획한다면 그 부지 내에서도 교실을 충분히 확보할 수 있고, 강당을 부지의 구석으로 돌린다면 운동장도 충분히 둘 수 있다는 가정들이다. 바꾸어 말한다면, 건축가가 참여하기 훨씬 전인데도 건물의 기본 설계는 부지가 선정됨과 동시에 고정되어 버린다는 것이다. (다시 말하자면, 다른 설계의 가능성이 너무 제한되어 버린다는 것이다.) 더욱 문제인 것은 도시 설계에 지대한 영향을 미치는 어떤 미묘한 선입견이 있어서, 그 편견이 단일 목적의 공공 기관들에 의하여 겉으로 보기에는 합리적인 듯한 기준들로 변신되어 나타나는 것이다. 예를 들면, 뉴욕 시의 교육 위원회는 국민 학교의 체육관이 강당과 카페테리아(cafeteria)로도 겸용될 수 있다는 개념을 받아들이지 않고 몇 년 동안 거부해 왔었다. 그 결과, 이와 같은 부대 시설의 면적이 늘어남에

SPRUCE PLACE
YALE PLACE
GREENWAY
SITE PLAN
0 16 32
N

따라 증가되는 비용을 경제적으로 흡수하기 위해서는, 국민학교 좌석수의 최소 기준이 더욱 더 늘어나게 되었다. 좌석수가 늘어나자 자연히 학교의 규모는 커졌고 학교의 수는 적어지게 되었으며, 그것은 그 지역의 근린주구에 알맞는 국민 학교의 설계를 더욱 어렵게 만들었다.

이와 비슷한 묵계적인 가정이 건축비에 대한 예산 배분을 결정하는 과정에서도 나타나고 있다. 예산은 일반적으로 이미 지어진 유사한 건물의 건축비에 건축비 상승률을 감안하여 결정된다. 설계를 변경함으로써 건축비를 절감시킬 수 있다는 확신이 서지 않는다면, 이러한 예산 방식을 계속 고수할 것이며, 이 고식적인 예산 방식은 창의력 있고 혁신적인 건물의 설계를 더욱 위축시키게 된다. 건축비를 증가함으로써(말하자면, 부정형한 대지를 이용하기 위하여 보다 융통성 있는 설계를 하고자 하는 경우에) 얻을 수 있는 이익을 평가하는 확실한 방법은 없으며, 더우기 기묘한 형태의 건물을 지을 경우 입찰 과정에서 빚어질지 모르는 공기 지연(工期遲延)의 위험을 감수하리라는 보장도 없다. 이 경우에서도 역시 배치, 재료, 시공 방법 등 건물에 관한 기초적 구상은 건축가가 설계에 손대기도 전에 이미 결정되어 버렸을 것이고, 도시 설계에 있어서도 자유로운 선택의 여지가 이미 사라져 버렸을 것이다.

뉴욕 시의 루스벨트 아일런드에 있는 학교의 시스템은 커뮤니티 설계에 완벽하게 결합되어 있다. 여기에서 학교의 입구는 쇼핑 아케이드에 나 있다.

이 페이지와 253페이지의 사진들은 뉴욕 시의 루스벨트 아일런드(Roosevelt Island)에 있는 주택 단지의 예로서 주택에 결합되어 잘 조화된 국민 학교의 모습을 보여 주고 있는데, 이것은 학교와 주택들을 계획하거나 설계할 때 사전에 여러 가지 가능성을 고려한다면, 이와 같이 창의적인 설계안도 만들어질 수 있음을 시사해 주고 있다. 루스벨트 아일런드는 뉴욕 주 도시 개발 공사(New York State Urban Development Corporation)에 의하여 개발되었으며, 당시의 사장은 에드워드 제이 로그였다.

자본 예산(capital budget)이 도시의 장래를 계획하는 데 있어서 중요한 역할을 하는 것으로 인식되고 있기 때문에, 자본 예산의 편성 작업은 곧잘 도시 계획국에 맡겨지기도 한다. 문제는, 건축비가 급격히 상승하는 시기에는 공사가 입찰되기 전까지 아무도 소요될 공사비를 정확히 알 수 없다는 것이다. 따라서 자본 예산 — 특히 **도시 시설 투자** 5개년 계획과 같은 것 — 은 허구의 소지가 대단히 많다. 어떤 사업은 집행 단계에 가까이 접근해 보지도 못하고 시설 투자 계획으로서만 몇 년이고 표류할 수도 있다. 왜냐하면 실행 예산안은 실제적인 공사비가 확실해진 다음에야 예산안 수정을 거쳐 작성되기 때문이다. 그렇다면 개개의 사업에 소요되는 자금이 얼마나 적절한가를 누가 결정할 것인가? 이는 예산 관리관이나 혹은 공공 사업, 주택, 교육 등 실제로 공사를 담당할 기관의 직원들이다. 다시 말하면 사업을 계획하는 기관의 직원들이 아닌 공사를

루스벨트 아일런드의 블랙웰(Blackwell) 학교는 아파트 건물로 둘러싸여진 중정 내에 지어져 있다. 이 근린주구는 인종적으로 융화되어 있기 때문에 백인 학생과 흑인 학생을 혼합하기 위하여 통학 버스를 운행할 필요는 없다. 일반적으로 학교와 공공 보조금에 의한 주택 단지는 별개의 것으로 생각되어 공공 투자가 이루어지고 있기 때문에, 이렇게 기분 좋은(분명히 그럴 것이다.) 물리적 환경을 다른 곳에서는 찾아보기 어려울 것이다.

건축가 : Sert, Jackson Associates

시행하는 기관의 직원들이다. 그 결과, 계획 기관은 예산 배정의 우선 순위를 이론에 입각하여 결정하는 반면, 실제적인 자금 투자 계획은 다른 부서에서 결정되는 일이 많다.

자본 예산을 결정하는 데 있어서 중요한 것은 입안된 계획에 얼마나 많은 돈을 할당할 것인가 하는 문제이며, 특히 예산이 넉넉하지 않아서 영향력 있는 집단들이 원하는 시설들을 모두 다 건설할 수 없을 경우에는 그러한 문제가 더욱 중요하다. 결정은, 일반 대중에 공개되어 비판을 받게 되면 업무가 제대로 시행되지 못한다고 생각하고 있는 정부 관리들에 의하여, 확실한 근거만을 바탕으로 내려진다. 만약 계획된 건물의 모습이 5년 전에 지어진 것과 똑 같다면 건축비가 높아졌다 하더라도 물가 상승 때문이라고 책임을 돌릴 수 있으나, 건물의 모습이 전과 다르다면 건축비가 적게 들었다 할지라도 담당 관리는 비판을 받게 될 것이다. 게다가 건축비가 더 들었다면, 건축가나 도시 설계 요원들이 그 건물은 그만큼 훌륭하게 설계되었다고 주장하더라도 그것만으로는 담당 관리가 건축비 상승을 정당화시킬 수 있는 근거가 되지 못할 것이다.

확실한 근거에 의한 도시 설계
(Urban Design by the Book)

만일 그러한 결정이 확실한 근거에 의해서만 내려져야 한다면 그 근거를 바꾸면 될 게 아닌가? 제 12 장에서 그림으로 설명되었던 가로등 및 가로 표식의 기준들은 그러한 근거를 바꾼 예이다. 그 경우에는 특별한 시방(示方)이 도시 정책으로 채택되어 있기 때문에, 담당 관리는 지출의 내역을 증명할 수 있으며, 비용이 덜 드는 다른 방법을 찾을 필요도 없다. 비록 어렵기는 하지만, 학교, 주택, 경찰서, 소방서 등에 관해서도 그와 유사한 근거들을 작성할 수 있으며, 부지 선정과 건축 기준에까지도 도시 설계 절차를 삽입할 수 있을 것이다. 시에서 재정 지출에 대한 이러한 근거들을 고쳐 놓기 전에는, 건물 하나 하나는 경제적인 것처럼 보일지 모르겠지만 도시 설계적으로 볼 때는 그것이 투자한 돈만큼의 가치를 얻지 못할 것이다. 사실, 법전과 같이 일률적인 결정이 정말로 창의적인 사례별 결정(case-by-case decisions)만큼 좋지는 않다. 그러나 건축 및 도시 설계에 대한 올바른 결정을 내리기 위해서 행정적인 절차를 만들어 거기에 의존하는 것보다는 수시로 개정할 수 있는 훌륭한 법전을 마련하는 것이 더 더욱 좋을 듯하다.

지방 정부의 공공 투자 전략 가운데에는 민간 투자를 촉진하는 기법들도 있다. 그 전통적인 방법은 공공 사업을 전략적으로 이용하는 것이다. 예를 들면, 정부가 투자하여 건설한 공원은 그 주위의 부동산 가치를 높여 준다. 대(大)집회장은 운영하는 데 다소 비용이 들긴 하겠지만, 도시에 기업들을 끌어들여 도시 전체의 세입원을 증가시켜 준다. 주차 건물은, 주차료만 가지고서는 투자 비용을 빨리 회수할 수 없기 때문에 민간 투자가들에게 구미당기는 사업은 아니겠지만, 도시의 입장에서는 도심부의 상업 및 업무 기능을 촉진시켜 주는 좋은 사업인 것이다.

직접적인 공공 투자를 통하여 민간 사업을 지원하는 3가지 기법
(Three Methods of Direct Public Investment in Private Projects)

공공 투자를 통하여 민간 사업을 직접 지원하는 방법도 있다. 거기에는 직접적인 자본금 보조(direct capital grants), 이자 보조(Interest subsidies), 그리고 세금 감면(tax abatement)의 3가지 전통적인 방법이 있다. 4번째 방법으로서 개별 가구들에 대한 임대료 보조가 있는데, 그것은 사실상 사회 복지 계획에 포함되며 특정한 건물에 입주할 주민들에게 보조금을 줌으로써 개발을 촉진하는 방법으로 사용될 수 있다. 이러한 기법들에 관한 규정들은 법률이 수정되고 개정됨에 따라 달라진다. 연방 정부가 보조금을 주어 재개발을 시행한 지난 날에는, 자본금 보조 방법으로 토지의 감가불하(減價拂下, land write-down), 다시 말하면, 연방 정부가 지방 정부에 보조금을 주어 비싼 땅을 매입하고 정리하게 한 다음 그것을 적절한 가격으로 개발업자에게 넘겨 개발하게 하는 방법이 있었다. 결과적으로 그것은 연방 정부에 손해를 입히는 방법이었다. 그러나 오늘날 일반적으로 시행되고 있는 연방 계획은 UDAG라 불리우는 주택 및 도시 개발성의 도시 개발 행위 보조금(Urban Development Action Grant)이다. 지방 정부가 연방 정부로부터 받은 UDAG는 "토지의 감가불하"를 위하여 쓰여지는 것보다는 계획이 어지간히 진행된 민간 사업을 위하여 쓰여지게 함으로써, 비교적 적은 보조금으로도 사업을 성공적으로 이끌 수 있는 방법이다. 이러한 사업들은 민간 투자가들에게 매력적인 것임에 틀림없으며, 동시에 그 지역의 가난한 사람에게도 직접적인 도움을 줄 수 있을 것으로 보인다. UDAG는 수요자들에게 큰 인기를 누리고 있다고 할 수 있다. UDAG를 신청하는 사람들은 틀림없이 그 보조금이 있어야만 사업이 가능하다고 말할 것이다. 그러나 개중에 어떤 민간 투자가들은 일단 보조금을 받게 되면 나태해져서 사업을 빨리 진행시킬 수 있는 본 궤도에 올려놓기까지 많은 시간이 걸렸던 경우도 있다. 어쨌든 UDAG는 종래의 민간 자본을 끌어들일 수 있는 건전한 투자임에 틀림없다. 그러나 그보다 조금은 가난한 사람에게도 혜택을 주어야 한다. 실제로 많은 UDAG들이 도심지 호텔에 2차 저당권을 설정하고 있는 듯하다. 호텔은 세입원으로서 가치가 클 뿐만 아니라 많은 여종업원들과 접시닦이들을 고용하여 가난한 사람에게도 보탬이 되고 있다. UDAG의 2차 저당권은 차용될 수 있다는(지방 정부가 결국 회수하겠지만) 또 하나의 매력을 가지고 있다. UDAG가 일단의 새로운 행정 기준으로 대체될 때, 커뮤니티의 개발 방향이 바로 이 UDAG 계획에 의하여 교묘하게 영향을 받을 것이라는 것은 의심할 나위가 없을 것이다.

직접적인 자본금 보조의 또 다른 형태는 커뮤니티 개발 보조금(Community Development Grant)인데, 그것은 세수입 할당의 한 방법이다. 연방 정부는 이 자금을 지방 정부에 전달하고, 지방 정부는 그것을 일반적인 지침 내에서 적합하다고 생각되는 사업에 투자할 수 있다. 많은 사람들이 이 방법을 UDAG와 같이 용도가 명확히 정해진 보조 방법보다 효율적인 개념이라고 생각한다. 시의 예산이 사업의 우선 순위에 따라 올바로 쓰여지는 곳에서라면, 커뮤니티 개발 자금을 시의 정규 예산에서 충당하는 방법도 있다. 만일 그 자본금이 시 예산의 적자를 해마다 누적시키는 요인이 된다면, 지방 정부는 채권을 발행하여 자본금을 빌리는 대신, 연방 정부의 자금을 보조받는 것이다. (이것 역시 어떤 의미에서는 빌리는 것이 되겠지만).

지방 정부는 시의 채권 시장을 통해 사채보다 싼 이율로 돈을 빌릴 수 있다. 왜냐하면 공채를 발행한다는 명분으로 시가 발행하는 채권의 이자에 대한 연방세와 지방세를 면제받을 수 있기 때문이다. 지방 정부는 그 돈을 다시 빌려 줌으로써 이렇게 낮은 이율의 자금을 민간 사업에 전환시킬 수 있다. 일반적으로 이 채권은 수입 채권(revenue bonds)이다. 다시 말하면, 시정부의 전적인 신용을 보증으로 하여 발행되는 채권이 아니라 사업 자체에 계정된 재원을 보증으로 하여 발행되는 채권이다. 산업 개발 채권은 채권의 수입으로 지어지는 공장에 입주할 기업이 지불하기로 되어 있는 출연 자금을 보증으로 하여 발행된다. 따라서 그 기업이 채무를 이행하지 않는다면 채권 소유자는 손해를 보게 될 것이다. 그러므로 수입 채권의 이율은 시의 세입에서 갚아 주는 총신용 채권(full-faith-and-credit bonds)의 이율보다 높지만, 그래도 사채 시장에서 빌려 쓰는 사채의 이율보다는 낮다. 이러한 방법으로, 지방 정부는 기업을 시의 공업 단지에 유치하여 주민들에게 일자리를 마련해 줄 수 있으며, 그 공장을 다른 도시에 빼앗기거나 공장들이 농촌 지역에 산발적으로 건설되는 위험도 막을 수 있는 것이다. 시의 공채는 개발업자가 제한된 범위 내에서 영리를 취하는 주택 사업에 자금을 공급하기 위해서, 대규모 사업 지구 내에 주차 건물을 마련하기 위해서, 그리고 공공의 이익에 보탬이 될 것으로 보이는 여러 가지 개발 목적을 위해서 사용되고 있다.

현재 가장 보편적인 자금 조달 계획은 지방 정부가 시의 채권 시장에서 자금을 빌린 후 다시 그 돈을 민간의 주택 소유자와 중소기업가들에게 빌려 주어 지역의 개선 사업을 촉진시키는 방법이다. 이러한 방법을 쓰면, 은행 대출이 어려운 지역에 사는 사람들도 은행보다 더 낮은 이율로 대출을 받게 된다. 지방 정부는 갚아야 할 이율보다 약간 높은 이율로 자금을 대출하여 그 차액으로 운영 비용을 충당할 수 있다. 이 방법이 과연 재정 정책으로 보아 건실한 것인가 하는 문제는 도시의 장래를 어떻게 인식하고 있느냐에 달려 있겠지만, 어쨌든 이것은 하나의 매력적인 자금 조달 계획인 것이다.

세금 감면(Tax Abatement)

세금 감면은 또 하나의 매력적인 계획이다. 그것은 지방 정부에 아무런 비용도 들게 하지 않는 듯하다. 왜냐하면 세금 감면의 혜택이 주어질 사업의 부지가 아직까지는 세금을 전혀 내지 않거나 낸다 하더라도 조금밖에 내지 않고 있는 토지이기 때문이다. 그것은 부동산에 대한 세금을 누진적으로 감면해 줌으로써 — 첫해에는 0에서 시작하여 10년 후에 100%를 내도록 하는 것이 일반적인 상식이다. — 새로운 개발을 촉진시키는 데에 도움을 주자는 것이다. 그리고 궁극적으로 이러한 사업들은 시의 세입원을 증대시켜 줄 것이다. 세금 감면이 재정 정책으로서 건실한 것인가는 그것이 개발을 촉진시켜 주고 있는가 아니면 그렇지 못한가에 달려 있다. 만일 이 계획의 시행이 단순히 개발을 세금 감면 혜택이 전혀 없는 곳에서 세금을 감면받을 수 있는 곳으로 이전시키는 결과만을 가져온다면, 그 이전(移轉)이 도시 경제에 유익한 것인가가 실제적으로 중요해지며, 유익하지 못한 것이라면 그 계획은 실패한 것이 된다. 반면 개발이 발생된다면, 그것은 성공한 것이 된다. 세금 감면 계획은, 특히 장려적 지역제가 별로 효과를 거두지 못한 도시에서, 도시 설계의 아주 특수한 목표를 달성하기 위하여 사용될 수 있다. 보스턴 시는 트레몬트 가 특별 지구(Tremont Street Special District)의 계획에서, 그 지구에 대한 지역제법을 제정해 놓고 있지는 않았지만 기존 건물을 유지하고 수복시키기 위한 장려 대책의 일환으로 세금 감면 수법을 채택하였다.

세금 감면 수법은 만하탄에서 고층건물들을 아파트로 전용(轉用)시키고 주택의 수복을 촉진시키기 위하여 광범위하게 사용되어 왔다. 이렇게 세금을 감면받은 아파트들이 반대급부적으로 지켜야 할 조건은 장래에 임대료를 올려 받을 때 시의 제한을 받아야 한다는 것이다. 어떤 사람들은 이 계획을 부동산 시장의 측면에서 검토하고 그것을 참작하여 토지 및 건물의 가격을 조정해야 한다고 주장하고 있다. 왜냐하면, 재산 가격만 오르고 개발은 세금 감면을 받아야만 이루어질 우려도 있기 때문이다.

세금 감면에 있어서 가장 근본적인 문제는 그것을 어느 한계까지 적용해야 할 것인가 하는 증후군(where-will-it-all-end syndrome)이다. 지방 정부는 비축해 둘 수 있는 세입원이 부족하기 때문에 감면 수법을 아껴서 사용해야만 하는 것이다.

세수 증대 재정 (Tax-Increment Financing)

개발을 촉진시키는 또 하나의 방법인 세수 증대 재정은 시의 자본 차용 능력(borrowing power)을 과세 조정 능력(adjustment of the taxing power)과 결합시킨 것이다. 만일 공공 사업으로 인하여 주변 재산들의 가치가 오르게 된다면, 그 가치 증가분에 대해 세금을 부과하여 그것을 사업의 비용으로 충당하는 것은 당연한 일이다. 미네아폴리스 시의 로링 파크 확장 계획(Loring Park Extension)은 이러한 방법으로 비용을 충당하였다. 로링 파크를 확장함으로써, 시는 도심지 주택 단지를 건설하기에 아주 적합한 일련의 부지를 조성하게 되었다. 공원 건설 자금을 마련하기 위하여 매각한 채권은 공원 주변의 토지들에서 거두어 들일 세수입으로 갚게 되어 있었다. 이렇게 증액된 세수입 가운데, 건설되기 전에 거두어 들였던 세수입만큼의 액수는 여전히 시의 일반 예산으로 돌려졌고 세수입의 증가분은 공원 건설 자금으로 할당되었다. 세수 증대 재정은 역시 매력적인 발상이긴 하지만, 여기에도 문제는 있다. 즉, 통상적으로 세금이 인상되는 인플레이션 시기에 어떤 특정한 사업에 세금 인상을 떠맡길 수 있는가 하

아이 엠 페이(I.M.Pei) 사무실에서 설계한 보스턴 정부 센터의 초기 배치 계획안. 공공 건축물들을 집중시킨다는 미리 계산된 공공 투자 전략은 도심지 사무소 지구의 재개발 사업을 촉진시키는 촉매 역할을 했다.

1978년에 찍은 보스턴 정부 센터의 모습.
이것은 미국에서 도시 설계가 거의 완벽하게 실행에 옮겨진 몇 안 되는 예들 중의 하나이다. 이 계획은 많은 건축가들이 함께 참여했음에도 불구하고 초기의 개념을 그대로 간직하고 있다.

는 문제이다. 여기에서는 세금 감면에서와 마찬가지로 세금 인상을 어느 한계까지 적용시킬 것인가 하는 문제가 대두된다.

불행히도 여기에는 산타클로스(Santa Claus)가 없다. 시의 세수입은 항상 시의 사업 목표에 비해 한정되어 있을 것이다. 돈이 부족하기 때문에, 도시 설계와 같은 대규모의 공공 정책을 추진하려면 시의 재정이 전략적으로 사용되어야 한다. 공공 투자 정책이 개개의 특정한 사업 목표로 보아서는 합리적인 듯 하지만, 도시 설계 및 개발의 관점에서는 낭비적인 것으로 끝나는 경우가 많다. 공공 투자 전략은 이러한 문제를 바로잡는 수단인 것이다.

보스턴 정부 센터(Boston's Government Center) 지구는 보스턴 도심지의 재개발을 촉진시키기 위하여 전략적인 계획에 따라 시 정부의 건물들이 지어졌던 공공 투자 전략의 한 예이다. 이 정부 센터는 계획이 사실상 완벽하게 실행에 옮겨진 도시 설계의 한 예이기도 한데, 그것은 아이 엠 페이 사무실에서 설계한 초기 계획안의 다이어그램과 완공된 지구의 모습을 비교해 보면 잘 알 수 있을 것이다.

후기:

전문직으로서의 도시 설계

(The Urban Design Profession)

도시설계가와 도시계획가, 또 도시 설계가와 건축가의 차이는 무엇일까? 1967년 우리는 뉴욕에서 새로운 연구 기관을 창설하고 있었기 때문에, 그 정의에 대하여 심각하게 생각하지 않으면 안 되었다. 공직자 조합과 시의 인사국에서는, 우리가 제의한 도시 설계라는 새로운 업무가 시의 공무 규정(civil service regulation)에 따라 그 내용이 설정되어야 하고 도시 설계를 담당하는 직원들도 시험 성적을 토대로 채용되어야 한다고 요구하고 있었다. 나는 그 당시 우리가 내렸던 정의가 지금도 유용한 것이라고 생각한다.

그 당시 우리가 보기에 도시계획가는 장래 수요의 예측에 따라 자원을 배분하는 일에 주로 관여하는 사람들이었다. 자본 예산에 대하여 자금을 배분하는 일은 일련의 도시 계획의 결정들이다. 왜냐하면, 예를 들어 어떤 지구에 학교를 신설할 때 정말 그것이 필요한지를 판단한다든가, 그 필요성을 다른 지역과 견주어 보아 균형을 맞추어 가는 일도 모두 거기에 포함되기 때문이다.

그 반면, 건축가는 건물을 설계한다. 그들은, 말하자면, 학교와 같은 건물이 지어질 수 있도록 일단의 계약 도서(契約圖書)를 작성하고 그 과정에 대한 법적 책임을 진다.

이들 두 전문직 사이에는 본질적으로 중간 영역의 일들이 있다. 이들은 각자 그 일들이 자기의 영역에 속한다고 주장하지만 어느 쪽도 그 영역을 충분히 메워 주지는 못한다.

계획가들은 토지 이용을 자원 배분의 문제로 생각하는 경향이 있어서, 토지의 3차원적 특성이나 장차 그 위에 세워질 건물의 성격을 충분히 이해하지도 못한 채, 지역제의 취지에 맞추어 토지를 분할하려고만 든다. 그 결과, 대부분의 지역제법과 관(官)에서 행한 토지 이용 계획은 판에 박힌 듯이 창의력 없는 건물들만을 만들어 내고 있다.

만일 토지 이용 계획에 3차원적인 설계를 이해하는 사람이 참여한다면, 토지 이용 계획은 틀림없이 개선될 것이다.

우수한 건축가라면 건물을 주변 환경에 조화시켜 설계하려고 최선을 다할 것이다. 그러나 자기가 설계하는 대지의 밖에서 일어나는 일에 대해서는 전혀 손쓸 수 없다. 우리가 이제껏 보아 왔듯이 도시를 훌륭하게 설계하려고 할 때, 도시 설계와 건축주의 이해 관계는 서로 상반되기 쉽다. 그래서 훌륭한 현대식 건물로 가득찬 도시들 —인디아나 주의 컬럼버스(Columbus, Indiana)나 커넥티커트 주의 뉴해븐(New Haven, Connecticut) — 도 전체 도시 설계에 있어서는 건물들에 비길 만큼 좋은 성과를 거두지 못하고 있다. 따라서 건물뿐만 아니라 도시를 설계하는 사람이 누군가 필요하다.

도시설계가는 건물뿐만 아니라 도시도 설계한다.

(Urban Designer's Design Cities Not Just the Buildings)

많은 도시 설계 사업이 지방 정부의 권한으로 통제되고 있다. 그래서 도시 설계 업무의 대부분이 지방 정부에 위임되어 있다고 해도 놀라운 일은 아니다. 도시 설계는 시의 직원들이 할 수도 있고 용역 단체에서 할 수도 있는데, 양자는 각각 나름대로의 장점을 가지고 있다. 시 직원들의 경우, 실제적인 결정이 내려질 때 바로 그 곳에 근무하고 있기 때문에, 업무를 신속하게 처리할 수 있는 장점이 있다. 말하자면 도시 계획의 결정권자가 결정을 내렸을 그 시간에 용역 단체의 사람들이라면 기껏해야 이 곳으로 오기 위해 공항에 나가는 중일 것이다. 반면, 용역 단체는 위계질서에 따라 의사 결정이 내려지는 지방 정부 조직의 밖에 있다는 이유만으로도 시의 직원보다 신뢰감을 더 줄지도 모르며, 다른 곳에서 쌓은 귀중한 경험들을 살릴 수 있다는 것도 장점이 될 수 있을 것이다.

1967년 뉴욕 시 부설 도시 설계 그룹(New York City's Urban Design Group)이 창설되었을 때, 시 정부에서 일하고 있었던 도시설계가들의 수는 손꼽을 정도에 지나지 않았다. 그러나 오늘날에는 명목상으로든 업무상으로든 도시설계가라고 하는 사람들이, 반드시 도시 정책 수립에 큰 영향을 미치는 부서는 아니라 할지라도 도시 계획국, 랜드 마크 위원회, 재개발국, 수송국, 공무국 등 여러 부서에서 일하고 있다.

도시 계획국에서 도시설계가들이 처리하는 일상 업무는 대부분 설계 심의에 관한 것이며 그 중에서도 특히 계획 단위 개발(PUD)과 같이 지역제의 자유 재량적인 규정에 적용받는 사업을 심의하는 일이 많을 것이다. 도시 설계 담당 직원들은 커뮤니티 계획과 특별 지구 계획에도 참여한다. 환경 보전국에서 일하는 도시설계가들도 많은 설계 심의를 하며, 특히 그들은 설계안이 사적 지구의 규제에 따르고 있는가를 검토한다. 그들은 역사적인 건물이 보존하기에 적합한가 혹은 보존함이 타당한가를 결정하기 위하여, 역사적인 건물을 평가하는 데에도 참여한다. 도시 개발국에서 일하는 도시설계가들은 특정 지역의 개발 계획을 수립하고, 개개의 건축가들이 설계한 건물들의 도면을 심의하여 그 개발 계획에 따르도록 유도한다. 수송국이나 공무국에는 도시설계가가 상주할 정도로 도시 설계 업무가 많은 것은 아니지만, 우리가 아다시피 그 곳에도 그들이 할 일은 많다.

1967년에 도시 설계를 전문으로 하는 용역 회사는 10개 정도에 불과하였다. 그러나 오늘날에는 그 수가 수십 개에 달하며 맨 윗줄에 **도시설계**라는 단어가 인쇄된 편지지를 접하는 일은 그렇게 어렵지 않게 되었으며, 도시 설계를 하겠다고 표방하는 엔지니어, 건축가, 도시계획가들의 수도 더욱 더 많아지고 있다. 유감스럽게도 도시 설계를 말로 하기는 쉽지만 실행에 옮기기는 여간 어렵지 않다. 지금까지 경제적, 정치적, 사회적 타당성을 고려하지 않은 도시 설계안들이 많았던 것은 바로 그러한 이유 때문이었을 것이다.

용역 회사에서 일하는 것 말고도 민간 부문에서 도시설계가들이 할 수 있는 역할들은 많다. 부동산 개발이 점점 복잡해지고 완공하기까지 오랜 시간이 걸리는 사업에 점차 큰 비중을 두게 됨에 따라, 부동산 개발 회사 내에서도 자체적인 도시 설계 업무를 해야 할 필요가 생기게 된다. 마찬가지로, 상설 대부 기관도 부동산 사업에 출자하여 주

주(株主)의 위치를 차지하기 시작하게 됨에 따라, 저당권을 설정한 보험 회사 및 기타 금융 기관의 직원들이 도시설계를 검토해야 할 필요가 생긴다.

그러면 어떤 훈련과 경험을 쌓으면 도시설계가로 자격을 인정할 것인가? 무엇인가 필수적인 설계 훈련이 있을 터인데 일반적으로 가장 철저한 것은 건축 대학에서 받는 훈련이다. 도시설계가들이 건물들을 구성하고 배치하는 방법을 이해하지 못하고 있다면, 도시 설계는 틀림없이 지도위에 주사위 같은 입방체를 이리저리 옮겨 놓는 장난에 지나지 않게 될 것이라는 주장도 있을 수 있다. 그러나 많은 조경 건축과의 교육 과정을 보아도 알 수 있고, 소수의 도시 계획 스튜디오에서 이루어지는 설계 과정을 보아도 알 수 있는 바와 같이, 도시 설계를 단순히 건축의 한 분야로 생각하는 것은 온당하지 않다. 특히 지역의 환경 분석에 있어서는 조경 건축가가 건축가보다 바탕이 더 탄탄할 것이다.

전통적인 스튜디오 방식으로 도시 설계를 가르치는 데에도 문제는 있다. 이 스튜디오는 본질적으로 모의 실험 기법(simulation technique)이다. 교사 혼자서 설계자와 고객의 역할을 모두 할 수 있는 건축이나 조경 건축에 있어서는 이 방법으로도 충분히 잘해 낼 수 있다. 그러나, 일반적으로 정부 관리, 투자가, 커뮤니티의 이해 당사자 등 수많은 역할이 포함되어 있는 도시 설계의 상황을 스튜디오에서 연출해 내기란 매우 어려운 일이다. 그래서 나는 뉴욕 시립 대학의 대학원 과정에서 학생들을 지도했을 때, 스튜디오 방식 대신에 실무 현장에 나가 전문적인 경험을 쌓게 함으로써 문제 해결에 상당히 가깝게 접근할 수 있었다. 학생들은 수업의 절반을 전문 사무실이나 정부 기관에서 일하며 노력에 대한 급료도 받는다. 이 방법은 대도시에서만 가능한 것이다. 소수지만 다른 대학에서도 학교에 부설된 연구 기관이나 커뮤니티 설계 센터(community design center)를 통하여 학생들에게 실제의 문제를 체험시킬 수 있다.

도시 설계 교육의 나머지 부분은 도시를 설계하려 할 때 부딪치는 문제들을 어떻게 사고하고 어떻게 해결하는가를 소개해 주는 일이다. 이러한 문제들을 해결하기 위해서는 우선 경제적, 정치적, 그리고 사회적 타당성부터 따져 보아야 하므로, 도시 설계의 교과 과정에는 법률, 공공 행정, 부동산 경제학, 그리고 사회 과학의 조사 기법 등의 과목들이 도입되어야 한다. 우리 대학에는 다행히 우수한 환경 심리학과가 개설되어 있어서, 나도 학생들에게 그 과정의 하나를 추천하였다. 내 견해로는 도시설계가들이 부수적으로 알아야 할 가장 중요한 과목은 부동산 경제학이다. 여러분들은 언제라도 법률가나 사회과학자를 고용할 수 있다. 그러나 부동산을 종합적으로 처리할 줄 아는 사람이라면, 거의 그들의 자문을 받을 필요가 없을 것이다. 우리는 또한 사례 연구 기법에도 큰 비중을 둔다. 우리 주변에는 도시 설계의 사례들이 수없이 많으며, 실패한 것들도 역시 많다. 왜 그러한 사례들로부터 교훈을 얻으려 하지 않는가?

도시 설계는 하나의 과정이며 협동 작업이다.
(Urban Design: A Process and a Partnership)

물론 우리가 여러 곳에서 설계된 도시들의 모습을 단편적으로 발견할 수는 있지만 도시 설계 자체는 여전히 예측, 혹은 가정의 단계에 머물러 있다. 뉴욕 시의 도시 설계에서 체험한 우리들의 경험들을 모아 수록한 책이 1974년에 출판되었는데, 거기에서 나는 도시설계가란 아무도 묻지 않는 수많은 문제들에 대하여 해답을 아는 사람들이라고 정의 내린 바 있다. 그러나 지금 그런 질문을 다시 받는다면, 아마 나는 "사람들이 많은 것들을 묻고 있지만, 그들은 도시 설계가들이 그 해답들을 다 알고 있다고 기대하지는 않을 것이다"라고 대답할 것이다. 커뮤니티를 설계할 때 필요한 것은, 근린을 말살시키지 않고 근린에 동화될 수 있도록 새로운 주택 단지를 개발하고, 고건축을 보존하며, 환경 영향 보고서의 제출을 의무화하고, 주요한 수송계획과 연관시켜 개발 개념을 세우며, 그리고 토지 이용 규제가 도시 설계의 강력한 결정 인자라고 일반에게 인식시키는 일들이다. 다시 말하면, 이러한 개념들이 지켜질 때, 도시 설계의 장래는 바람직한 방향으로 발전되어 나간다는 것이다.

도시 설계에서 성공을 거두었던 선도적인 사례들은, 기업가 혼자서는 불가능한 사업이라도 정부와 협력하면 가능해질 수 있다는 사실을 부동산 관계자들에게 일깨워 주었다. 개발의 결과가 공공 이익에 지대한 영향을 미치는 한, 이러한 일은 바람직한 현상이다.

도시 설계에 있어서 또 하나의 바람직한 현상은 "참고 기다리면 돈을 더 벌 수 있는" 여건이 조성되었다는 것이다. 다시 말하면, 세법과 기타 기업의 여건이 바뀌어짐에 따라, 부동산이 임대되자마자 그것을 매각한다든지, 혹은 감가상각에 의한 세금 감면이 최대로 되었을 때 바로 매각하는 것보다는, 그 지역에 신개발이 일어날 때까지 부동산을 보유하고 있는 것이 부동산 소유자에게는 금전적으로 유리해졌다는 것이다. 만일 개발업자가 부동산을 즉시 매각해 버리지 않고 계속 보유하게 된다면, 개발업자가 그 사업에서 기대할 수 있는 이익은 더욱 더 커질 것이다.

도시설계가의 장래는 환경 전반에 걸쳐 결정권을 가진 정부 당국과 우리의 물리적인 주변 환경에 커다란 영향을 미치는 기업과 산업에 달려 있다.

다른 식으로 표현한다면, 지금까지 도시의 설계에서 **나쁜 녀석**으로 비쳐졌던 공공 기관이 **좋은 녀석**으로 변신할 수 있는 잠재력은 무한히 크다.

이와 같은 변신은 십중 팔구 상부에서부터 시작해야 할 것이다. 사소한 일상 활동의 성패는 그 일을 처리하는 담당자들의 손에 달려 있지만, 큰 공공 기관에서의 중요한 혁신은 지도 계층이 그것을 탐탁치 않게 생각한다면 거의 불가능한 것이다.

만일 큰 보험 회사들의 지도부가 몇 가지의 도시 설계 기준을 장기 융자의 대출 조건으로 내걸고 나온다면, 전국의 모든 도시들은 그 면모를 새롭게 바꿀 수 있게 될 것이다. 기업 단체(business group)와 시민 단체의 활동도 중요한 역할을 할 수 있을 것이다. 그리고 도시 설계에 있어서 지방 정부의 역할은 다시없이 중요하므로, 시장과 고위 관리들의 지원이 필수적으로 따라야 한다.

결국, 보다 나은 도시 설계가 이루어지기 위해서는 민간 투자가와 정부 간의 협력, 그리고 설계 전문가와 관련 정책의 결정권자 간의 협력이 필요할 것이다.

이 책에 서술된 체험들은 도시 설계가 도대체 어떤 일들을 해낼 수 있는지를 설명해 주는 한 예에 불과하다. 도시 설계에서 배워야 할 일, 그리고 해야 할 일들은 아직도 많이 남아 있다.

감사의 글

(Acknowledgments)

나에게 이 책을 써야 한다는 확신을 주신 William Salo 씨에게 감사의 뜻을 표하고 싶다. 그리고 출판을 위하여 적절한 시기에 소개해 주고 조언해 주신 Barbaralee Diamonstein 씨, 원고를 검토하고 유용한 충고를 해 주신 Jaquelin Robertson 씨에게 감사를 드린다. 또한 편집자 Cass Canfield Jr. 씨, 제작자 Carol Edwards씨, 그래픽 디자이너 C. Linda Dingler 씨, 그 외의 편집진 등 Harper & Row 출판사의 많은 분들에게 감사드린다.

譯 者 後 記

(Translator's After Note)

이 책은 저자가 서문에서 밝히고 있는 바와 같이 1974년에 출간된 "공공 정책으로서의 도시설계" (Urban Design as Public Policy)라는 책을 수정·보완하려는 취지에서 집필했으나, 그 이후의 사회 경제적인 맥락의 변화와 도시 설계 기법 및 실무 분야의 발전에 따라 저자는 보편성이 있고 앞으로도 유용하게 적용할 수 있는 일부 내용들만 살려 수록하였고, 나중에 쌓은 저자의 지식과 경험을 추가하였으며, 뉴욕 시의 사례만으로 한정했던 내용을 보다 광범위한 대상으로 확대하여 다루었기 때문에 거의 새로운 내용의 책이 되었다.

오늘날의 도시는 개인의 이익과 공공의 이익이 부딪쳐 힘의 균형을 이루어가는 변증법적 과정을 통하여 그 형태가 결정된다고 볼 수도 있을 것이다. 개인은 자신이 소유하고 있는 재산의 가치를 극대화시켜 최대의 이익을 얻으려고 한다. 가끔은 서로 상반된 이해관계가 대립하여 전체적으로 불경제적인 요인들이 발생하고, 그로 인하여 커뮤니티 혹은 도시 전체의 환경이 무질서하고 혼돈된 상태로 전락해 버린다. 그래서 일관성있는 공공의 개입과 규제가 필요하다. 그러나 공공의 규제가 지나치게 엄격하고 획일적으로 적용된다면, 개인은 재산권 행사에 많은 제약을 받게 될 것이고 더불어 투자 의욕은 떨어질 것이며 도시 발전은 침체될 것이다. 그러므로 공공의 이익, 환경의 맥락, 계획의 일관성을 깨뜨리지 않는 범위 내에서 개인의 투자 의욕을 촉진시킬 수 있는 도시 설계의 기법과 규제들이 필요해진다.

또한 지도 위에 선을 그어 도로를 내고, 지구를 구분하여 기능을 배분하고, 시설물의 위치를 정해 주는 것만으로 도시는 설계되지 않는다. 도시 설계는 3차원적 공간을 다루는 문제이다. 주변 건물 상호간의 관계, 다시 말하면 건물들의 기능, 동선, 형태, 가로의 연속성, 스카이 라인 등 모든 요소들이 입체적으로 다루어지지 않으면 안 된다. 저자의 말대로, 건물을 설계하지 않고서는 도시를 설계할 수 없다.

저자는 이 책에서 도시설계가로서의 풍부한 경험과 건축 및 도시 계획의 해박한 지식을 바탕으로, 환경 보존, 주민 참여, 지역제 규제, 토지 이용, 수송, 공공 오픈 스페이스, 가로 시설물, 그리고 공공 정책 등, 도시 설계의 제반 문제들을 알기 쉽고 간결한 필치로 전개하고 있다. 특히 미국에서 도시 설계 규제들이 어떻게 변천되어 왔고, 그것들이 실제로 어떻게 시행되고 있으며, 그 과정에서 건축물들이 어떻게 설계될 수 있었던가를 방대한 실례를 들어 자세히 설명할 수 있다는 것은 그가 도시 설계 전문가로서, 교육자로서, 저술가로서의 배경이 없었더라면 아마 불가능했을 것이다. 일반적으로 도시 설계에 관한 많은 책들이 도시 설계의 이론 및 원칙들에 치우쳐 있었던 사실에 반하여, 여기에서는 그것이 실제적인 문제로서 현실감있게 다루어지고 있다는 점이 이 책이 갖는 중요한 장점이며, 이러한 의미에서 이 책이 도시 및 건축을 전공하는 많은 학생들, 실무를 담당하는 건축가 및 계획가들, 그리고 도시 행정가들에게 유용하게 읽혀지리라 믿는다.

책을 번역하는 사람으로서 항상 느끼는 어려움은 저자의 의도와 뉘앙스를 어떻게 실감있게 전달할 것인가, 또한 그 내용들을 어떻게 우리말로 알기 쉽게 표현할 수 있을 것인가 하는 문제들이다. 역자는 이러한 두 가지 측면을 크게 벗어나지 않으려고 원고를 몇 번 되풀이하여 다시 읽고 다듬어 보았으나, 아직도 부분적으로 미흡함을 느끼면서 그러한 부분들을 앞으로 시간을 두고 고쳐 나가려고 생각한다. 이 책에 등장하는 건축가 및 계획가들과 일부 전문적인 용어들은 주로 Macmillan Encyclopaedia of Architects(Macmillan Publishing Co. Inc., New York,

1982), 도시 설계와 도시 정책(강병기 譯, 법문사, 1982), 그리고 기타 문헌들을 참고하여 가급적 註를 달아 독자들의 이해를 도우려 하였다. 끝으로 원고 정리를 도와 주신 본 대학교 대학원 학생 여러분들과 이 책을 출판할 수 있게 해 주신 동명사 여러분들께 감사를 드린다.

1988년 2월 역자

찾 아 보 기

(Index)

〈ㅁ〉

〈ㅂ〉

〈ㅅ〉

도시설계개론

1988년 6월 20일 초 판 발 행 • 공역자 주종원·박찬규
2009년 8월 20일 8 쇄 발 행 • 발행인 최 국 주
• 발행처 동 명 사

경기도 파주시 교하읍 문발리 535-10 파주출판단지 30블록 4롯트
전 화 : 031) 955-7200(代), 955-7201~4, 7203 (편집부)
팩시밀리 : 031) 955-7205
출판등록 : 1950년 11월 1일(제1-76호)
E-mail : dms723@chol.com
홈페이지 : www.dmsbook.com

정가 12,000원

ISBN 978-89-411-2114-5 93530